数控专业高技能型人才教学用书

数控仿真应用软件实训

主　编　吴长有　朱丽军　赵　婷

副主编　李　明　朱彦军　王　建

参　编　张　桦　何宏伟　史　会　张　延

主　审　张习格

参　审　李红波

机 械 工 业 出 版 社

本书依据机电类专业高技能型人才培养的要求编写，特点是突破传统学科教育对学生技术应用能力培养的局限，以模块构架实训教学体系，以数控仿真应用软件的基本操作技能为重点，结合所用到的知识点，并辅以必要的理论分析指导实践，突出技能训练。本书内容包括：数控仿真实训基础，数控车床、铣床（FANUC 0i）仿真操作，数控车床、铣床（华中数控）仿真操作，数控车床、铣床（SIEMENS 802D）仿真操作，数控车床（GSK-980T）仿真操作，CAXA 软件的界面介绍与基本操作，以及应用该软件进行线架造型、曲面造型、实体造型和零件的加工。

本书可作为机电类专业高技能型人才培养的实训教材，也可作为高等职业院校数控技术应用、机电一体化、机械制造等专业的实训教材，也可供工程技术人员参考。

图书在版编目（CIP）数据

数控仿真应用软件实训/吴长有等主编. —北京：机械工业出版社，2008.4（2023.9 重印）

数控专业高技能型人才教学用书

ISBN 978-7-111-23833-1

Ⅰ. 数…　Ⅱ. 吴…　Ⅲ. 数控机床—计算机仿真—应用软件—教材　Ⅳ. TG659

中国版本图书馆 CIP 数据核字（2008）第 045086 号

机械工业出版社（北京市百万庄大街 22 号　邮政编码 100037）
策划编辑：朱　华　王英杰　责任编辑：马　晋　版式设计：霍永明
责任校对：陈立辉　　封面设计：马精明　责任印制：李　昂
北京捷迅佳彩印刷有限公司印刷
2023 年 9 月第 1 版第 12 次印刷
184mm×260mm · 13.75 印张 · 337 千字
标准书号：ISBN 978-7-111-23833-1
定价：35.00 元

电话服务　　网络服务
客服电话：010-88361066　机　工　官　网：www.cmpbook.com
010-88379833　机　工　官　博：weibo.com/cmp1952
010-68326294　金　书　网：www.golden-book.com
封底无防伪标均为盗版　机工教育服务网：www.cmpedu.com

前　言

自中国加入世界贸易组织以后，国民经济飞速发展，对各层次专业人才的需求不断增加。随着经济全球化进程的不断深入，发达国家的制造能力加速向发展中国家转移，我国已成为全球的加工制造基地，这样就导致了高技能型人才的严重短缺。媒体在不断呼吁现在是“高薪难聘高素质的高技能型人才”，高技能型人才的严重短缺成为社会普遍关注的热点问题。针对这一问题，国家先后出台了《国务院关于大力推进职业教育改革与发展的决定》、《关于全面提高高等职业教育教学质量的若干意见》和《国务院关于大力发展职业教育的决定》、《关于进一步加强高技能人才工作的意见》等相关政策和法规，决定大力发展职业教育，加强高技能型人才的培养。

作为高技能型人才的重要培养基地，高职高专和高级技工学校如何突破传统的课程设置和教学模式，主动适应未来经济发展对人才的要求，已经成为非常迫切的任务。教学过程中，实训是培养高技能型人才的重要途径，而教材的质量直接影响着高技能型人才培养的质量。因此，编制一套真正适合高职高专和高级技工学校教学的实训教材迫在眉睫。

为了全面学习和贯彻国家相关文件的精神，突出“加强高技能型人才的实践能力和职业技能的培养，高度重视实践和实训环节教学”的要求，结合国家职业标准，我们编写了“数控专业高技能型人才教学用书”，《数控仿真应用软件实训》为其中的一本。本套实训教材的编写特色是：

1. 教材编写以职业能力建设为核心，在职业分析、专项能力构成分析的基础上，把职业岗位对人才的素质要求，即将知识、技能以及态度等要素进行重新整合，突破传统的学科教育对学生技术应用能力培养的局限，以模块构架实训教学体系。

2. 内容上涵盖国家职业标准对各学科知识和技能的要求，从而准确把握理论知识在教材建设中“必需、够用”，又有足够技能实训内容的原则；注重现实社会发展和就业需求，以培养职业岗位群的综合能力为目标，从而有效地开展对学生实际操作技能的训练与职业能力的培养。

3. 教材结构采用模块化，一个模块包含若干个项目，一个项目就是一个知识点，重点突出，主题鲜明，打破原有的教材编写习惯，不追求知识体系的多学科扩展渗透，而追求单科教学内容单纯化和系列教材的组合效应。

4. 以现行的相关技术为基础，以项目任务驱动教学，从提出训练目的和要求开始，设定训练内容，突出工艺要领和操作技能的培养。在项目的“相关知识点析”部分，将项目涉及的理论知识进行梳理，努力使实训不再依赖理论教材。将每个实训项目的训练效果进行量化，在“成绩评分标准”中对训练过程进行记录，并相应地给出量化参考标准。

5. 教材内容充分反应新知识、新技术、新工艺和新方法，具有超前性和先进性。

参与本书编写的既有理论与丰富的实践经验集一身的教师，也有具有多年企业生产经验的工程技术人员，具体为（按教材模块顺序）：黄河水利职业技术学院赵婷编写模块一、模块二；商丘师范学院史会编写模块三；开封市技师学院张桦编写模块四、吴长有编写模块五和模块六、何宏伟编写模块七、李明编写模块八、张延编写模块九和模块十、朱丽军编写模块十一和模块十二、朱彦军编写模块十三，全书由王建统稿。本书由吴长有、朱丽军、赵婷任主编，李明、朱彦军、王建任副主编，张习格任主审、李红波参审。其他很多同志对本书的编写提供了许多帮助，在此一并感谢。

由于编者水平有限，且时间仓促，书中难免有疏漏、错误和不足之处，恳请读者批评指正。

编　者

目　　录

模块一　数控仿真实训基础

项目目的

此模块是学习数控加工仿真软件的基础知识，是后面各个模块的公共知识部分。通过这一模块的学习，应了解数控加工仿真技术及仿真软件在教学中的应用现状，掌握仿真软件的公共操作部分，熟悉软件中视图、工件、刀具、测量等操作方法，为后面的学习打下坚实的基础。

项目内容

数控仿真软件的基本操作。

相关知识点析

一、数控加工仿真技术简介

随着社会生产和科学技术的飞速发展，机械制造技术发生了很大变化，传统的普通机械加工设备已经难以适应市场对产品多样化的要求。20 世纪中叶，一种以数字控制技术为核心的新型数字程序控制机床产生了。20 世纪 70 年代以来，随着计算机技术、传感技术、检测技术、自动控制技术及机械制造等技术的不断进步，数控机床技术得到了迅速的发展。

数控机床加工零件是靠数控指令程序控制完成的。为确保数控程序的正确性，防止加工过程中干涉和碰撞的发生，在实际生产中，起初常采用试切的方法进行检验，但这种方法费工费料，代价昂贵，使生产成本增加，并延长了产品的加工时间和生产周期。后来又采用轨迹显示法，即以划针或笔代替刀具，以着色板或纸代替工件来仿真刀具运动轨迹的二维图形显示法。这种方法可以显示二维加工轨迹，也可以检查一些大的错误，但其运动仅限于平面，有相当大的局限性。对于工件的三维和多维加工，也有用易切削的材料代替工件（如石蜡、木料、改性树脂和塑料等）来检验加工的切削轨迹。但是，试切要占用数控机床和加工现场。为此，人们一直在研究能逐步代替试切的计算机仿真方法，并在试切环境的模型化、仿真计算和图形显示等方面取得了重大进展。在这种情况下，数控加工的计算机仿真技术应运而生。

数控加工仿真是采用计算机图形学的手段对加工进给和零件切削过程进行模拟，具有快速、逼真、成本低等优点。它采用可视化技术，通过仿真和建模软件，模拟实际的加工过程，在计算机屏幕上将铣、车、钻、镗等加工工艺的加工路线描绘出来，并能提供错误信息反馈，使工程技术人员能预先看到制造过程，及时发现生产过程中的不足，有效预测数控加工过程和切削过程的可靠性及高效性，还可以对一些意外情况进行控制。数控加工仿真代替了试切等传统的进给轨迹检验方法，大大提高了数控机床的有效工时和使用寿命，因此在制造业得到了越来越广泛的应用。

二、数控加工仿真软件在教学中的应用

近年来，随着企业数控机床应用率的大幅度提高，企业对数控技术人员的需求量也越来越大，数控操作技术人员的培养也成为各类培训机构、职业院校的一项重要任务。但数控加工设备是高技术产品，价格昂贵，占地面积大，许多院校受资金和场地的限制，无法购置大量的数控设备供学员练习。另一方面，因操作不熟练，学员直接在数控机床上进行操作练习时容易误操作而导致数控机床受到损坏。因此，如何根据目前的实际情况，在满足数控教学和实习的同时，做到“少花钱，办大事”，是各个培训机构和职业院校所面临的问题。

数控加工仿真系统是结合机床厂家实际加工制造经验与高校（含职业技术学院、中等专业学校、技工学校和职业学校）教学训练一体化所开发的一种机床控制虚拟仿真系统软件。数控加工仿真系统可以模拟实际设备的加工环境和工作状态，不仅可以应用于制造企业中，对数控加工过程进行快速、精确的仿真，验证数控程序的可靠性，防止干涉和碰撞等事情的发生，而且还可以作为数控技术操作技能的教学培训，既可以使学员达到实物操作训练的目的，又可以大幅减少昂贵设备的投入，具有很高的应用价值。因此，数控加工仿真软件成为数控加工技术普及的强有力工具。

数控加工仿真软件可看到真实的三维加工仿真过程，仔细检查加工后的工件，可以更迅速地掌握数控机床的操作过程，且过程逼真。把数控加工仿真系统应用于教学中，可以实现数控技术的教学一体化，使学员边学习、边练习。一方面，使枯燥的理论教学变得直观生动，增强学生的学习兴趣；另一方面，可以及时发现训练中存在的问题，及时解决。

数控加工仿真系统具有多种数控系统，学生通过在PC机上操作该软件，由于数控加工仿真系统不存在安全问题，因此可以大胆地、独立地进行学习和练习，在很短的时间内就能掌握数控车床、数控铣床及加工中心的操作。

在操作方面，由于数控加工仿真系统采用了与数控机床操作系统相同的面板和按键功能，并且使用数控加工仿真系统，在操作中即使出现人为的编程或操作失误也不会危及机床和人身安全，学生反而还可以从中吸取大量的经验和教训。

因此，可以说数控仿真软件是初学者理想的实验、实践工具，只要经过短期的专门训练，学生很快就能够适应数控系统的实际操作方法，从而为以后技能的进一步提高打下坚实的基础。

目前，国内应用较为广泛的数控加工仿真系统主要有上海宇龙软件工程有限公司的“数控加工仿真系统”、北京斐克公司的“VNUC仿真软件”、南京宇航自动化技术研究所的“宇航数控仿真”。这类软件可以用来学习数控机床的编程与操作，具有“以软代硬”来熟悉编程与操作、减少废品和撞机等优点，是一种现代化教学和实习的好方法。本教材例题采用上海宇龙软件工程有限公司的“数控加工仿真系统”V4.1版本。

三、仿真软件简介

上海宇龙软件工程有限公司的“数控加工仿真系统”是一个应用虚拟现实技术于数控加工操作技能培训和考核的仿真软件。本软件是为了满足企业数控加工仿真和教育部门数控

技术教学的需要，由上海宇龙软件工程有限公司研制开发的。该数控加工仿真系统针对国内外常用的数控系统，可以实现对数控车削、数控铣削和数控加工中心加工全过程的仿真，其中包括毛坯定义与夹具，刀具定义与选用，零件基准测量和设置，数控程序输入、编辑和调试，加工仿真以及各种错误检测功能。

该仿真软件具有较高的可靠性、安全性和数据完整性，具有易学、易用、易操作、易维护等特点。经过五年多时间，该软件被三十多万人大量使用，已经成为较成熟的数控仿真软件。

操作准备

一、安装仿真软件

数控加工仿真软件的安装可分为两部分：教师机的安装和学生机的安装。由于加密锁安装在教师机上，这里就介绍教师机的安装方法。

1）运行安装程序所在目录下的可执行文件“setup. exe”，即可进入数控加工仿真系统的安装。

2）安装程序启动以后，即进入安装程序的欢迎界面，如图 1-1 所示。

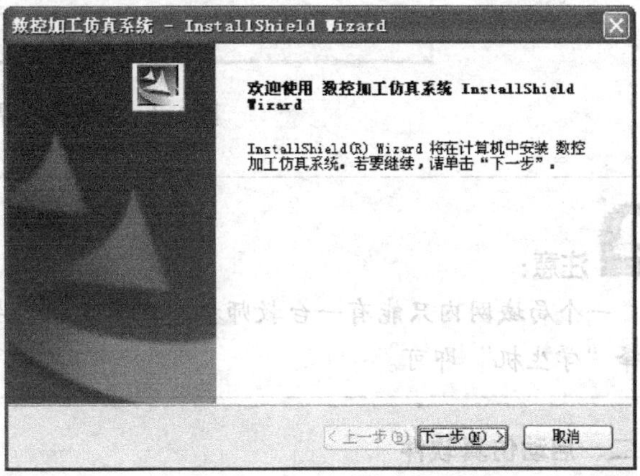
数控加工仿真系统 - InstallShield Wizard
欢迎使用 数控加工仿真系统 InstallShield Wizard
InstallShield(R) Wizard 将在计算机中安装 数控加工仿真系统。若要继续，请单击“下一步”。
< 上一步(B)
下一步(N) >
取消

图 1-1　安装程序的欢迎界面

3）单击“下一步”按钮，进入安装类型选择界面（见图 1-2），此时选择“教师机”。

4）选择“教师机”安装类型后，按提示依次进行安装直到结束，如图 1-3 所示。

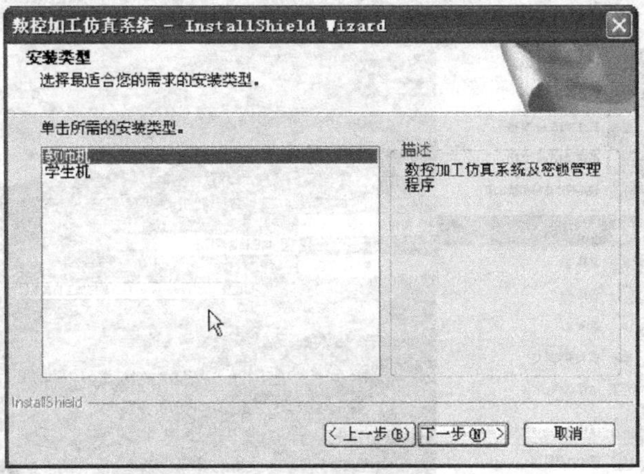
数控加工仿真系统 - InstallShield Wizard
安装类型
选择最适合您的需求的安装类型。
单击所需的安装类型。
教师机
学生机
描述
数控加工仿真系统及密锁管理程序
InstallShield
< 上一步(B)
下一步(N) >
取消

图 1-2　安装类型选择界面

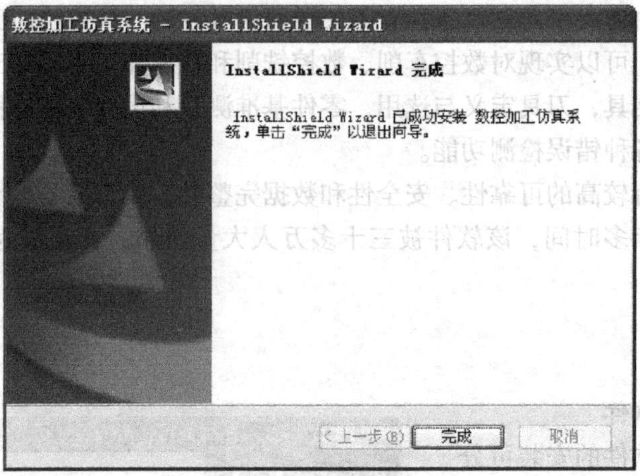
数控加工仿真系统 - InstallShield Wizard
InstallShield Wizard 完成
InstallShield Wizard 已成功安装 数控加工仿真系统，单击“完成”以退出向导。
< 上一步(B)
完成
取消

图 1-3　安装完成界面

注意：

一个局域网内只能有一台教师机。在学生机的安装过程中，只需在“安装类型”中选择“学生机”即可。

二、启动仿真软件

1. 启动

如图 1-4 所示，打开“开始”菜单，在“程序/数控加工仿真系统”中选择“数控加工仿真系统”，系统弹出“登录”界面，如图 1-5 所示。单击“快速登录”即可进入“数控加工仿真系统”。

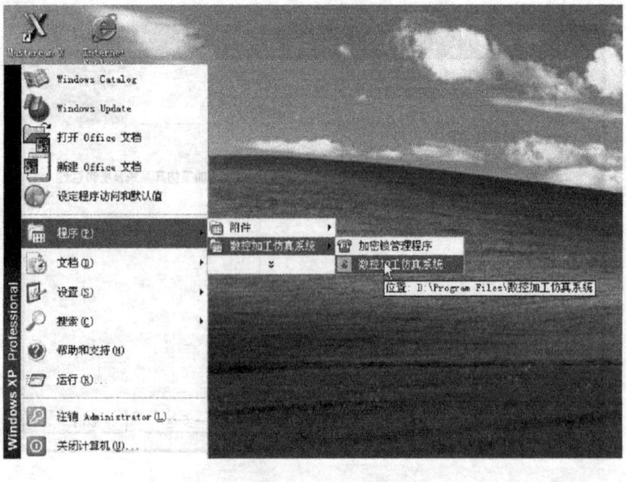
Windows Catalog
Windows Update
打开 Office 文档
新建 Office 文档
设定程序访问和默认值
程序(P)
文档(D)
设置(S)
搜索(C)
帮助和支持(H)
运行(R)...
注销 Administrator(L)...
关闭计算机(U)...
附件
数控加工仿真系统
加密锁管理程序
数控加工仿真系统
位置: D:\Program Files\数控加工仿真系统
Windows XP Professional

图 1-4　打开数控仿真软件

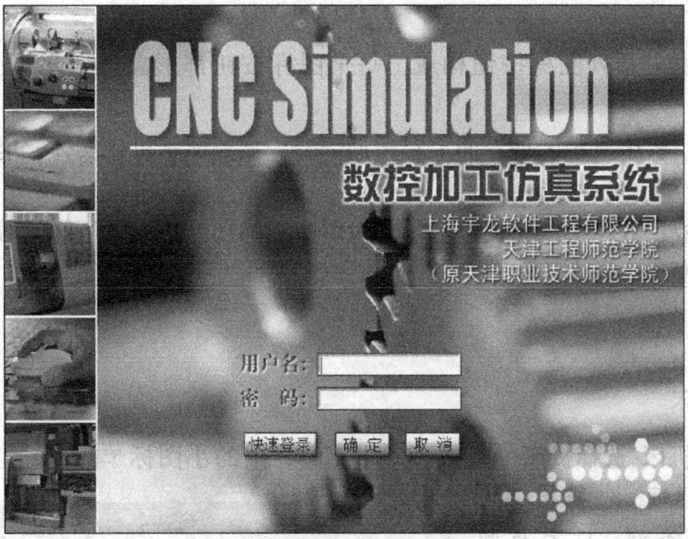
CNC Simulation
数控加工仿真系统
上海宇龙软件工程有限公司
天津工程师范学院
（原天津职业技术师范学院）
用户名:
密　码:
快速登录
确　定
取　消

图 1-5　登录仿真软件界面

注意:

数控加工仿真软件运行之前，教师机应该首先打开“加密锁管理程序”。

2. 软件工作界面

进入数控加工仿真系统以后，屏幕上出现如图 1-6 所示的窗口界面。该界面主要包括：主菜单、工具栏、机床显示区、数控机床面板、状态栏等。

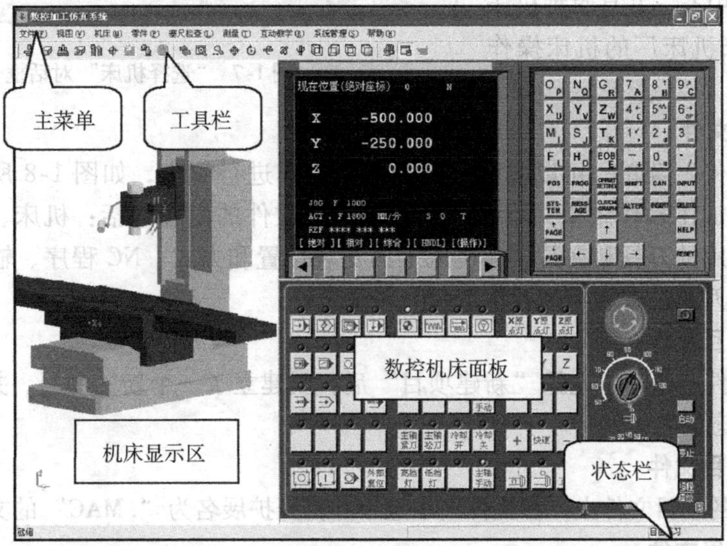
数控加工仿真系统
主菜单
工具栏
X　-500.000
Y　-250.000
Z　0.000
数控机床面板
机床显示区
状态栏

图 1-6　软件界面

主菜单：主菜单具有 Windows 视窗特性，是软件操作的命令集合，每个主菜单下都有下拉子菜单。

工具栏：它由一系列图标按钮构成，每个图标按钮都形象地表示了主菜单中的一个命令。

机床显示区：机床显示区是界面上左边的部分，主要显示机床实体，能够形象逼真地显示出加工状况。

数控机床面板：数控机床面板显示操作时所应用的功能按钮，不同的数控系统、不同的厂家，其机床的操作面板也不相同。

操作步骤

一、选择机床

打开菜单“机床/选择机床…”或者单击工具栏上的小图标，弹出如图1-7所示的“选择机床”对话框，选择相应的数控系统、机床类型、厂家及型号，然后单击“确定”按钮。

控制系统：仿真软件可供选择的数控系统有7种：FANUC、PA、SIEMENS、华中数控、广州数控、大森数控、MITSUBISH。每种系统下面还可以选择其系列系统，图1-7中选择了“FANUC 0”系统。

机床类型：仿真软件可以仿真数控车床、数控铣床、卧式加工中心、立式加工中心，并且每种机床还提供了多家机床厂的机床操作面板。

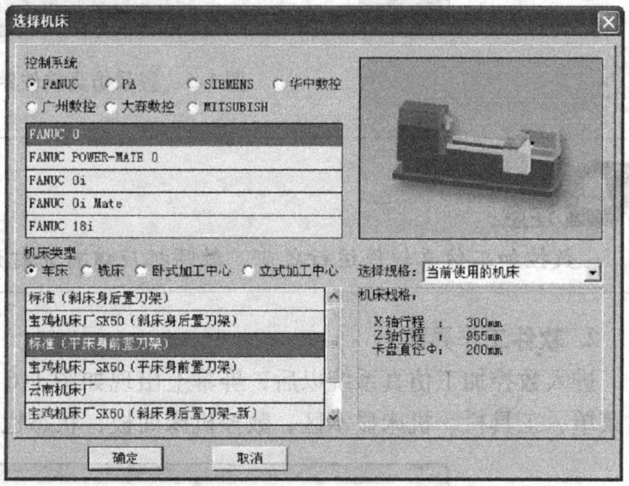
选择机床
控制系统
FANUC
PA
SIEMENS
华中数控
广州数控
大森数控
MITSUBISH
FANUC 0
FANUC POWER-MATE 0
FANUC 0i
FANUC 0i Mate
FANUC 18i
机床类型
车床
铣床
卧式加工中心
立式加工中心
选择规格：当前使用的机床
标准（斜床身后置刀架）
宝鸡机床厂SK50（斜床身后置刀架）
标准（平床身前置刀架）
宝鸡机床厂SK50（平床身前置刀架）
云南机床厂
宝鸡机床厂SK50（斜床身后置刀架-新）
机床规格：
X轴行程 ： 300mm
Z轴行程 ： 955mm
卡盘直径Φ： 200mm
确定
取消

图1-7 “选择机床”对话框

二、项目文件

打开“文件”菜单，可以对所进行的加工操作进行管理，如图1-8所示。项目文件保存的仅仅为加工操作结果，不包括过程。项目文件的内容包括：机床、毛坯、经过加工的零件、选用的刀具和夹具、在机床上的安装位置和方式、NC程序、输入的参数（如工件坐标系、刀具长度和半径补偿数据）等。

1. 新建项目文件

打开“文件”菜单，选择“新建项目”后，就建立了一个新的项目，并且回到重新选择机床后的状态。

2. 打开项目文件

打开选中的项目文件夹，在文件夹中选中并打开扩展名为“.MAC”的文件。

3. 保存项目文件

打开菜单“文件\保存项目”，弹出“保存类型”对话框，如图1-9所示。选择需要保存的内容，按下“确认”按钮。

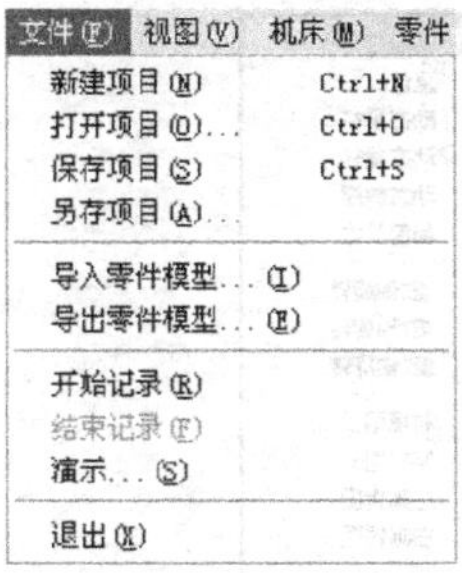
文件(F) 视图(V) 机床(M) 零件
新建项目(N) Ctrl+N
打开项目(O)... Ctrl+O
保存项目(S) Ctrl+S
另存项目(A)...
导入零件模型...(I)
导出零件模型...(E)
开始记录(R)
结束记录(E)
演示...(S)
退出(X)

图 1-8 “文件”菜单

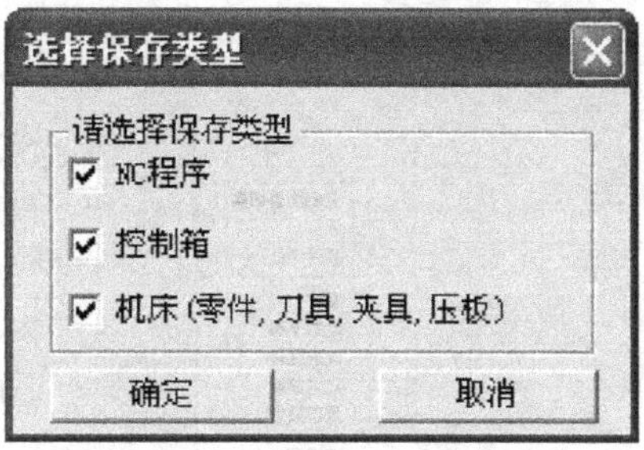
选择保存类型
请选择保存类型
NC程序
控制箱
机床(零件, 刀具, 夹具, 压板)
确定
取消

图 1-9 “保存类型”对话框

如果保存一个新的项目或者需要以新的项目名保存，应选择“另存项目”，当内容选择完毕，还需要输入项目名。

保存项目时，系统自动以用户给予的文件名建立一个文件夹，项目内容都放在该文件夹中。

4. 零件模型

如果想对加工过的零件进行操作，可以选择“导入\导出零件模型”，零件模型文件以“. PRT”为扩展名。

（1）导出零件模型　导出零件模型相当于保存零件模型，利用这个功能，可以把经过部分加工的零件作为成形毛坯予以存放。打开菜单“文件/导出零件模型”，系统弹出“另存为”对话框，在该对话框中输入文件名，按“保存”按钮，此零件模型即被保存，可在以后放置零件时调用。

（2）导入零件模型　机床在加工零件时，除了可以使用完整的毛坯，还可以对经过部分加工的毛坯进行再加工。经过部分加工的毛坯称为零件模型，可以通过导入零件模型的功能调用零件模型。

打开菜单“文件/导入零件模型”，系统将弹出“打开”对话框，在此对话框中选择并且打开所需的扩展名为“. PRT”的零件文件，则选中的零件模型被放置在工作台面上。

注意：

车床零件模型只能供车床导入和加工，铣床和加工中心的零件模型只能供铣床和加工中心导入和加工。为了保证导入零件模型的可加工性，在导出零件模型时，最好在起文件名时合理标识机床类型。

三、视图设置

将光标置于机床显示区域内，单击鼠标右键，弹出浮动菜单（见图 1-10），或者打开视图菜单（见图 1-11），可以进行相应的操作。

1. 控制面板切换

在视图菜单或浮动菜单中选择“控制面板切换”或者在工具栏中单击，即完成控制面板切换。

未选择“控制面板切换”时，机床控制面板隐藏，如图 1-12 所示；选择“控制面板切换”后，机床控制面板显示，如图 1-13 所示。

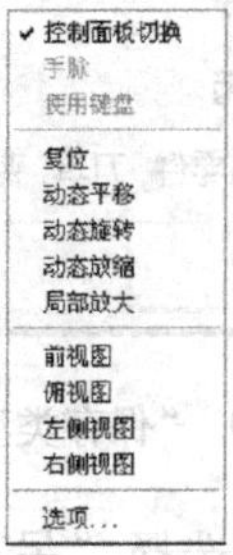
控制面板切换
手脉
使用键盘
复位
动态平移
动态旋转
动态放缩
局部放大
前视图
俯视图
左侧视图
右侧视图
选项...

图 1-10　浮动菜单

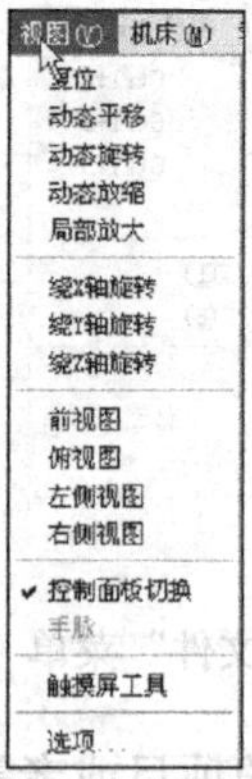
视图(V)
机床(M)
复位
动态平移
动态旋转
动态放缩
局部放大
绕X轴旋转
绕Y轴旋转
绕Z轴旋转
前视图
俯视图
左侧视图
右侧视图
控制面板切换
手脉
触摸屏工具
选项...

图 1-11　视图菜单

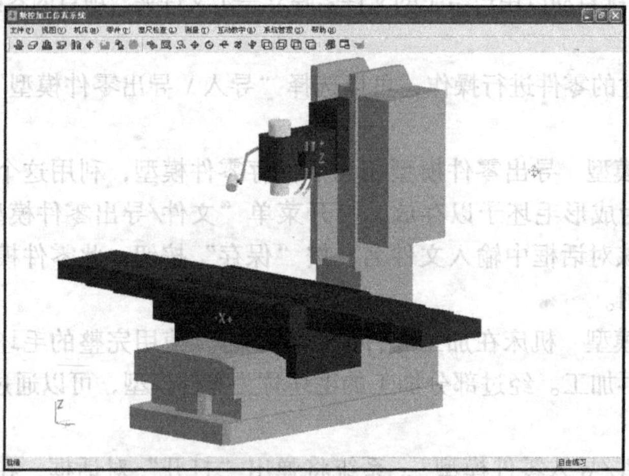
数控加工仿真系统

图 1-12　机床控制面板隐藏

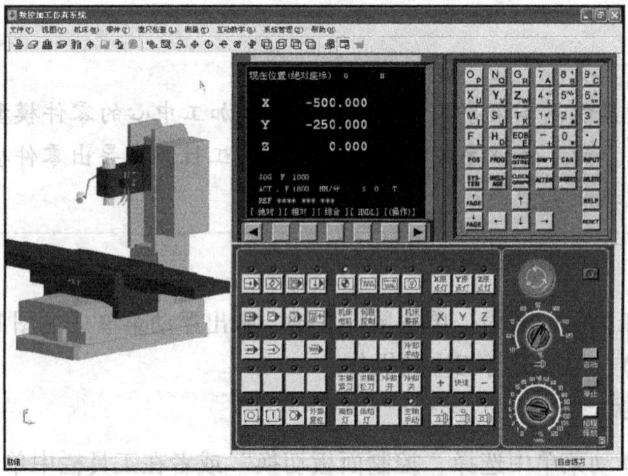
数控加工仿真系统
现在位置(绝对座标)
X -500.000
Y -250.000
Z 0.000

图 1-13　机床控制面板显示

2. 视图变换

在工具栏中选 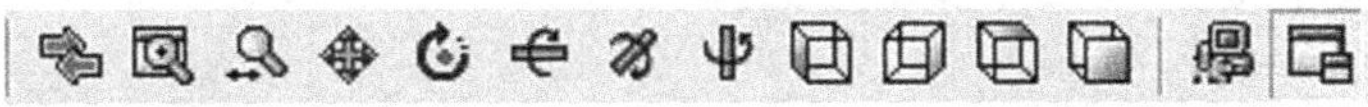 之一，它们分别对应于视图菜单的下拉菜单中各个指令，即

——复位　——局部放大　——动态缩放　——动态平移

——动态旋转　——绕 X 轴旋转　——绕 Y 轴旋转　——绕 Z 轴旋转

——左侧视图　——右侧视图　——俯视图　——前视图

——选项…　——控制面板切换

在操作机床的过程中，通过不同的视图命令，可以从不同的角度和方向对机床进行观察操作。

在视图菜单中选择“触摸屏工具”会弹出相应工具条，如图 1-14 所示。单击“打开工具箱”则弹出“触摸屏工具箱”工具栏，如图 1-15 所示。此工具箱内的功能和视图工具条的功能相同。

打开工具箱
点击相当于鼠标右键

图 1-14　“触摸屏工具”工具条

3. “选项”对话框

在视图菜单或浮动菜单中选择“选项…”，或在工具栏中选择 按钮，在弹出的对话框中进行相应设置，如图 1-16 所示。其中：

“仿真加速倍率”中的速度值可以调节仿真速度，有效数值范围是 1 ~ 100。

“机床显示方式”中的“透明”可方便观察加工状态，车床还有剖面处理。

“开/关”选项可以设置声音和铁屑的显示状况。

如果选中“对话框显示出错信息”，则出错信息提示将出现在对话框中；否则，出错信息将出现在屏幕的右下角。

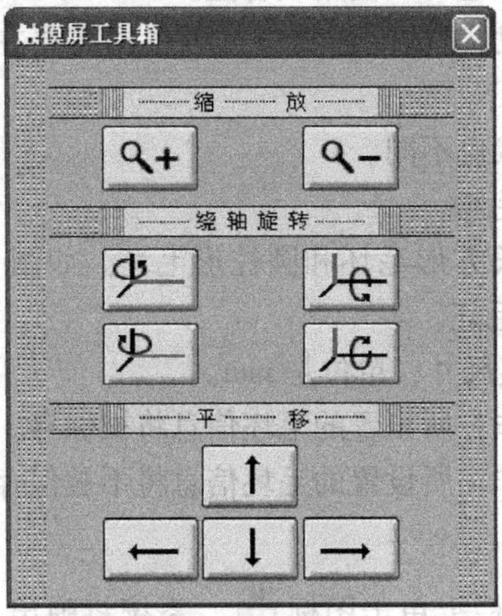
触摸屏工具箱
缩　放
绕轴旋转
平　移

图 1-15　“触摸屏工具箱”工具栏

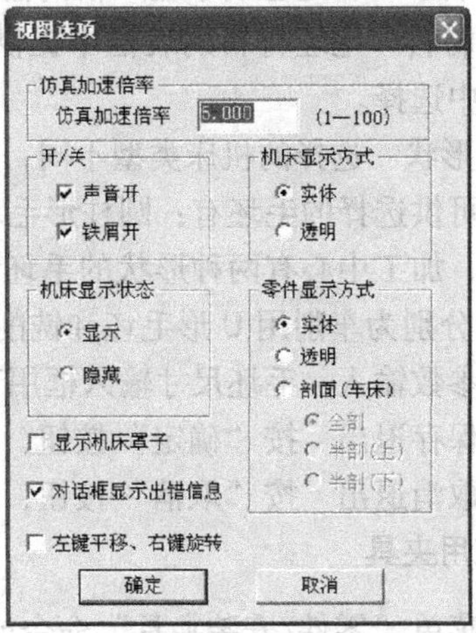
视图选项
仿真加速倍率
仿真加速倍率
5.000
(1—100)
开/关
声音开
铁屑开
机床显示方式
实体
透明
机床显示状态
显示
隐藏
零件显示方式
实体
透明
剖面(车床)
全部
半剖(上)
半剖(下)
显示机床罩子
对话框显示出错信息
左键平移、右键旋转
确定
取消

图 1-16　“选项”对话框

> **注意：**
> 视图中的所有选项都是仿真软件为了在计算机上便于观察机床和加工状况而设置的一些辅助功能，是仿真软件的一部分功能，而在现实的机床操作中，数控机床并不存在这些功能。

四、工件的使用

打开零件菜单（见图 1-17），可以对工件进行相应的操作。

1. 定义毛坯

打开菜单“零件/定义毛坯”或在工具栏上单击图标，系统将弹出“定义毛坯”对话框，如图 1-18 和图 1-19 所示。

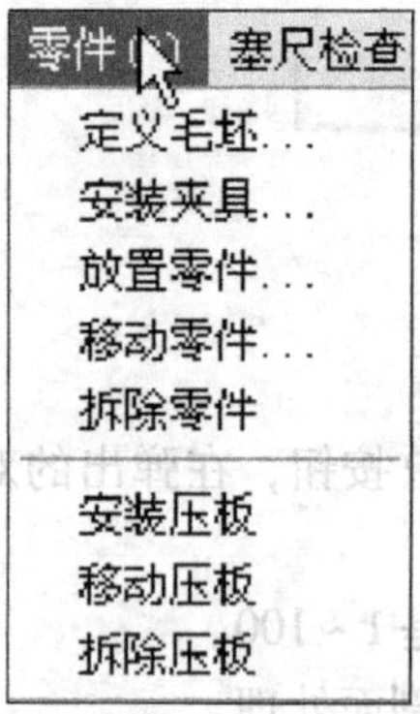
零件(P)
塞尺检查
定义毛坯...
安装夹具...
放置零件...
移动零件...
拆除零件
安装压板
移动压板
拆除压板
图 1-17 零件菜单

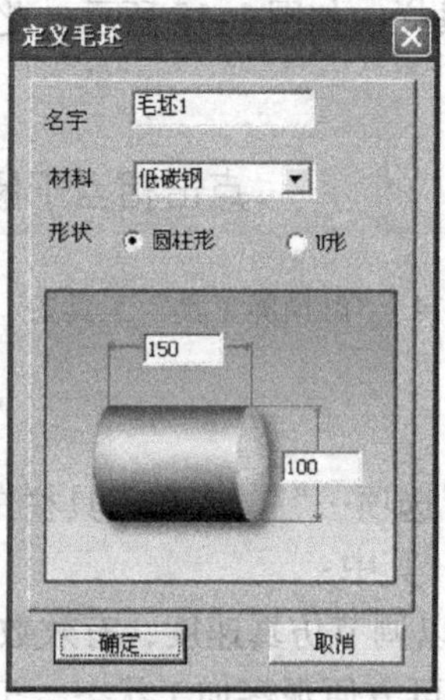
定义毛坯
名字
毛坯1
材料
低碳钢
形状
圆柱形
U形
150
100
确定
取消
图 1-18 定义车工毛坯

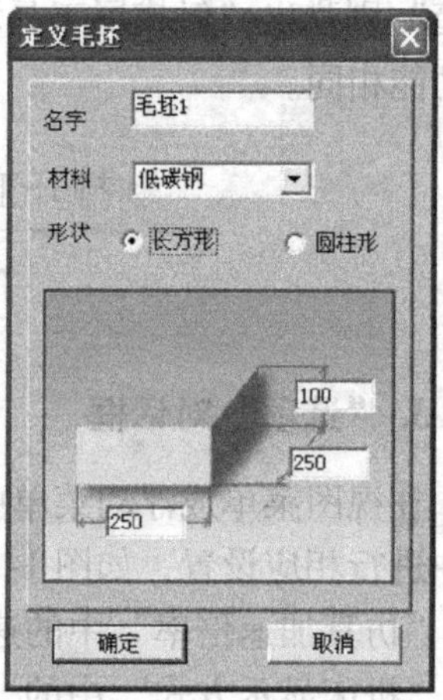
定义毛坯
名字
毛坯1
材料
低碳钢
形状
长方形
圆柱形
100
250
250
确定
取消
图 1-19 定义铣工毛坯

在“定义毛坯”对话框中分别输入以下信息：

（1）名字 在毛坯名字输入框内输入毛坯名，也可以使用缺省值。

（2）材料 毛坯材料列表框中提供了多种供加工的毛坯材料，可根据需要在“材料”下拉列表中选择。

（3）形状 选择的机床类型不同，毛坯的形状也不同。

车床可供选择的毛坯有：圆柱形毛坯和 U 形毛坯。

铣床、加工中心有两种形状的毛坯供选择：长方形毛坯和圆柱形毛坯。如图 1-20、图 1-21 所示分别为车削用 U 形毛坯和铣削用圆柱形毛坯。

（4）参数输入 毛坯尺寸输入框用于输入毛坯尺寸，单位是 mm。

（5）保存退出 按“确定”按钮，退出本操作，所设置的毛坯信息将被保存。

（6）取消退出 按“取消”按钮，退出本操作，所设置的毛坯信息将不被保存。

2. 使用夹具

打开菜单“零件/安装夹具”命令或者在工具栏上单击图标，系统将弹出“选择夹具”对话框。

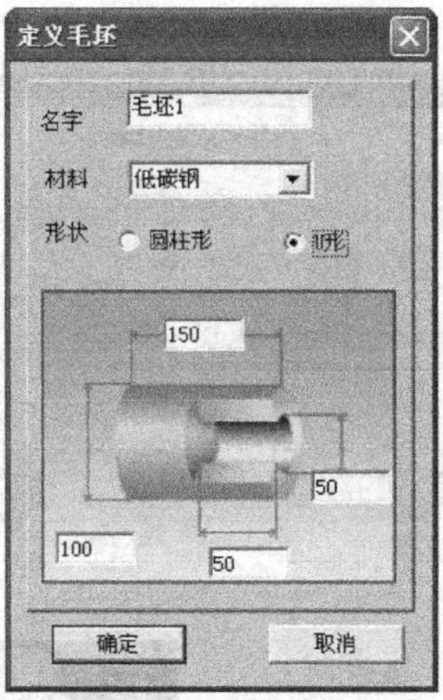
定义毛坯
名字
毛坯1
材料
低碳钢
形状
圆柱形
U形
150
50
100
50
确定
取消

图 1-20　定义车削用 U 形毛坯

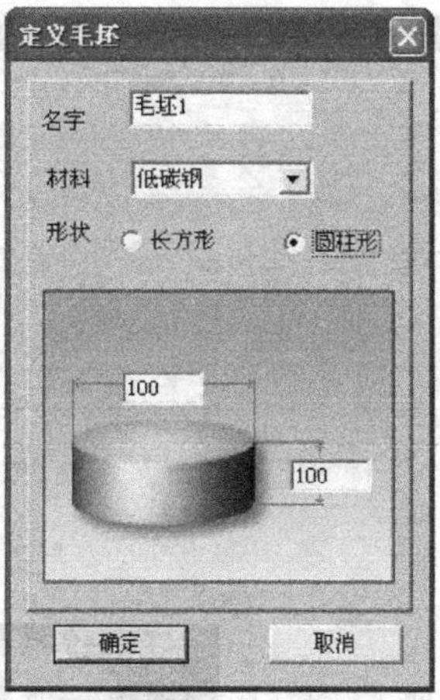
定义毛坯
名字
毛坯1
材料
低碳钢
形状
长方形
圆柱形
100
100
确定
取消

图 1-21　定义铣削用圆柱形毛坯

1）在“选择零件”列表框中选择毛坯。

2）在“选择夹具”列表框中选夹具。

长方形零件可以使用工艺板或者平口钳，分别如图 1-22 和图 1-23 所示。

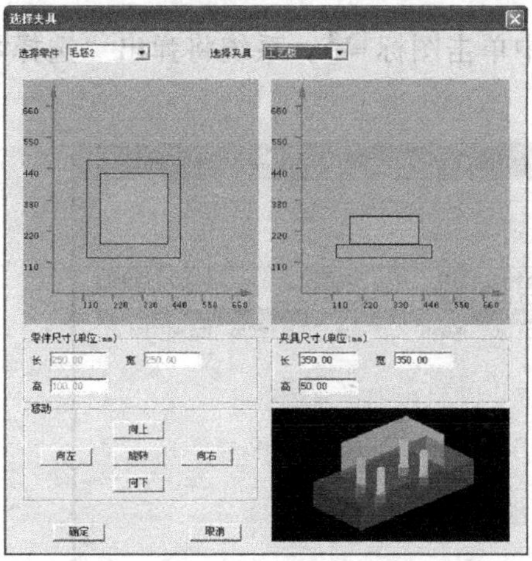
选择夹具
选择零件
选择夹具
零件尺寸（单位:mm）
夹具尺寸（单位:mm）
移动
向上
向左
旋转
向右
向下
确定
取消

图 1-22　工艺板夹具

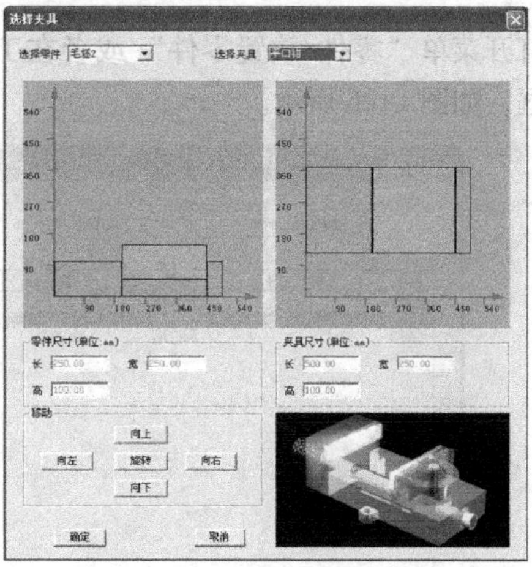
选择夹具
选择零件
选择夹具
零件尺寸（单位:mm）
夹具尺寸（单位:mm）
移动
向上
向左
旋转
向右
向下
确定
取消

图 1-23　平口钳夹具

圆柱形零件可以选择工艺板或者卡盘，分别如图 1-24 和图 1-25 所示。

3）“夹具尺寸”成组控件内的文本框用于修改工艺板的尺寸。平口钳和卡盘的尺寸由系统根据毛坯尺寸自动给出定值，不能修改。

4）“移动”成组控件内的按钮用于调整毛坯在夹具上的位置。

5）按“确定”按钮，毛坯被装夹在夹具上。

注意：

只有铣床和加工中心可以安装夹具，车床中没有这一步操作。铣床和加工中心也可以不使用夹具。

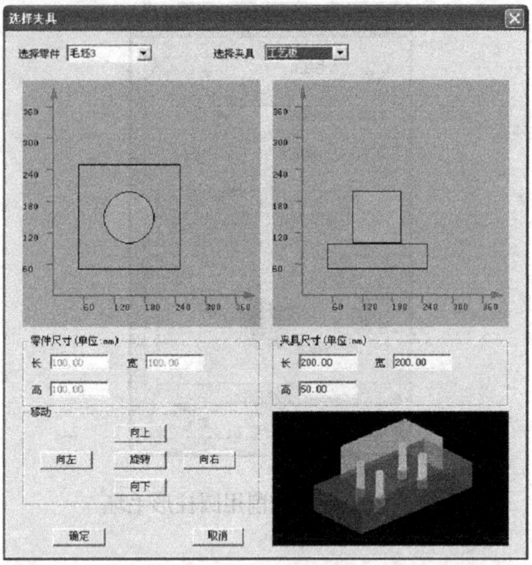
选择夹具
选择零件 毛坯3
选择夹具 工艺板
零件尺寸(单位:mm)
长 100.00 宽 100.00
高 100.00
夹具尺寸(单位:mm)
长 200.00 宽 200.00
高 50.00
移动
向上
向左 旋转 向右
向下
确定 取消

图 1-24 工艺板夹具

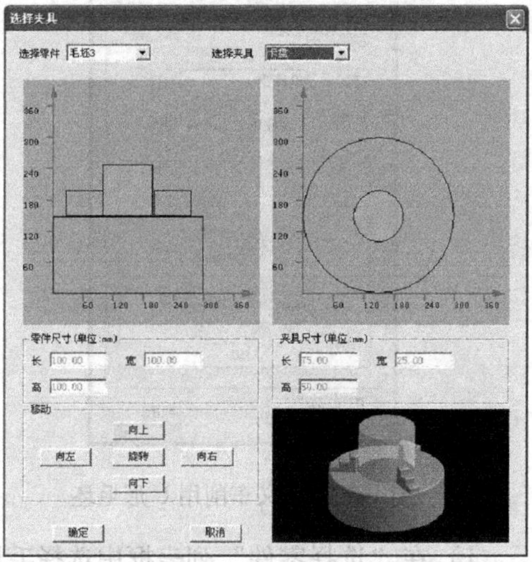
选择夹具
选择零件 毛坯3
选择夹具 卡盘
零件尺寸(单位:mm)
长 100.00 宽 100.00
高 100.00
夹具尺寸(单位:mm)
长 75.00 宽 25.00
高 50.00
移动
向上
向左 旋转 向右
向下
确定 取消

图 1-25 卡盘夹具

3. 放置零件

打开菜单“零件/放置零件”或者在工具栏中单击图标，系统将弹出“选择零件”对话框，如图 1-26 所示。

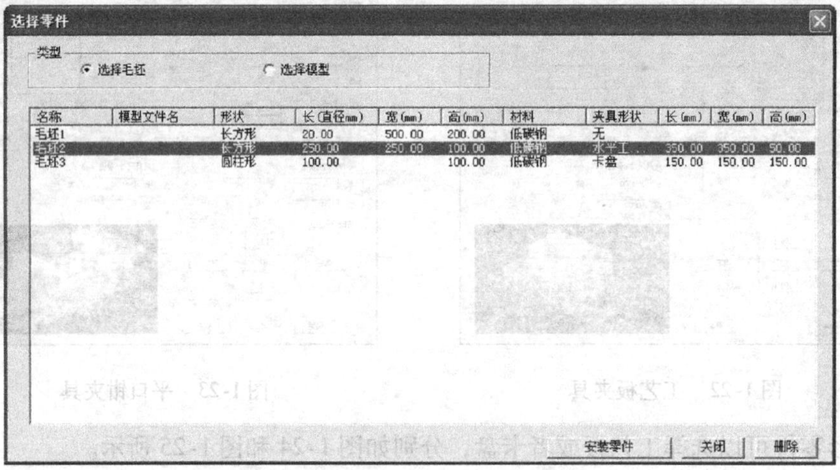
选择零件
类型
选择毛坯
选择模型
名称 模型文件名 形状 长(直径mm) 宽(mm) 高(mm) 材料 夹具形状 长(mm) 宽(mm) 高(mm)
毛坯1 长方形 20.00 500.00 200.00 低碳钢 无
毛坯2 长方形 250.00 250.00 100.00 低碳钢 水平工.. 350.00 350.00 50.00
毛坯3 圆柱形 100.00 100.00 低碳钢 卡盘 150.00 150.00 150.00
安装零件 关闭 删除

图 1-26 “选择零件”对话框

在列表中单击所需的零件，选中的零件信息将会加亮显示；单击“安装零件”按钮，系统将自动关闭对话框，零件和夹具（如果已经选择了夹具）将被放到机床工作台上，如图 1-27 所示。

对于卧式加工中心还可以在“选择零件”对话框中选择是否使用角尺板。如果选择了使用角尺板，那么在放置零件时，角尺板同时出现在机床台面上，如图 1-28 所示。

如果经过“导入零件模型”的操作，对话框的零件列表中会显示模型文件名。若在类型列表中选择“选择模型”，则可以选择导入零件模型文件。选择后，零件模型即经过部分加工的成形毛坯被放置在机床台面上，如图 1-29 所示。

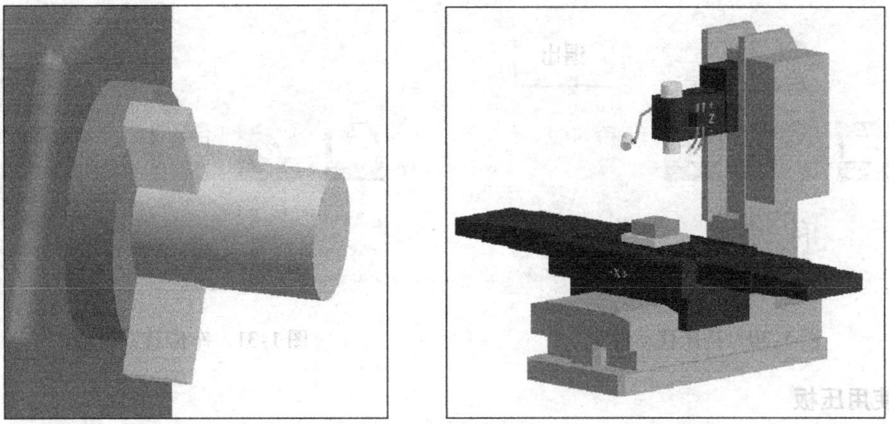

a) 车床　　b) 铣床

图 1-27　安装零件

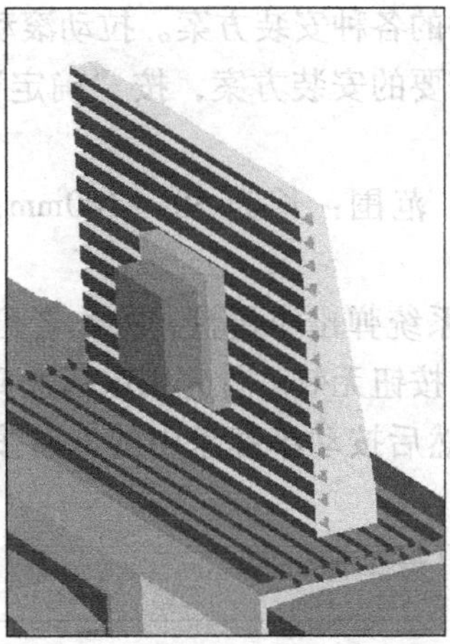

图 1-28　角尺板

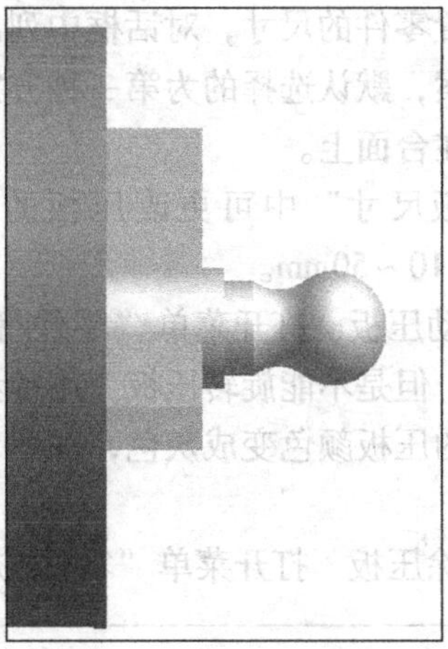

图 1-29　零件模型

注意：

若在“类型”成组控件中选择“选择毛坯”，即使选择了导入的零件模型文件，放置在工作台面上的仍然是未经加工的原毛坯。

4. 移动零件

毛坯被放置在工作台上后，系统将自动弹出一个小键盘（铣床、加工中心见图 1-30，车床见图 1-31），通过按动小键盘上的方向按钮，实现零件的平移和旋转。小键盘上的“退出”按钮用于关闭小键盘。单击菜单“零件/移动零件”也可以打开小键盘。

注意：

车床中通过单击图 1-31 中的图标，可以将零件调头装夹。

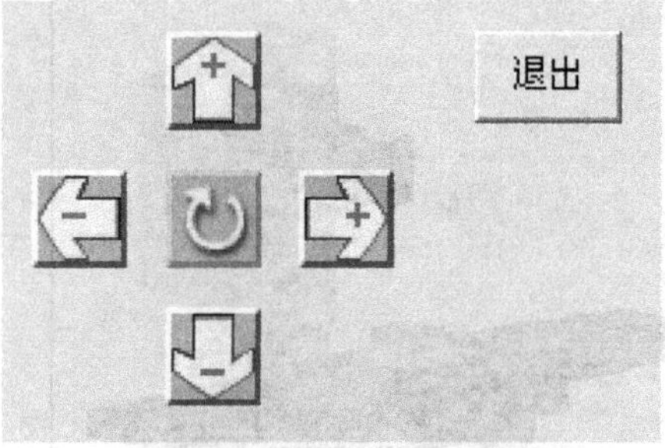
退出

图 1-30　铣床移动键盘

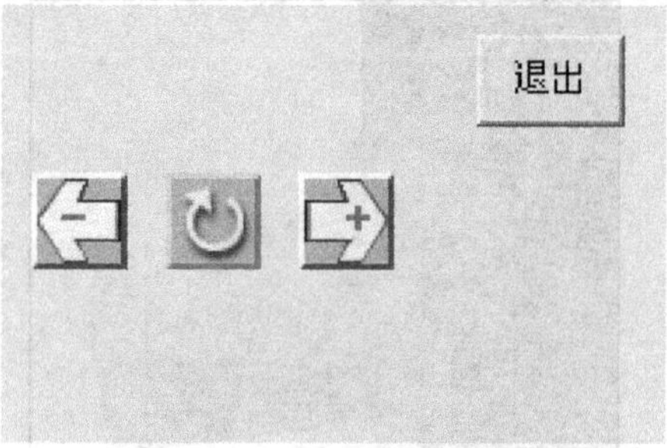
退出

图 1-31　车床移动键盘

5. 使用压板

铣床和加工中心在使用工艺板或者不使用夹具时，可以使用压板。

(1) 安装压板　打开菜单“零件/安装压板”，系统弹出“选择压板”对话框，如图 1-32 所示。

根据放置零件的尺寸，对话框中列出支持该零件的各种安装方案。拉动滚动条可以浏览全部可能方案，默认选择的为第一种方案。选择所需要的安装方案，按“确定”按钮以后，压板将出现在台面上。

在“压板尺寸”中可更改压板的长、高、宽。范围：长为 30～100mm；高为 10～20mm；宽为 10～50mm。

(2) 移动压板　打开菜单“零件/移动压板”，系统弹出小键盘，操作者可以根据需要来移动压板，但是不能旋转压板，小键盘中间的旋转按钮无效。首先用鼠标选择需移动的压板，被选中的压板颜色变成灰色，如图 1-33 所示；然后按动小键盘中的方向按钮操纵压板移动。

(3) 拆除压板　打开菜单“零件/拆除压板”，可将压板拆除。

注意：

车床中无此操作。

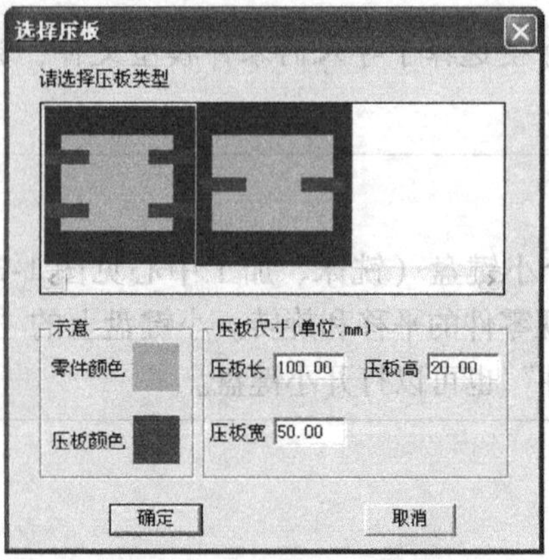
选择压板
请选择压板类型
示意
零件颜色
压板颜色
压板尺寸(单位:mm)
压板长 100.00
压板高 20.00
压板宽 50.00
确定
取消

图 1-32　“选择压板”对话框

图 1-33　移动压板

6. 拆除零件

零件加工完毕，需要更换零件时，只有先将机床上的零件拆除后，才能重新安装零件。打开菜单“零件/拆除零件”，即可把零件从机床上拆除。

五、刀具的选择

打开菜单“机床/选择刀具”，或者在工具栏中选择图标，系统将弹出“刀具选择”对话框。

1. 车床选刀

系统中数控车床允许同时安装8把刀具（后置刀架）或者4把刀具（前置刀架），其对话框分别如图1-34和图1-35所示。

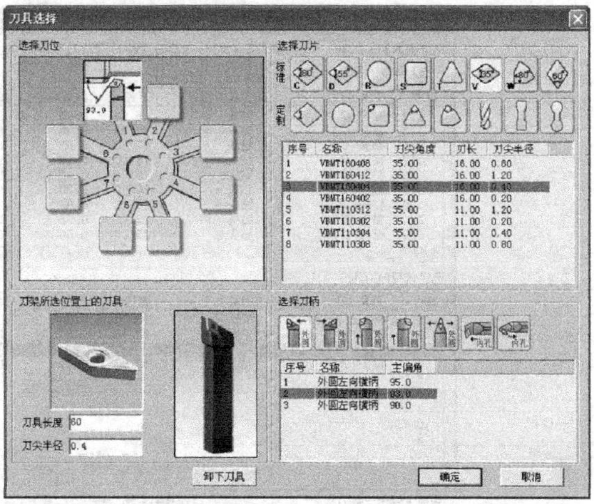
刀具选择
选择刀位
选择刀片
标准
定制
序号 名称 刀尖角度 刃长 刀尖半径
刀架所选位置上的刀具
选择刀柄
序号 名称 主偏角
刀具长度 80
刀尖半径 0.4
卸下刀具
确定
取消

图1-34　“刀具选择”对话框（车床后置刀架）

(1) 选择刀位　在“选择刀位”区域内选择所需的刀位号，被选中的刀位号背景颜色变为高亮显示。刀位号即为刀具在车床刀架上的位置编号，该刀位号对应程序中的T01～T08（T04）。

(2) 选择刀片　在“选择刀片”区域内选择所用刀具的刀片形状。

(3) 选择刀片型号　在刀片列表框中选择刀片型号。

(4) 选择刀柄　在“选择刀柄”区域内选择刀柄的型号和加工类型。该界面的左下部位显示出刀架所选位置上的刀具。

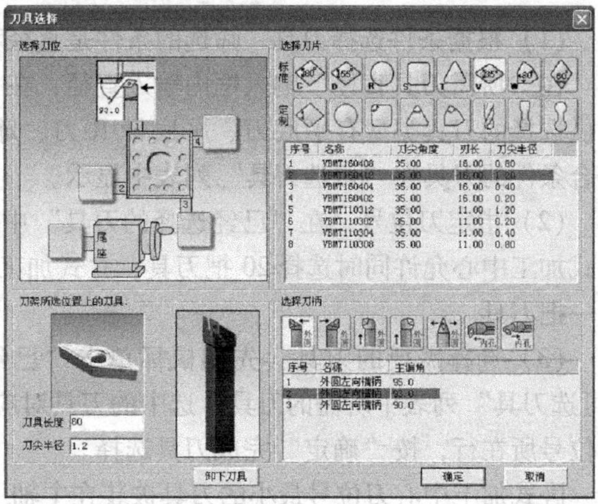
刀具选择
选择刀位
选择刀片
标准
定制
序号 名称 刀尖角度 刃长 刀尖半径
刀架所选位置上的刀具
选择刀柄
序号 名称 主偏角
刀具长度 80
刀尖半径 1.2
卸下刀具
确定
取消

图1-35　“刀具选择”对话框（车床前置刀架）

(5) 修改刀具长度和刀尖半径　“刀具长度”和“刀尖半径”均可以由操作者修改，刀具长度是指从刀尖开始到刀架的距离。

(6) 拆除刀具　在刀架图中单击要拆除刀具的刀位，单击“卸下刀具”按钮。

(7) 确认选刀　按“确认”按钮完成选刀，刀具按所选刀位安装在刀架上。

> **注意：**
>
> 后置刀架选择钻头时，钻头被安装在相应的刀位上；前置刀架选择钻头时，钻头被安装在尾座套筒内。

2. 加工中心和数控铣床选刀

在加工中心和数控铣床中，选择铣刀所依据的条件是铣刀直径和类型，其对话框如图1-36所示。

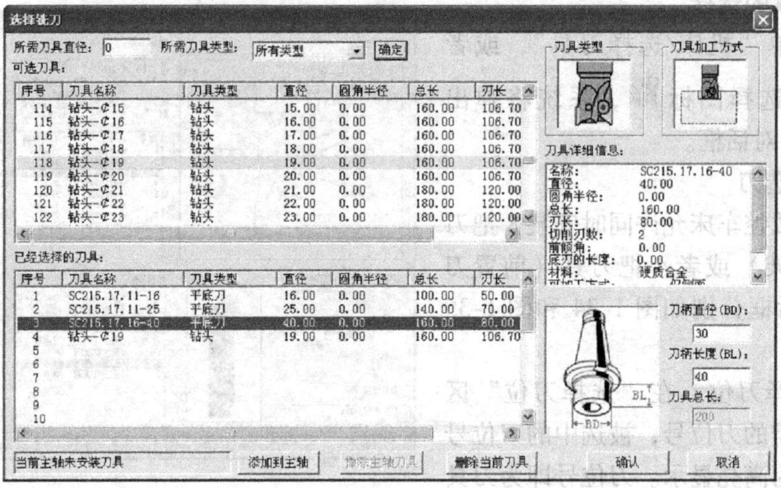
选择铣刀
所需刀具直径: 0
所需刀具类型: 所有类型
确定
可选刀具:
序号 刀具名称 刀具类型 直径 圆角半径 总长 刃长
114 钻头-Φ15 钻头 15.00 0.00 160.00 106.70
115 钻头-Φ16 钻头 16.00 0.00 160.00 106.70
116 钻头-Φ17 钻头 17.00 0.00 160.00 106.70
117 钻头-Φ18 钻头 18.00 0.00 160.00 106.70
118 钻头-Φ19 钻头 19.00 0.00 160.00 106.70
119 钻头-Φ20 钻头 20.00 0.00 160.00 106.70
120 钻头-Φ21 钻头 21.00 0.00 180.00 120.00
121 钻头-Φ22 钻头 22.00 0.00 180.00 120.00
122 钻头-Φ23 钻头 23.00 0.00 180.00 120.00
已经选择的刀具:
序号 刀具名称 刀具类型 直径 圆角半径 总长 刃长
1 SC215.17.11-16 平底刀 16.00 0.00 100.00 50.00
2 SC215.17.11-25 平底刀 25.00 0.00 140.00 70.00
3 SC215.17.16-40 平底刀 40.00 0.00 160.00 80.00
4 钻头-Φ19 钻头 19.00 0.00 160.00 106.70
5
6
7
8
9
10
刀具类型
刀具加工方式
刀具详细信息:
名称: SC215.17.16-40
直径: 40.00
圆角半径: 0.00
总长: 160.00
刃长: 80.00
切削刃数: 2
前倾角: 0.00
底刃的长度: 0.00
材料: 硬质合金
刀柄直径(BD):
30
刀柄长度(BL):
40
刀具总长:
200
BL
BD
当前主轴未安装刀具
添加到主轴
拆除主轴刀具
删除当前刀具
确认
取消

图1-36 “选择铣刀”对话框

（1）根据条件选择刀具　筛选的条件是直径和类型。

在“所需刀具直径”输入框内输入直径；在“所需刀具类型”列表框中选择刀具类型，可供选择的刀具类型有平底刀、平底带R刀、球头刀、钻头、镗刀等。按“确定”按钮，符合条件的刀具在“可选刀具”列表中显示。

（2）指定刀位号　在“已经选择的刀具”中指定序号，这个序号就是刀库中的刀位号。卧式加工中心允许同时选择20把刀具；立式加工中心允许同时选择24把刀具。铣床只能放置一把刀具。

（3）选择需要的刀具　先用鼠标单击“已经选择的刀具”列表中的刀位号，再单击“可选刀具”列表中所需的刀具，选中的刀具对应显示在“已经选择的刀具”列表中选中的刀位号所在行，按“确定”完成刀具选择。

卧式加工中心刀位号最小的刀具被装在主轴上，其余刀具放在刀架上，通过程序调用。

立式加工中心暂不装载刀具，刀具选择后放在刀架上，程序可调用。

铣床只需在刀具列表中选择所需要的刀具后，单击“确定”按钮，即可完成刀具选择。

（4）其他选项　“添加到主轴”可使立式加工中心刀架上的刀具直接安装在主轴上。“拆除主轴刀具”使立式加工中心主轴上的刀具放回到刀架上。“删除当前刀具”可以从刀架上删除当前选择的刀具。

（5）确认选刀　选择完刀具，按“确认”按钮，刀具被装在主轴上或按所选刀位号放置在刀架上。

六、零件的测量

数控加工仿真系统提供了卡尺，以完成对零件的测量。如果当前机床上有零件，且零件不处于正在被加工的状态，就可以对零件进行测量。选择“测量”菜单，系统弹出测量对话框。

1. 车床零件的测量

打开菜单“测量/剖面图测量…”，系统弹出“车床工件测量”对话框，显示当前工件的剖面图形，如图 1-37 所示。

1）对话框上半部分的视图显示了当前机床上零件的剖面图。坐标系水平方向上以零件轴心为 Z 轴，向右为正方向，默认零件最右端中心为原点，拖动图标可以改变 Z 轴的原点位置。垂直方向上为 X 轴，显示零件的半径刻度。Z 方向、X 方向各有一把卡尺用来测量两个方向上的投影距离。

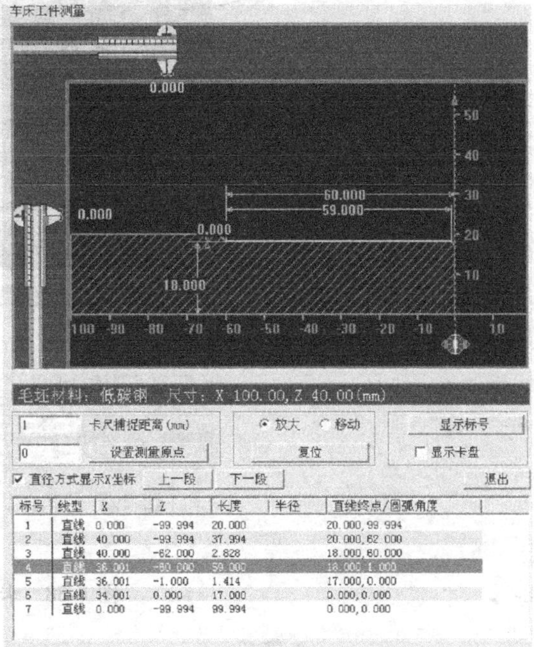
车床工件测量
0.000
0.000
0.000
60.000
59.000
18.000
50
40
30
20
10
-100 -90 -80 -70 -60 -50 -40 -30 -20 -10 10
毛坯材料：低碳钢　尺寸：X 100.00, Z 40.00(mm)
1　卡尺捕捉距离(mm)
0　设置测量原点
放大　移动
复位
显示标号
显示卡盘
直径方式显示X坐标
上一段
下一段
退出
标号 线型 X Z 长度 半径 直线终点/圆弧角度
1 直线 0.000 -99.994 20.000 20.000,99.994
2 直线 40.000 -99.994 37.994 20.000,62.000
3 直线 40.000 -62.000 2.828 18.000,60.000
4 直线 36.001 -60.000 59.000 18.000,1.000
5 直线 36.001 -1.000 1.414 17.000,0.000
6 直线 34.001 0.000 17.000 0.000,0.000
7 直线 0.000 -99.994 99.994 0.000,0.000
图 1-37　“车床工件测量”对话框

2）对话框下半部分的列表中显示了组成视图中零件剖面图的各条线段。每条线段包含以下数据：

标号：每条线段的编号，单击“显示标号”按钮，视图中将用黄色标注出每一条线段在此列表中对应的标号。

线型：包括直线和圆弧，螺纹将用小段的直线组成。

X：显示此线段自左向右的起点 X 值，即直径/半径值。选中“直径方式显示 X 坐标”，列表中“X”列显示直径，否则显示半径。

Z：显示此线段自左向右的起点距零件最右端的距离。

长度：线型若为直线，显示直线的长度；若为圆弧，显示圆弧的弧长。

半径：线型若为直线，不做任何显示；若为圆弧，显示圆弧的半径。

直线终点/圆弧角度：线型若为直线，显示直线终点坐标；若为圆弧，显示圆弧的角度。

3）查询一条线段有如下选择方法：

方法一：在列表中单击选择一条线段，当前行变蓝，视图中将用黄色标记出此线段在零件剖面图上的详细位置。

方法二：在视图中单击一条线段，线段变为黄色，且标注出线段的尺寸。对应列表中的一条线段显示变蓝。

方法三：单击“上一段”、“下一段”可以在相邻线段间切换。视图和列表中相应变为选中状态。

4）卡尺测量：在视图的 X、Z 方向各有一把卡尺，可以拖动卡尺的两个卡爪测量任意两位置间的水平距离和垂直距离。如图 1-38 所示，移动卡爪，当延长线与零件交点由变为时，卡尺位置为线段的一个端点，用同样的方法使另一个卡爪处于端点位置，就测出两端点间的投影距离，此时卡尺读数为 61.000。

5）视图操作：鼠标选择对话框中，“放大”或者“移动”可以使鼠标在视图上拖动时做相应的操作，完成放大或者移动视图的命令。单击“复位”按钮使视图恢复到初始状态。

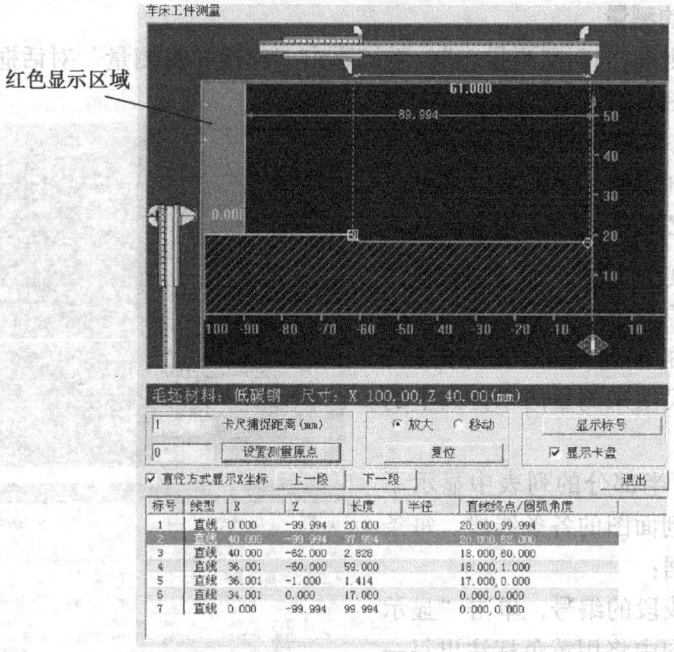
车床工件测量
红色显示区域
毛坯材料：低碳钢 尺寸：X 100.00, Z 40.00(mm)
卡尺捕捉距离(mm)
设置测量原点
放大
移动
复位
显示标号
显示卡盘
直径方式显示X坐标
上一段
下一段
退出

图 1-38 卡尺测量

选中“显示卡盘”，视图中用红色显示卡盘位置，如图 1-38 所示。

单击“退出”按钮，即可退出此对话框。

2. 铣床零件的测量

铣床或加工中心对加工零件的测量采用“剖面图测量”，即通过选择零件上的某一平面，利用卡尺测量该平面上的尺寸。

打开菜单“测量/剖面图测量”弹出对话框，如图 1-39 所示。

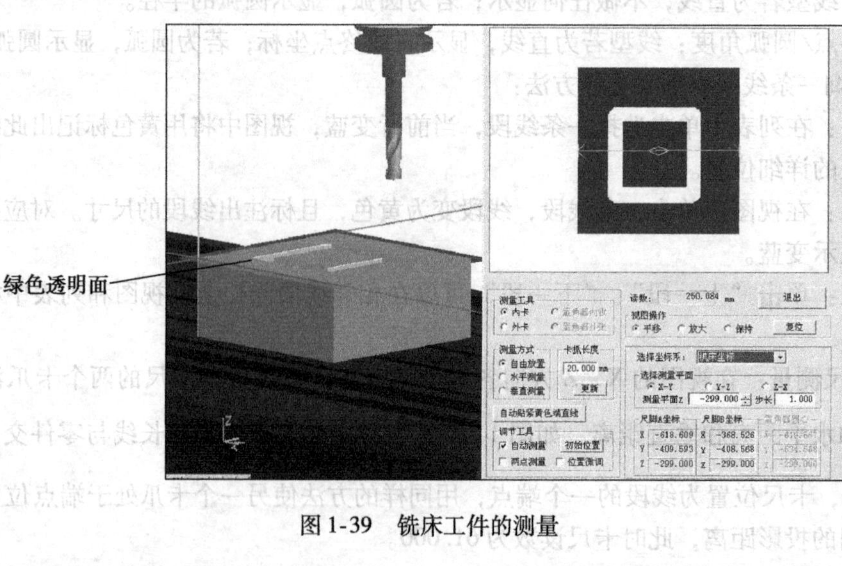
绿色透明面

图 1-39 铣床工件的测量

测量时首先选择一个平面，在左侧的机床显示视图中，绿色透明面表示所选的测量平面。在这个测量对话框的右侧上部，显示零件的截面形状，如图1-39所示。

（1）视图操作　选择“视图操作”方式中“平移”或者“放大”，用鼠标拖动，可以对零件及卡尺进行平移、放大的视图操作。选择“保持”时，鼠标拖动不起作用。单击“复位”，恢复为初始进入对话框时的视图。

（2）卡尺　图1-40所示中的标尺模拟了现实测量中的卡尺。当箭头由卡尺外侧指向卡尺中心时，为外卡测量，通常用于测量外径，测量时卡尺内收，直到与零件接触；当箭头由卡尺中心指向卡尺外侧时，为内卡测量，通常用于测量内径，测量时卡尺外张，直到与零件接触。测量对话框“读数”处显示的是两个卡爪的距离，相当于卡尺读数。

卡尺两端的黄线和蓝线表示卡爪，可对卡尺进行如下操作：

1）将光标停在某个端点的箭头附近，鼠标变为✥，此时可移动该端点。

2）将光标停在旋转控制点附近，鼠标变为↻，这时可以绕中心旋转卡尺。

3）将鼠标停在中心控制点附近，鼠标变为✥，拖动鼠标，保持尺身方向，移动卡尺中心。测量对话框右下角的“尺脚A坐标”显示卡尺黄色端坐标；“尺脚B坐标”显示卡尺蓝色端坐标。

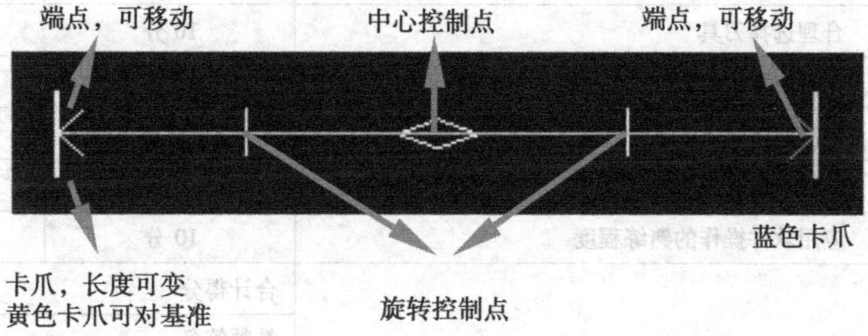
端点，可移动
中心控制点
端点，可移动
蓝色卡爪
卡爪，长度可变
黄色卡爪可对基准
旋转控制点

图1-40　卡尺模型

（3）测量平面

1）选择坐标系：通过“选择坐标系”列表框，可以选择机床坐标、G54～G59、当前工件坐标、工件坐标系（毛坯的左下角）等几种不同的坐标系来显示坐标值。

2）选择测量平面：首先选择平面方向（X-Y/Y-Z/Z-X），再填入测量平面的具体位置，或者按旁边的上下按钮移动测量平面，机床视图中的绿色透明面和对话框视图中的截面形状随之更新。移动的步长可以通过右边的输入框输入。

（4）测量方式

1）水平测量：水平测量是指尺子在当前的测量平面内保持水平放置。

2）垂直测量：垂直测量是指尺子在当前的测量平面内保持垂直放置。

3）自由放置：自由放置是指可以由用户随意拖动放置角度。

4）选择卡尺类型：测量内径选用内卡，测量外径选用外卡。

5）确定卡爪长度：非点测时，可以修改卡爪长度，单击“更新”时生效。

（5）调节工具　使用调节工具调节卡尺位置，获取卡尺读数。

1）自动测量：选中该选项后，外卡卡爪自动内收，内卡卡爪自动外张，直到与零件边界接触。此时平移或旋转卡尺，卡爪将始终与实体区域边界保持接触，读数自动刷新。

2）两点测量：选中该选项后，卡爪长度为零。

3）位置微调：选中该选项后，鼠标拖动时移动卡尺的速度放慢。

4）初始位置：按下该按钮后，卡尺的位置恢复到初始状态。

(6) 自动贴紧黄色端直线　在卡尺自由放置且非两点测量时，为了调节卡尺使之与零件相切，提供了自动贴紧黄色端直线的功能。按下“自动贴紧黄色端直线”按钮，卡尺的黄色端卡爪自动沿尺身方向移动直到碰到零件，然后尺身旋转使卡爪与零件相切。这时，再选择自动测量，就能得到工件轮廓线间的精确距离，防止自由放置卡尺时产生的角度误差导致测量误差。

成绩评分标准（见表1-1）

表1-1　成绩评分标准

序　号	考核内容	分　值	得　分
1	正确选择机床	10分	
2	选择合适的毛坯	10分	
3	正确选择夹具	10分	
4	合理选择刀具	10分	
5	正确使用项目文件	15分	
6	灵活使用视图工具	15分	
7	能够正确测量工件尺寸	20分	
8	应用软件操作的熟练程度	10分	
备注		合计得分	
		教师签名	
			年　月　日

模块二　数控车床（FANUC 0i）仿真操作

项目目的

此模块是通过在数控仿真加工系统（FANUC 0i）车床上的一个加工实例，掌握数控加工仿真系统（FANUC 0i）车床的基本操作方法及加工的基本步骤。

项目内容

如图 2-1 所示的零件，材料为 45 钢，毛坯为 ϕ45mm × 105mm，ϕ45mm 外圆和 105mm 长度已经加工到尺寸。要求分析工艺过程与工艺路线，编写加工程序，并完成仿真加工。

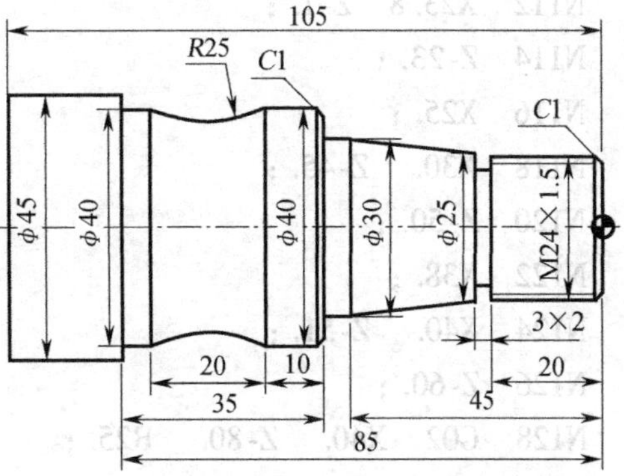
105
R25
C1
C1
φ45
φ40
φ40
φ30
φ25
M24×1.5
3×2
20
10
35
20
45
85

图 2-1　零件尺寸图

相关知识点析

一、确定工件坐标系

工件坐标系的建立保证了刀具在机床上的正确运动。按基准重合原则，将工件坐标系原点定在零件右端面与回转轴线的交点上（见图 2-1），并设定换刀点相对工件坐标系原点的坐标位置为（100，50）。

二、加工方案

根据零件图的加工要求，需要加工零件的圆柱面、圆锥面、圆弧面、螺纹、倒角及螺纹退刀槽，共需要以下三把刀具：

1 号刀具：外圆左偏刀，选择刀尖半径为 0，刀具长度为 60mm 的 V 形刀片。

2 号刀具：车槽刀，要求刀片宽度为 3mm，车槽深度为 8mm，刀具长度为 60mm。

3 号刀具：米制螺纹刀，要求刀尖角度为 60°，刀尖半径为 0，刀具长度为 60mm。

ϕ45mm 外圆面已经加工到尺寸，可以直接装夹在三爪自定心卡盘上。使用 1 号外圆左偏刀，先用 G73 循环指令粗加工外形轮廓，再用 G70 精加工零件外形轮廓，粗加工时留 0.5mm 的精车余量；使用 2 号车槽刀加工螺纹退刀槽；然后用 3 号螺纹刀加工出螺纹。

根据 45 钢的切削性能，粗、精加工外圆面时，主轴转速为 800r/min，粗加工进给量为 0.2mm/r，精加工进给量为 0.1mm/r；车槽时，主轴转速为 300r/min，进给量为 0.08mm/r；车螺纹时主轴转速为 300r/min。

操作准备

根据工件的外形加工特征，采用复合循环指令 G73 编写加工程序。本实例采用调用刀补的方法建立坐标系，工件坐标系原点设在工件右端面中心处。

参考程序如下：

```
O201
N090  T0101;
N100  M03  S800;
N102  G99  G00  X48.  Z3.;
N104  G73  U11.5  W0  R10;
N106  G73  P108  Q132  U0.5  W0  F0.2;
N108  G00  X22.;
N110  G01  Z0  F0.1;
N112  X23.8  Z-1.;
N114  Z-23.;
N116  X25.;
N118  X30.  Z-45.;
N120  Z-50.;
N122  X38.;
N124  X40.  Z-51.;
N126  Z-60.;
N128  G02  X40.  Z-80.  R25.;
N130  G01  Z-85.;
N132  X46.;
N134  G70  P108  Q132;
N136  G00  X100.;
N138  Z50.;
N140  M05;
N142  M00;
N144  T0202;
N146  M03  S300;
N148  G00  Z-23.;
N150  X26.;
N152  G01  X20.  F0.08;
N154  X26.;
N156  G00  X100.;
N158  Z50.;
N160  M00;
N162  T0303;
N164  G00  Z5.;
N166  X26.;
N168  G92  X23.1  Z-21.  F1.5;
N170  X22.6;
```

N172 X22.3；

N174 X22.15；

N176 X22.05；

N178 G00 X100.；

N180 Z50.；

N182 M30；

将此程序先在记事本中输入，保存文件并命名为 201.txt，以便操作时调用此程序。

> **说明：**
>
> 本书着重介绍机床的操作，具体程序的编制、基点的计算等请参考其他的教材。

操作步骤

仿真操作的加工步骤为：选择机床、机床回零、安装工件、输入程序、选择刀具、对刀、轨迹检查、自动加工。

一、选择机床

1. 相关操作步骤

打开菜单“机床/选择机床…”或者单击图标，弹出“选择机床”对话框，如图 2-2 所示。在该对话框中选择控制系统为 FANUC 系统的 FANUC 0i 系列，机床类型选择“大连机床厂 CKA6136i”的数控车床，按“确定”按钮，此时界面如图 2-3 所示。

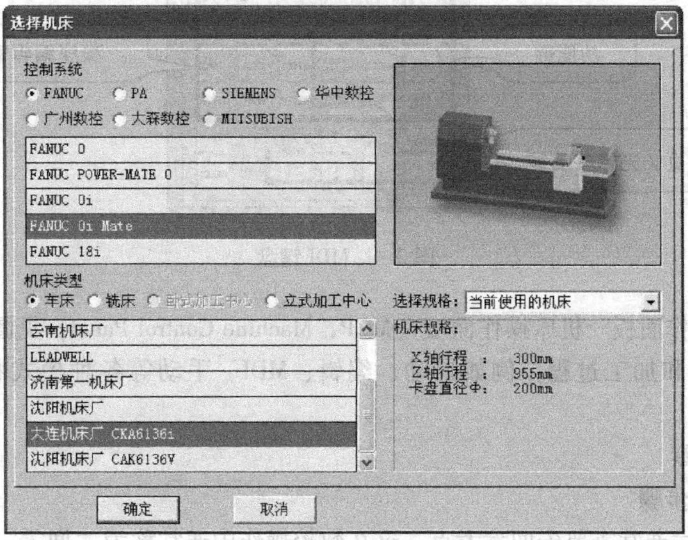
选择机床
控制系统
FANUC
PA
SIEMENS
华中数控
广州数控
大森数控
MITSUBISH
FANUC 0
FANUC POWER-MATE 0
FANUC 0i
FANUC 0i Mate
FANUC 18i
机床类型
车床
铣床
立式加工中心
选择规格：
当前使用的机床
机床规格：
X轴行程 ： 300mm
Z轴行程 ： 955mm
卡盘直径Φ： 200mm
云南机床厂
LEADWELL
济南第一机床厂
沈阳机床厂
大连机床厂 CKA6136i
沈阳机床厂 CAK6136V
确定
取消

图 2-2 “选择机床”对话框

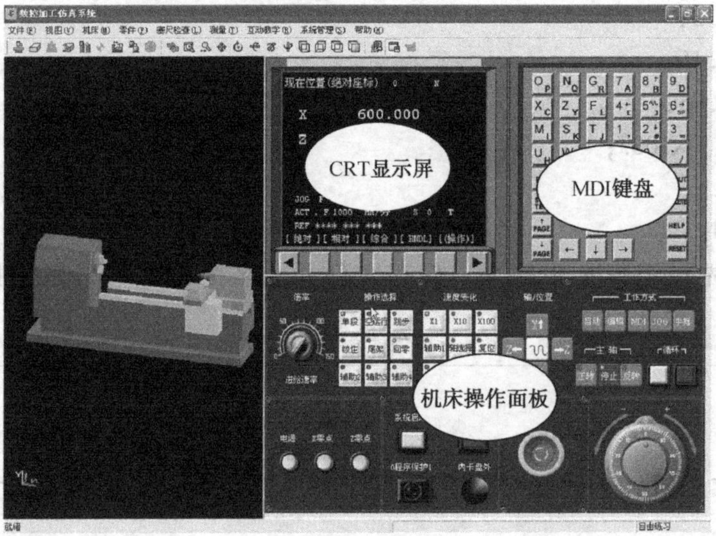
CRT显示屏
MDI键盘
机床操作面板

图 2-3　车床仿真界面

2. 操作面板说明

FANUC 0i 系统的操作面板如图 2-3 所示，主要由 CRT 显示屏、MDI 键盘、机床操作面板三个部分构成。

（1）CRT 显示屏　它主要用于菜单、系统状态、故障报警等的显示和加工轨迹的图形仿真。数控系统所处的状态和操作命令不同，显示的信息也就不同。

（2）MDI 键盘　主要用于程序的编辑和页面的选择，如图 2-4 所示。

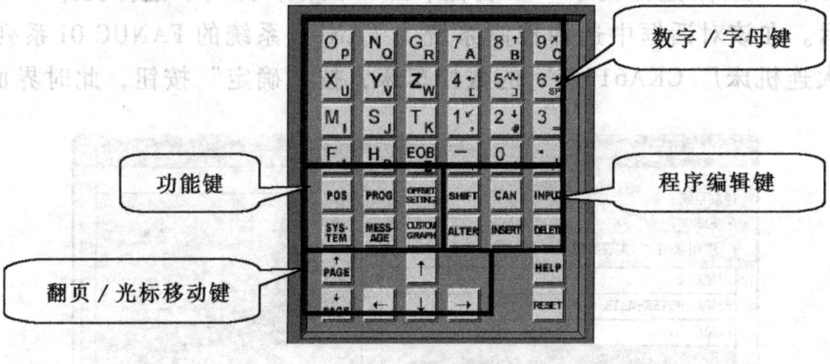
数字 / 字母键
功能键
程序编辑键
翻页 / 光标移动键

图 2-4　MDI 键盘

（3）机床操作面板　机床操作面板（MCP，Machine Control Panel，见图 2-5）用于直接控制机床的动作和加工过程，例如自动、编辑、MDI、手动等各种模式状态以及电源开关等。

二、机床回零

1. 相关操作步骤

机床在开机后通常需要先回参考点，这在数控操作中通常称为“回零”。

1）单击启动按钮　使机床通电，电源指示灯　亮，单击急停按钮　将其松开。

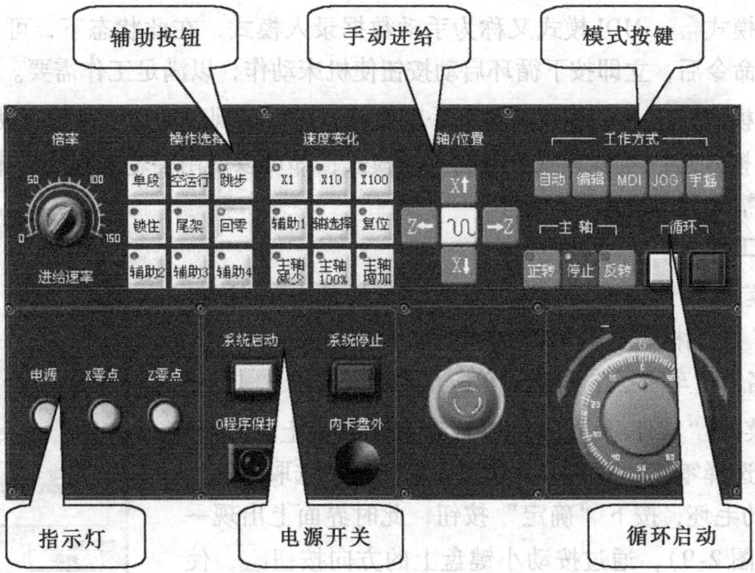
辅助按钮
手动进给
模式按键
倍率
操作选择
速度变化
轴/位置
工作方式
单段 空运行 跳步
X1 X10 X100
自动 编辑 MDI JOG 手摇
锁住 尾架 回零
辅助1 轴选择 复位
主轴
循环
辅助2 辅助3 辅助4
主轴减少 主轴100% 主轴增加
正转 停止 反转
进给速率
系统启动 系统停止
电源 X零点 Z零点
O程序保护 内卡盘外
指示灯
电源开关
循环启动

图 2-5　机床操作面板

2）单击回零按钮，按钮左上角的指示灯亮，使系统处于回零操作模式，此时屏幕下方显示“REF”，如图 2-6 所示。

3）打开菜单“视图/俯视图”或单击工具栏上的按钮，使机床呈俯视图状况，便于观察。

4）单击操作面板上的按钮，使 X 轴方向回零；再单击按钮，使 Z 方向回零。此时，X 轴、Z 轴将自动回到车床的参考点。

5）返回到参考点后，CRT 显示屏的显示如图 2-6 所示，返回参考点指示灯亮。

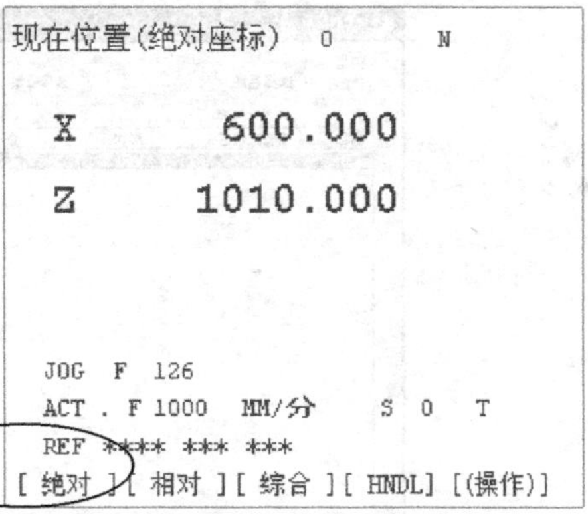
现在位置(绝对座标)　O　N
X　600.000
Z　1010.000
JOG　F　126
ACT . F 1000　MM/分　S　0　T
REF **** *** ***
[绝对][相对][综合][HNDL] [(操作)]

图 2-6　车床回零后的 CRT 界面

注意：

数控车床回零时，一般 X 轴先回零，然后 Z 轴回零。回零成功后，再次单击按钮，取消回零模式，才能进行手动操作。

2. 工作模式

（1）自动模式　所有工作都准备好之后，要进行零件的加工，就需要选择自动加工模式。

（2）编辑模式　数控程序是加工中不可缺少的内容，在编辑模式下可以对程序进行操作。

（3）MDI 模式 MDI 模式又称为手动数据录入模式，在此状态下，可以在输入单段的命令或几段命令后，立即按下循环启动按钮使机床动作，以满足工作需要。

（4）JOG 模式 JOG 模式又称为手动模式，可以实现手动连续进给运动。

（5）手摇模式 手摇模式又称为手轮模式，即可以使用手轮来移动机床的各轴运动。此模式下可以精确调节机床移动量。

三、安装工件

1）打开菜单“零件/定义毛坯”或在工具栏单击按钮，在“定义毛坯”对话框（见图 2-7）中将零件尺寸改为 ϕ45mm × 105mm，并命名为“车床零件”，然后单击“确定”按钮。

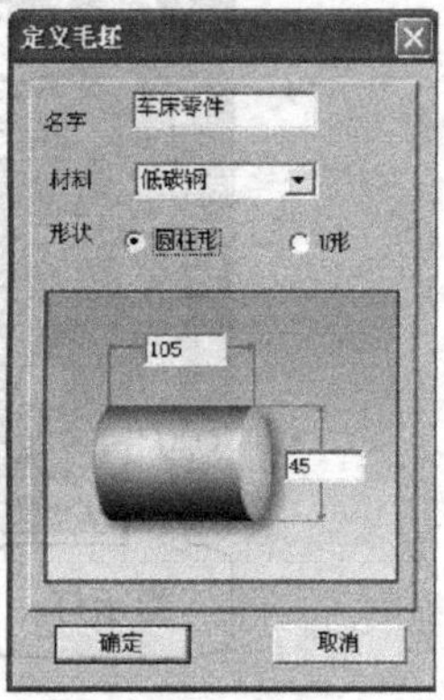
定义毛坯
名字
车床零件
材料
低碳钢
形状
圆柱形
U形
105
45
确定
取消

图 2-7 “定义毛坯”对话框

2）打开菜单“零件/放置零件”或者在工具栏上选择图标，打开“选择零件”对话框，如图 2-8 所示。选取名称为“车床零件”的毛坯，按下“确定”按钮，此时界面上出现一个小键盘（见图 2-9），通过按动小键盘上的方向按钮，使工件伸出足够长度，单击“退出”按钮，零件已经被安装在卡盘上，如图 2-10 所示。

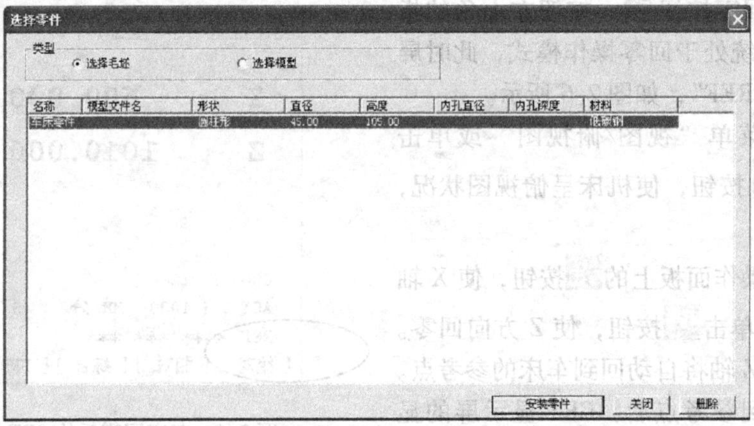
选择零件
类型
选择毛坯
选择模型
名称
模型文件名
形状
直径
高度
内孔直径
内孔深度
材料
车床零件
圆柱形
45.00
105.00
低碳钢
安装零件
关闭
删除

图 2-8 选择毛坯

退出

图 2-9 移动零件

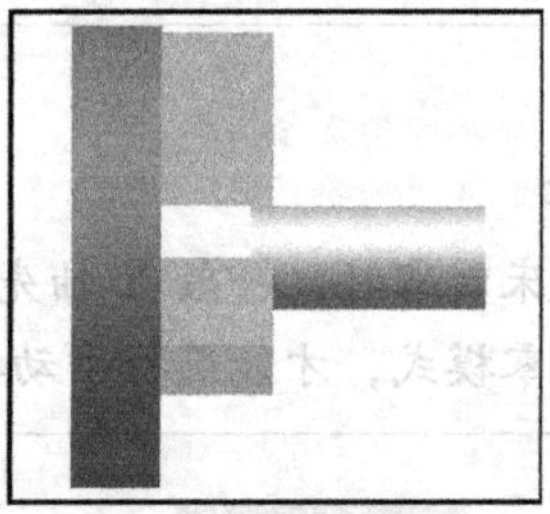

图 2-10 安装零件

四、输入程序

1. 相关操作步骤

数控程序可以通过记事本或写字板等编辑软件输入并保存为文本格式文件，也可以直接用 MDI 键盘输入。此处用导入程序的方法来调用所保存的程序文件 201. txt。操作方法如下：

1）单击操作面板上的编辑键编辑进入编辑状态，此时屏幕下方显示编辑模式“EDIT”，如图 2-11 所示。然后单击 MDI 键盘上的PROG键，CRT 界面转入编辑页面，如图 2-11 所示。

2）按软键[操作]，在出现的下级子菜单中按软键▶，然后按软键[READ]，转入如图2-12 所示界面。

3）单击 MDI 键盘上的数字/字母键，输入“O0201”，按软键[EXEC]，此时 CRT 界面如图 2-13 所示。

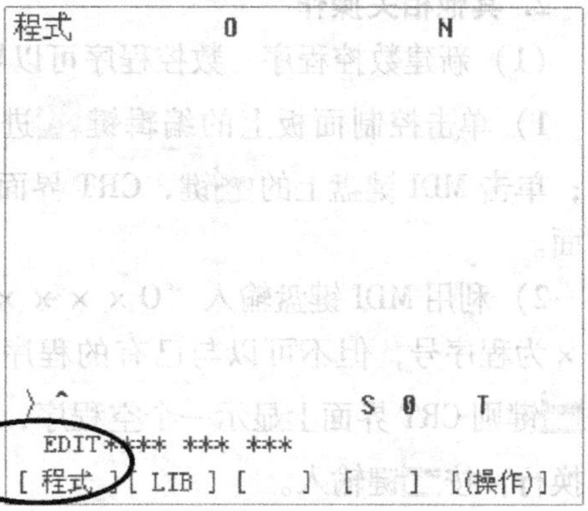
程式　O　N
〉^　S 0　T
EDIT**** *** ***
[程式][LIB][ ][ ][(操作)]

图 2-11　程序编辑界面

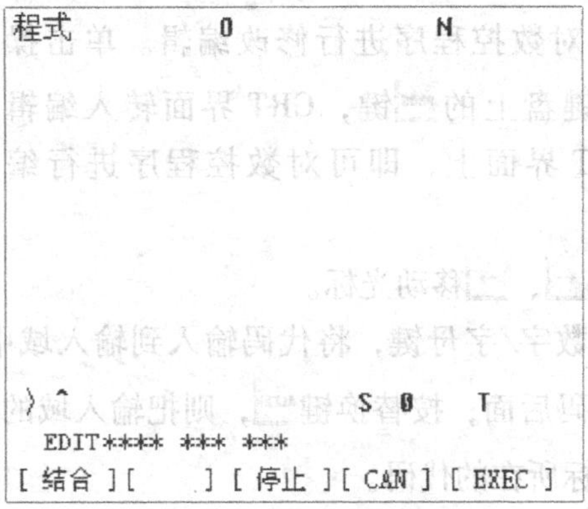
程式　O　N
〉^　S 0　T
EDIT**** *** ***
[结合][ ][停止][CAN][EXEC]

图 2-12　传输程序操作

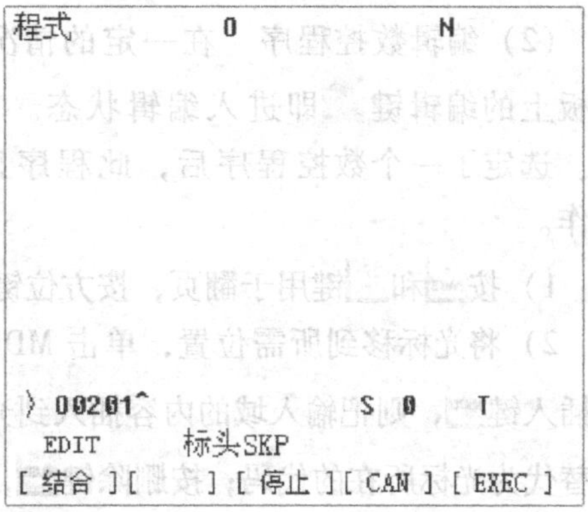
程式　O　N
〉O0201^　S 0　T
EDIT　标头SKP
[结合][ ][停止][CAN][EXEC]

图 2-13　输入程序名

4）打开菜单“机床/DNC 传送”或单击图标，在弹出的对话框中选择所需的 NC 程序，如图 2-14 所示。按“打开”确认，则数控程序被导入并显示在 CRT 界面上，如图 2-15 所示。

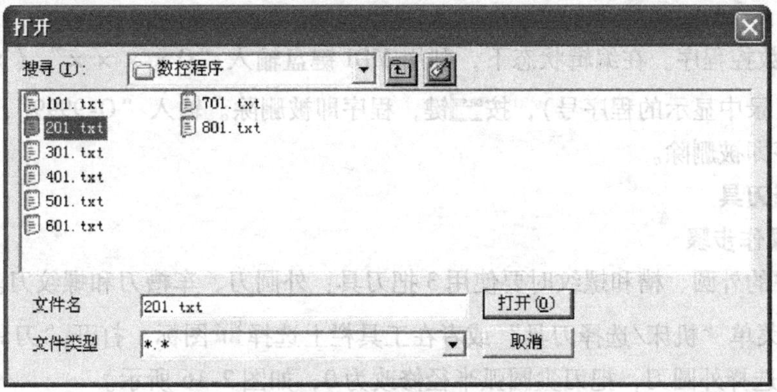
打开
搜寻 (I):
数控程序
101. txt
201. txt
301. txt
401. txt
501. txt
601. txt
701. txt
801. txt
文件名
201. txt
打开 (O)
文件类型
.
取消

图 2-14　选择传输程序

2. 其他相关操作

（1）新建数控程序　数控程序可以导入，也可以用键盘输入，操作方法如下：

1）单击控制面板上的编辑键编辑进入编辑状态；单击 MDI 键盘上的PROG键，CRT 界面转入编辑页面。

2）利用 MDI 键盘输入“O××××”（××××为程序号，但不可以与已有的程序号重复），按INSERT键则 CRT 界面上显示一个空程序，按EOB E键回车换行，按INSERT键输入。

3）输入一段代码后，用回车换行键EOB E换行，按INSERT键，输入域中的内容显示在 CRT 界面上。

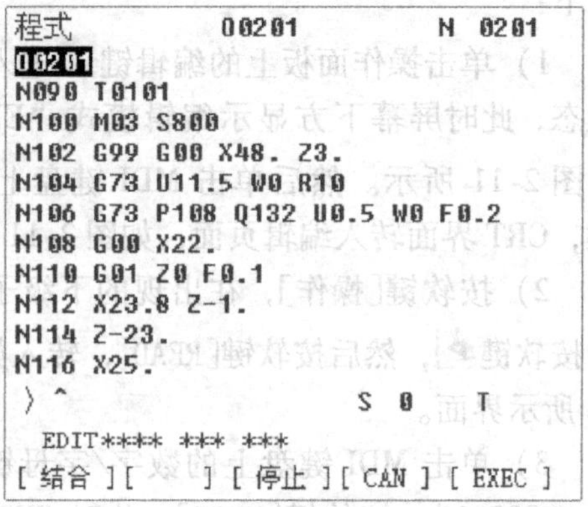
程式　O0201　N 0201
O0201
N090 T0101
N100 M03 S800
N102 G99 G00 X48. Z3.
N104 G73 U11.5 W0 R10
N106 G73 P108 Q132 U0.5 W0 F0.2
N108 G00 X22.
N110 G01 Z0 F0.1
N112 X23.8 Z-1.
N114 Z-23.
N116 X25.
S 0 T
EDIT**** *** ***
[结合][ ] [停止][CAN] [EXEC]

图 2-15　程序

4）依次按程序顺序输入程序。

（2）编辑数控程序　在一定的情况下，需要对数控程序进行修改编辑。单击操作面板上的编辑键编辑即进入编辑状态。单击 MDI 键盘上的PROG键，CRT 界面转入编辑页面。选定了一个数控程序后，此程序显示在 CRT 界面上，即可对数控程序进行编辑操作。

1）按PAGE↑和↓键用于翻页，按方位键↑、↓、←、→移动光标。

2）将光标移到所需位置，单击 MDI 键盘上的数字/字母键，将代码输入到输入域中，按插入键INSERT，则把输入域的内容插入到光标所在代码后面；按替换键ALTER，则把输入域的内容替代为光标所在的代码；按删除键DELETE，则删除光标所在的代码。

3）按取消键CAN，可以取消输入域中的数据。

4）选择数控程序。当存储器存入多个程序时，可以通过检索的方法调出需要的程序，对其进行编辑。利用 MDI 键盘输入“O××××”（×为数控程序目录中显示的程序号），按↓键开始搜索，则“O××××”显示在屏幕首行程序号位置，NC 程序显示在屏幕上。

5）删除数控程序。在编辑状态下，利用 MDI 键盘输入“O××××”（×为要删除的数控程序在目录中显示的程序号），按DELETE键，程序即被删除。输入“O-9999”，按DELETE键，则全部数控程序即被删除。

五、选择刀具

1. 相关操作步骤

加工零件的外圆、槽和螺纹时要使用 3 把刀具：外圆刀、车槽刀和螺纹刀。

1）打开菜单“机床/选择刀具”或者在工具栏上选择图标，打开“刀具选择”对话框。1 号刀具选择外圆刀，把刀尖圆弧半径修改为 0，如图 2-16 所示。

2）选择 2 号刀具为 3mm 的车槽刀，3 号刀具为 60°外螺纹刀，如图 2-17 所示。

3）选择完刀具后，单击“确定”按钮，则刀具被安装在刀台上。

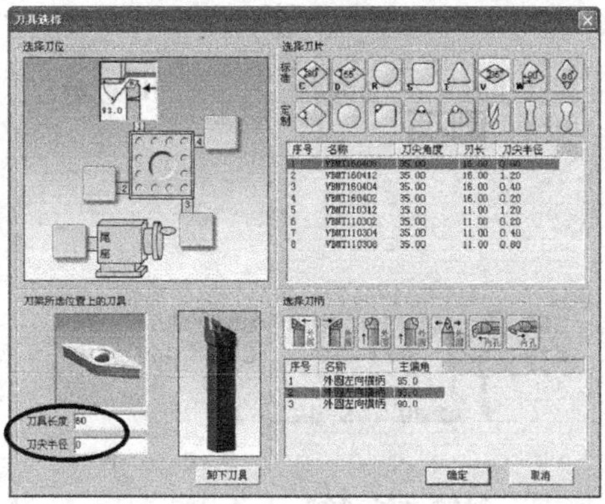

图2-16 选择刀具（一）

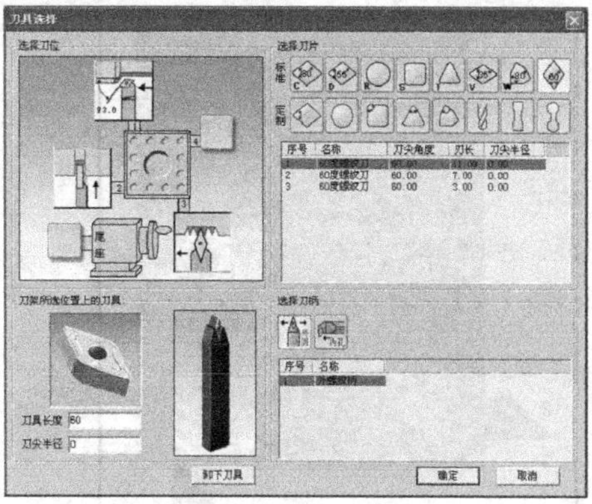

图2-17 选择刀具（二）

2. 手动方式操作

（1）手动连续运动

1）单击操作面板中的手动按钮，进入手动操作方式，屏幕下方显示“JOG”状态，单击X、Z各轴按钮、、、使机床连续运动。

2）在手动过程中，按下快速移动按钮，此时可以快速地移动各轴；再次单击按钮，按钮弹起，机床取消快速移动，恢复原来的速度。

（2）手轮进给

1）按下手摇键，进入手轮操作方式，屏幕下方显示“HNDL”状态。

2）选择适当的移动量。、、这三个按钮中，表示手轮每小格进给增量为0.001mm，表示手轮每小格进给增量为0.01mm，表示手轮每小格进给增量为0.1mm。

3）选择手轮控制的轴向。当轴选择键的灯灭时，手轮控制X轴运动；当轴选择键的灯亮时，手轮控制Z轴运动。

4）选择运动轴后，在手轮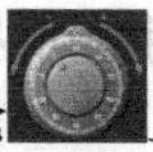上按住鼠标左键（配合左转），机床向所选轴的负方向运动；相应地按住鼠标右键（配合右转），机床向正方向运动。

（3）MDI换刀 当刀台上装有3把刀具时（见图2-18），如何将2号刀具转换到加工位置呢？用MDI换刀的操作方法如下：

1）按下MDI键，进入MDI操作方式，屏幕下方显示“MDI”状态。

2）按键，用MDI键盘输入“T0202”，按键，将输入域中的内容输到指定区域，如图2-19所示。

3）按循环启动按钮，刀台动作，2号刀具换到工作位置，如图2-20所示。

六、对刀

数控程序一般按工件坐标系编程，对刀的过程就是建立工件坐标系与机床坐标系之间关系的过程。数控车床常见的是将工件右端面中心点设为工件坐标系原点。数控车床有两个轴，因此对刀也就分X、Z两个方向对刀。

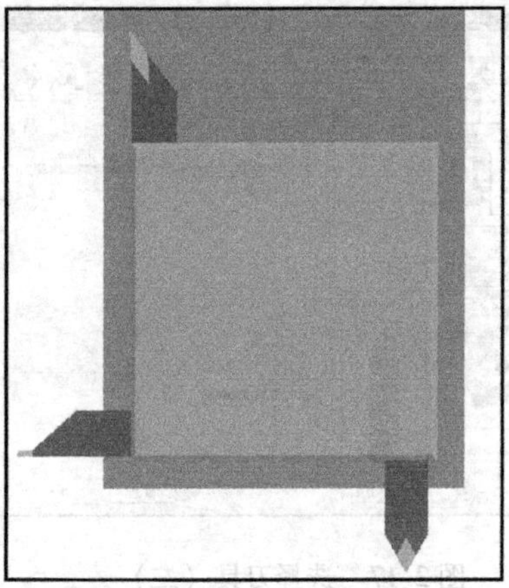

图 2-18　换刀前

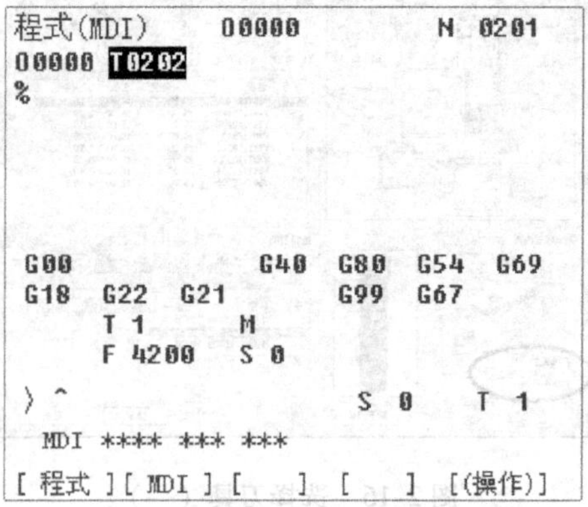
程式(MDI)　O0000　N 0201
O0000 T0202
%
G00 G40 G80 G54 G69
G18 G22 G21 G99 G67
T 1 M
F 4200 S 0
> ^ S 0 T 1
MDI **** *** ***
[程式][MDI][ ] [ ] [(操作)]

图 2-19　MDI 界面

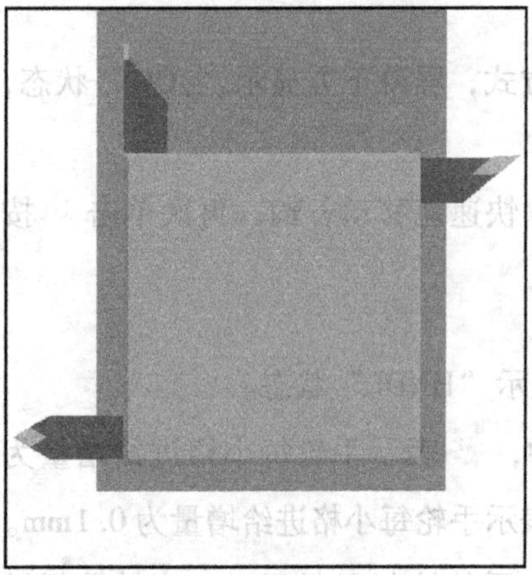

图 2-20　换刀后

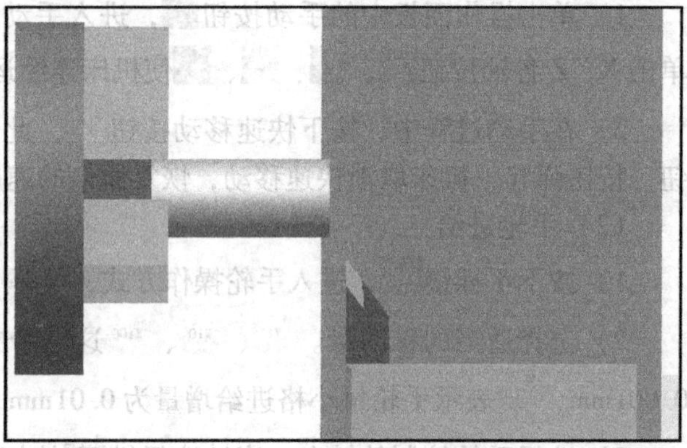

图 2-21　对刀过程

试切法对刀在数控车床上应用极为广泛，下面就用试切法来介绍对刀的过程。

1. X 方向对刀

1）单击操作面板中的 JOG 按钮，配合快速按钮，单击、键使机床快速地移动到毛坯附近，同时配合视图按钮调整机床的显示，如图 2-21 所示。

2）单击操作面板上的主轴正转按钮，使主轴转动，试车削一段外圆，如图 2-22 所示。

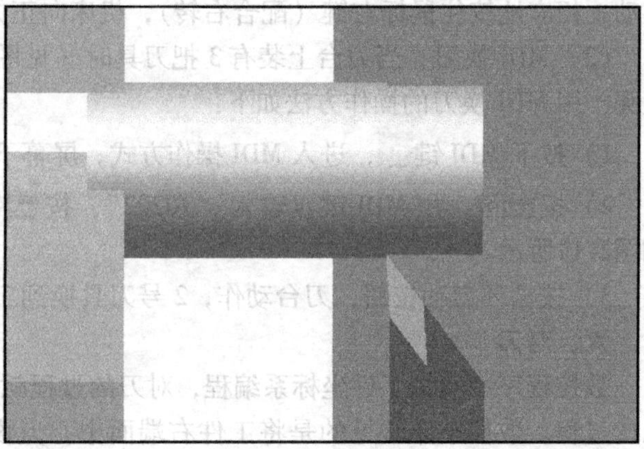

图 2-22　车削外圆

3）单击按钮，使刀具沿 Z 轴方向退出，单击按钮使主轴停止转动，如图 2-23 所示。此时，

CRT 界面上显示的机床 X 坐标 X_1 = 254.704。

4）打开菜单“测量/剖面图测量”，系统弹出“车床工件测量”对话框，如图 2-24 所示。单击试切外圆时所车的线段，选中的线段由红色变为黄色，此时在下方将有一行数据变成蓝色，该行数据表示所切外圆的尺寸值。记下对应的外圆直径值 X_2 = 43.338，单击“退出”按钮退出测量。

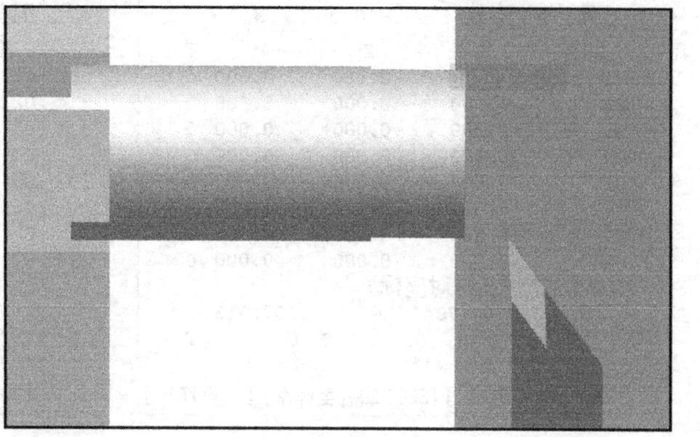

图 2-23　Z 向退刀

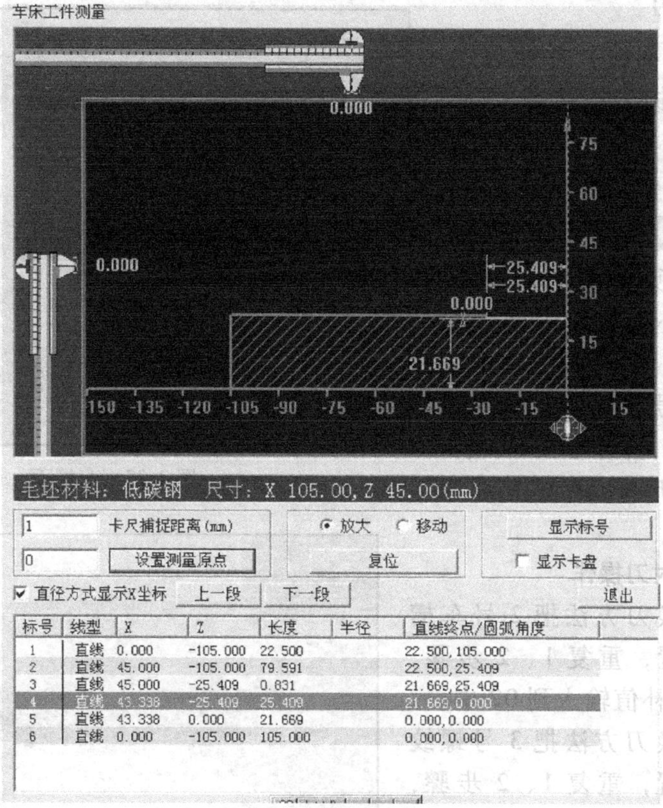

车床工件测量
0.000
0.000
25.409
25.409
0.000
21.669
75
60
45
30
15
150 -135 -120 -105 -90 -75 -60 -45 -30 -15 15
毛坯材料：低碳钢　尺寸：X 105.00, Z 45.00(mm)
卡尺捕捉距离（mm）
设置测量原点
放大　移动
复位
显示标号
显示卡盘
直径方式显示X坐标　上一段　下一段
退出
标号 | 线型 | X | Z | 长度 | 半径 | 直线终点/圆弧角度
1 直线 0.000 -105.000 22.500 22.500, 105.000
2 直线 45.000 -105.000 79.591 22.500, 25.409
3 直线 45.000 -25.409 0.831 21.669, 25.409
4 直线 43.338 -25.409 25.409 21.669, 0.000
5 直线 43.338 0.000 21.669 0.000, 0.000
6 直线 0.000 -105.000 105.000 0.000, 0.000

图 2-24　工件测量

5）单击 MDI 键盘上的 OFFSET SETTING 按钮，按软键[形状]进入刀具形状补偿设定界面，用方位键 ↑、↓ 选择所需的番号 01，如图 2-25 所示。

6）用 MDI 键盘输入 X43.338，单击软键[测量]，则 1 号刀具 X 方向的刀补（刀补的结果实际就是 $X_1 - X_2$ 的值）自动计算出来，并保存在 01 的 X 中，如图 2-26 所示，X 方向对刀结束。

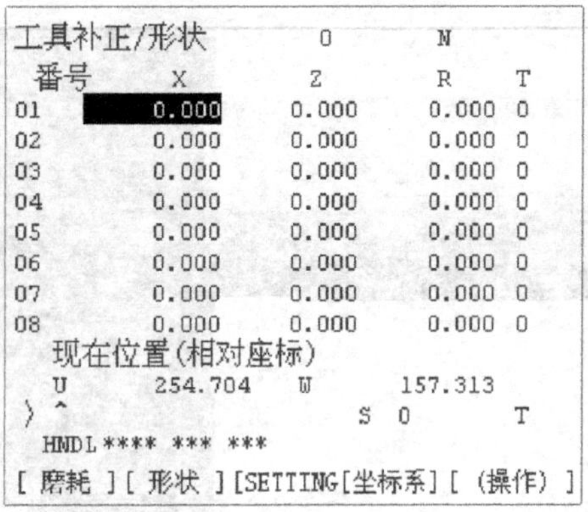
工具补正/形状　O　N
番号　X　Z　R　T
01　0.000　0.000　0.000　0
02　0.000　0.000　0.000　0
03　0.000　0.000　0.000　0
04　0.000　0.000　0.000　0
05　0.000　0.000　0.000　0
06　0.000　0.000　0.000　0
07　0.000　0.000　0.000　0
08　0.000　0.000　0.000　0
现在位置(相对座标)
U　254.704　W　157.313
S 0　T
HNDL **** *** ***
[磨耗] [形状] [SETTING [坐标系] [(操作)]

图 2-25　刀具补偿界面

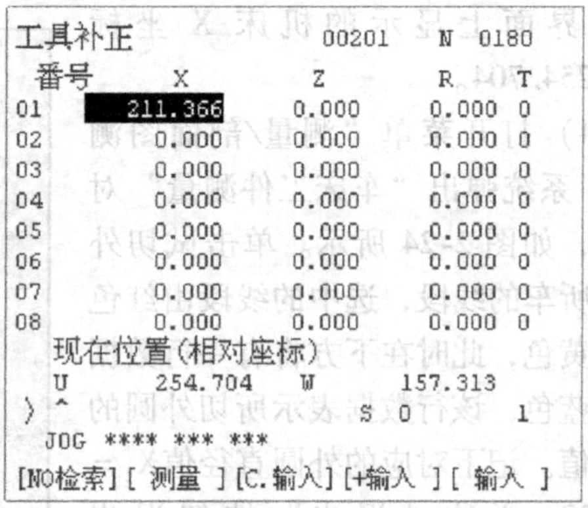
工具补正　O0201　N 0180
番号　X　Z　R　T
01　211.366　0.000　0.000　0
02　0.000　0.000　0.000　0
03　0.000　0.000　0.000　0
04　0.000　0.000　0.000　0
05　0.000　0.000　0.000　0
06　0.000　0.000　0.000　0
07　0.000　0.000　0.000　0
08　0.000　0.000　0.000　0
现在位置(相对座标)
U　254.704　W　157.313
S 0　1
JOG **** *** ***
[NO检索] [测量] [C. 输入] [+输入] [输入]

图 2-26　X 刀补值

2. Z 方向对刀

1）单击操作面板上的按钮，使主轴转动，试切工件端面，如图 2-27所示。

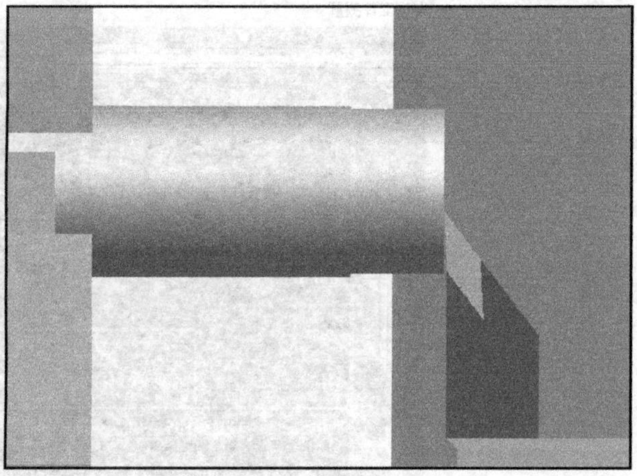

图 2-27　车端面

2）单击按钮，使刀具沿 X 轴方向退出，单击按钮使主轴停止转动，如图 2-28 所示。

3）在刀具补偿窗口中将光标移到番号 01 处，输入 Z0，单击软键[测量]，则 1 号刀具 Z 方向的刀补自动计算出来，并保存在 01 的 Z 中，如图 2-29 所示，Z 方向对刀结束。

3. 完成全部对刀操作

1）用 MDI 换刀方法把 2 号车槽刀换到加工位置，重复 1、2 步骤，将 2 号刀具的刀补值输入到 02 中。

2）用 MDI 换刀方法把 3 号螺纹刀换到加工位置，重复 1、2 步骤，把 3 号刀具的刀补值输入到 03 中。此时，三把刀具全部对好，如图 2-30 所示。

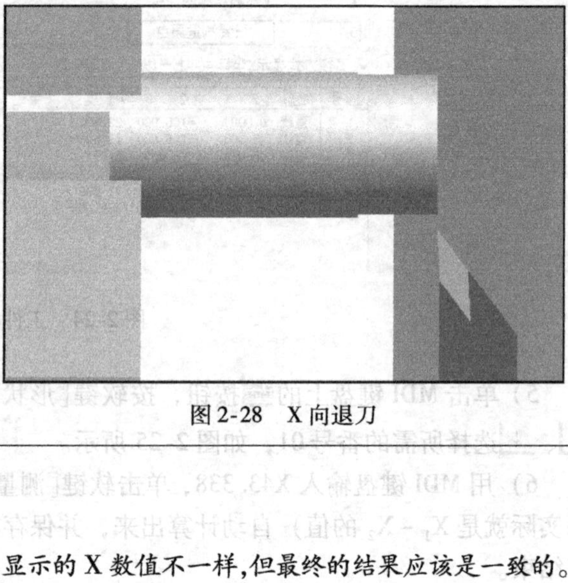

图 2-28　X 向退刀

说明：

对刀过程中，试切削的背吃刀量不一样，显示的 X 数值不一样，但最终的结果应该是一致的。

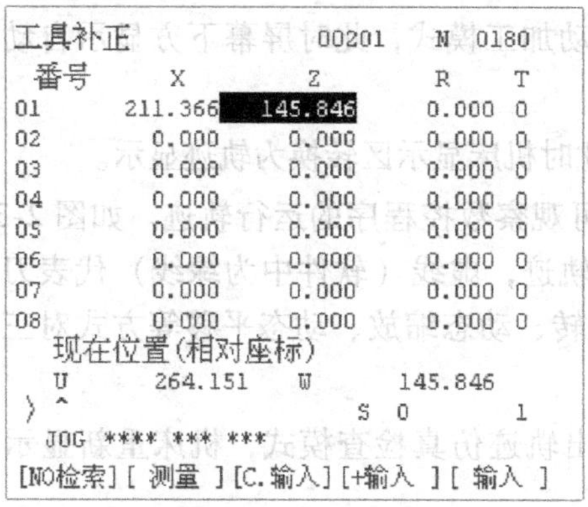
工具补正　O0201　N 0180
番号　X　Z　R　T
01　211.366　145.846　0.000　0
02　0.000　0.000　0.000　0
03　0.000　0.000　0.000　0
04　0.000　0.000　0.000　0
05　0.000　0.000　0.000　0
06　0.000　0.000　0.000　0
07　0.000　0.000　0.000　0
08　0.000　0.000　0.000　0
现在位置(相对座标)
U　264.151　W　145.846
S　0　1
JOG **** *** ***
[NO检索][测量][C.输入][+输入][输入]

图 2-29　Z 刀补值

工具补正　O0201　N 0180
番号　X　Z　R　T
01　211.366　145.846　0.000　0
02　211.366　145.003　0.000　0
03　211.366　132.637　0.000　0
04　0.000　0.000　0.000　0
05　0.000　0.000　0.000　0
06　0.000　0.000　0.000　0
07　0.000　0.000　0.000　0
08　0.000　0.000　0.000　0
现在位置(相对座标)
U　255.066　W　132.637
S　0　3
JOG **** *** ***
[NO检索][测量][C.输入][+输入][输入]

图 2-30　刀补值

4. 调整刀补参数

在加工过程中刀具有磨损或者工件有让刀现象时，可以通过修改刀具补偿值来解决这一问题。下面以 1 号刀具为例来说明刀具补偿修改的方法。

1）单击 MDI 键盘上的按钮，按软键[磨耗]进入刀具磨耗补偿设定界面，用方位键、选择所需的番号 01，如图 2-31 所示。

2）用 MDI 键盘输入 X 方向的磨耗值，如“－0.03”，单击软键[输入]或者键，则 1 号刀具 X 方向的刀具磨耗值就输入到 X 的位置，如图 2-32 所示。

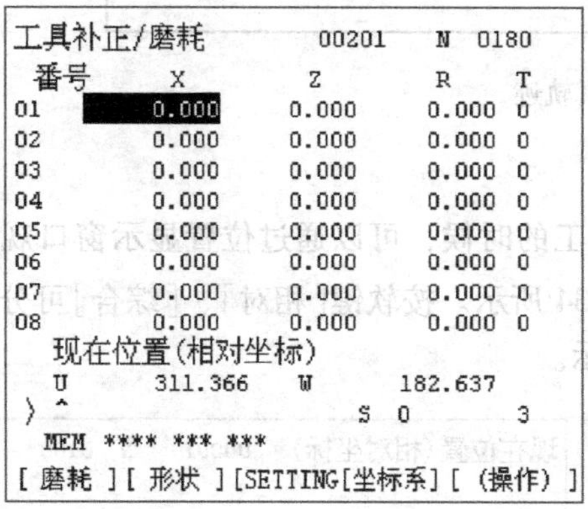
工具补正/磨耗　O0201　N 0180
番号　X　Z　R　T
01　0.000　0.000　0.000　0
02　0.000　0.000　0.000　0
03　0.000　0.000　0.000　0
04　0.000　0.000　0.000　0
05　0.000　0.000　0.000　0
06　0.000　0.000　0.000　0
07　0.000　0.000　0.000　0
08　0.000　0.000　0.000　0
现在位置(相对坐标)
U　311.366　W　182.637
S　0　3
MEM **** *** ***
[磨耗][形状][SETTING[坐标系][(操作)]

图 2-31　刀具磨耗补偿

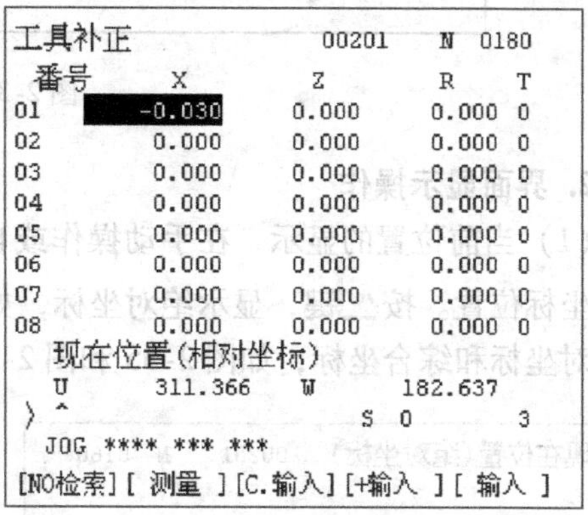
工具补正　O0201　N 0180
番号　X　Z　R　T
01　-0.030　0.000　0.000　0
02　0.000　0.000　0.000　0
03　0.000　0.000　0.000　0
04　0.000　0.000　0.000　0
05　0.000　0.000　0.000　0
06　0.000　0.000　0.000　0
07　0.000　0.000　0.000　0
08　0.000　0.000　0.000　0
现在位置(相对坐标)
U　311.366　W　182.637
S　0　3
JOG **** *** ***
[NO检索][测量][C.输入][+输入][输入]

图 2-32　X 刀具磨耗补偿

3）用方位键将光标移动到 Z 的位置，输入 Z 方向的磨耗值，如“－0.02”，单击软键[输入]或者键，则 1 号刀具 Z 方向的刀具磨耗值就输入到 Z 的位置。程序在调用 1 号刀具刀补时，将自动把形状补偿和磨耗补偿相加后调用。

4）2 号刀具在番号 02 中修改，3 号刀具在番号 03 中修改。

七、轨迹检查

1. 相关操作步骤

利用轨迹仿真检查功能可以检验数控程序的运行轨迹是否正确及合理。操作过程如下：

1）单击操作面板上的自动按钮，转入自动加工模式，此时屏幕下方显示自动模式“MEM”。

2）单击按钮，进入检查运行轨迹模式，此时机床显示区转换为轨迹显示。

3）单击操作面板上的循环启动按钮，即可观察数控程序的运行轨迹。如图2-33所示，实线（软件中为红线）代表刀具快速移动的轨迹，虚线（软件中为绿线）代表刀具切削的轨迹。此时可通过“视图”菜单中的动态旋转、动态缩放、动态平移等方式对三维运行轨迹进行全方位的观察。

4）检查运行轨迹后，再次单击按钮，退出轨迹仿真检查模式，机床重新显示在界面内。

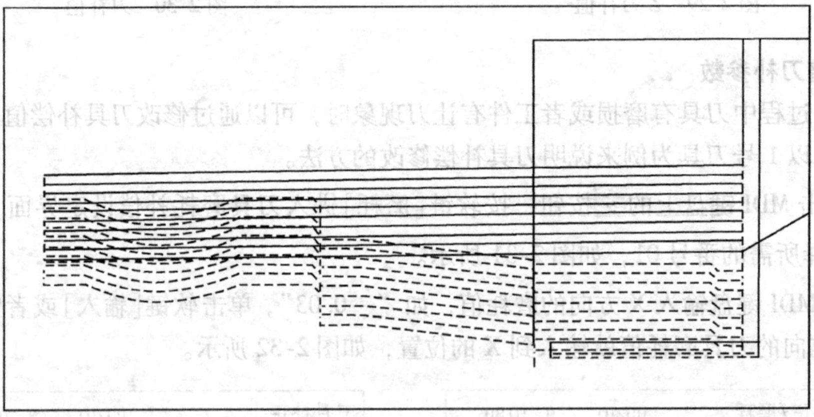

图2-33　仿真轨迹

2. 界面显示操作

（1）当前位置的显示　在手动操作或自动加工的时候，可以通过位置显示窗口观察当前的坐标位置。按键，显示绝对坐标，如图2-34所示。按软键[相对]、[综合]可分别显示相对坐标和综合坐标，如图2-35和图2-36所示。

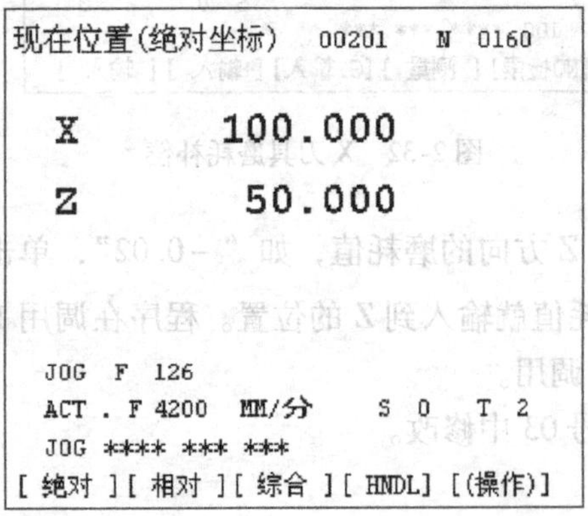
现在位置(绝对坐标)　00201　N 0160
X　100.000
Z　50.000
JOG F 126
ACT . F 4200 MM/分　S 0　T 2
JOG **** *** ***
[绝对][相对][综合][HNDL] [(操作)]

图2-34　绝对坐标

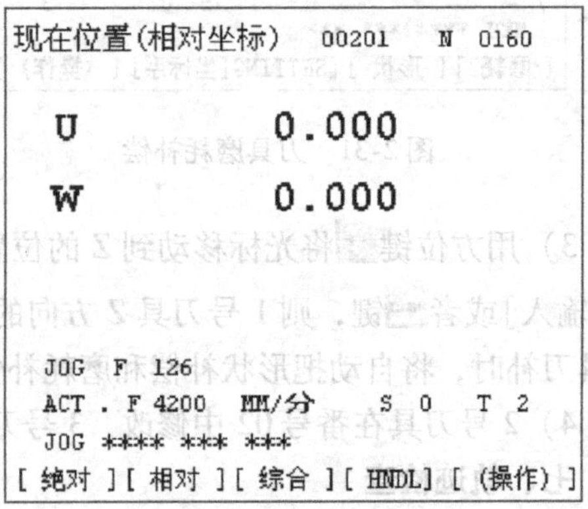
现在位置(相对坐标)　00201　N 0160
U　0.000
W　0.000
JOG F 126
ACT . F 4200 MM/分　S 0　T 2
JOG **** *** ***
[绝对][相对][综合][HNDL] [(操作)]

图2-35　相对坐标

提示：

开机后，只要机床运动，其运动位置即可由相对位置显示出来，并可随时清零。

相对位置清零方法：在相对坐标显示界面，输入X，按CAN键，则U被复位为0；输入Z，按CAN键，则W被复位为0。

（2）程序的显示　自动加工的时候，可以通过程序显示窗口观察当前的程序运行情况和坐标位置。按PROG键，显示如图2-37所示界面，可以同时观察程序和坐标位置；再次按PROG键，则显示如图2-38所示的全程序界面。

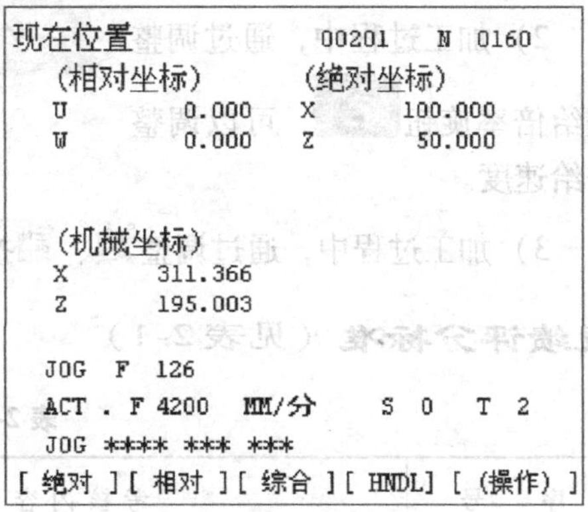
现在位置　O0201　N 0160
（相对坐标）　（绝对坐标）
U　0.000　X　100.000
W　0.000　Z　50.000
（机械坐标）
X　311.366
Z　195.003
JOG　F　126
ACT . F 4200　MM/分　S 0　T 2
JOG **** *** ***
[绝对] [相对] [综合] [HNDL] [(操作)]

图2-36　综合坐标

八、自动加工

1. 相关操作步骤

所有工作都准备好之后，要进行零件的自动加工。

1）单击操作面板上的自动按钮，转换到自动加工模式，此时屏幕下方显示自动模式“MEM”。

2）单击操作面板上的循环启动按钮，执行程序，机床就开始自动加工了，加工完毕会出现如图2-39所示的结果。

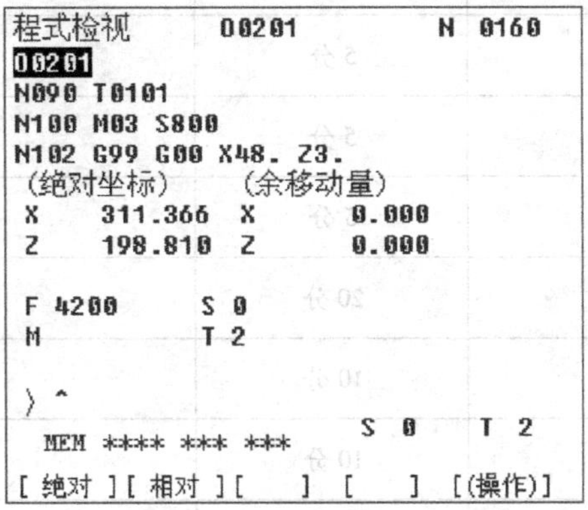
程式检视　O0201　N 0160
O0201
N090 T0101
N100 M03 S800
N102 G99 G00 X48. Z3.
（绝对坐标）　（余移动量）
X　311.366　X　0.000
Z　198.810　Z　0.000
F 4200　S 0
M　T 2
MEM **** *** ***　S 0　T 2
[绝对] [相对] [ ] [ ] [(操作)]

图2-37　程序位置显示

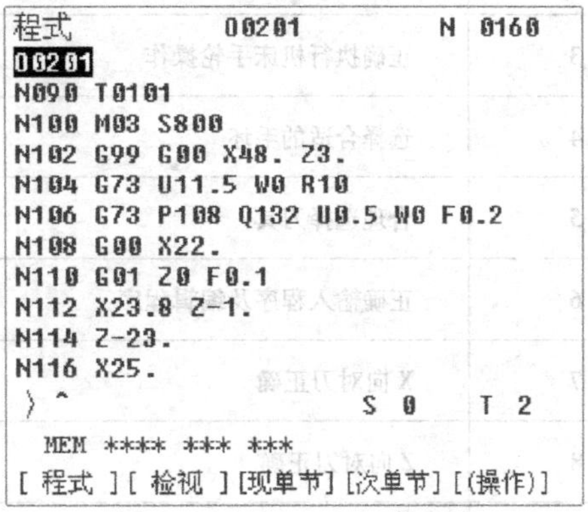
程式　O0201　N 0160
O0201
N090 T0101
N100 M03 S800
N102 G99 G00 X48. Z3.
N104 G73 U11.5 W0 R10
N106 G73 P108 Q132 U0.5 W0 F0.2
N108 G00 X22.
N110 G01 Z0 F0.1
N112 X23.8 Z-1.
N114 Z-23.
N116 X25.
S 0　T 2
MEM **** *** ***
[程式] [检视] [现单节] [次单节] [(操作)]

图2-38　加工程序显示

2. 其他相关操作

（1）单段运行方式　为了防止程序输入的错误、参数的不合理性，以确保安全，一般首件加工时采用单段加工方式。

1）单击操作面板上的自动运行按钮，转换到自动加工模式。

2）单击操作面板上的单段按钮，按钮左上角的指示灯亮，系统以单段程序方式执行。

3）单击操作面板上的循环启动按钮，程序开始执行。

4）执行一段程序后，需再单击一次按钮，直至程序结束。

（2）加工中的几项操作

1）数控程序在运行时，按暂停键，程序暂停执行；再单击键，程序从暂停位置开始执行。

2）加工过程中，通过调整进给倍率旋钮，可以调整进给速度。

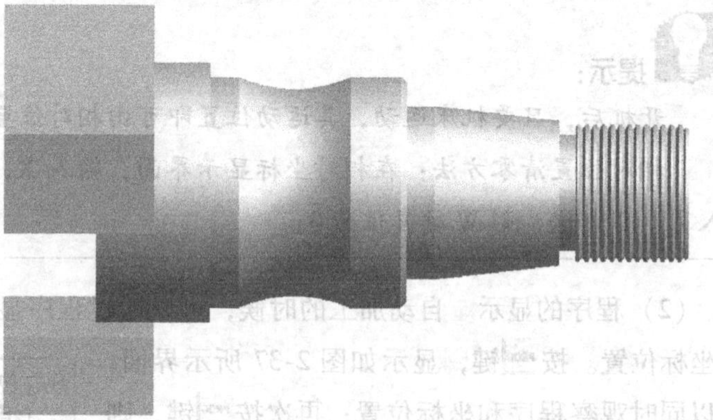

图 2-39　加工结果

3）加工过程中，通过调整、按钮，可以调整主轴的转速。

成绩评分标准（见表 2-1）

表 2-1　成绩评分标准

序　号	考核内容	分　值	得　分
1	机床正确回零	5 分	
2	合理使用机床手动方式	5 分	
3	正确执行机床手轮操作	5 分	
4	选择合适的毛坯	5 分	
5	合理选择刀具	5 分	
6	正确输入程序及编辑程序	20 分	
7	X 向对刀正确	10 分	
8	Z 向对刀正确	10 分	
9	正确输入刀补参数	10 分	
10	正确使用轨迹模拟	5 分	
11	使用自动加工技巧	10 分	
12	应用软件操作的熟练程度	10 分	
备　注		合计得分	
		教师签名 年　月　日	

附：FANUC 0i 数控车床常用 G 代码格式

G代码	分组	功　能	格　式
G00		快速点定位	G00 X— Z— X、Z：快速定位终点在工件坐标系中的坐标
G01		直线插补	G01 X— Z— F— X、Z：终点在工件坐标系中的坐标 F：编程的两个轴的合成进给速度
G02	01	顺时针圆弧插补	G02 X— Z— R— F— X、Z：圆弧终点在工件坐标系中的坐标 R：圆弧半径 F：编程的两个轴的合成进给速度
G03		逆时针圆弧插补	G03 X— Z— R— F— X、Z：圆弧终点在工件坐标系中的坐标 R：圆弧半径 F：编程的两个轴的合成进给速度
G20	06	英制输入	
G21		米制输入	
G40		刀具补偿取消	G40
G41	07	左半径补偿	G41 G01 X—Z—F—
G42		右半径补偿	G42 G01 X—Z—F—
G50	00	设定工件坐标系	G50 X　Z
G70		精加工循环	G70 P（ns）　Q（nf）
G71	00	外圆粗车循环	G71 U（Δd）R（e） G71 P（ns）Q（nf）U（Δu）W（Δw）F（f）S（s）T（t） Δd：每次背吃刀量（半径值） e：每次退刀量 ns：精加工路径第一程序段的顺序号 nf：精加工路径最后程序段的顺序号 Δu：X 方向精加工余量 Δw：Z 方向精加工余量 f：粗加工时的合成进给速度
G72		端面粗切削循环	G72 W（Δd）R（e） G72 P（ns）Q（nf）U（Δu）W（Δw）F（f）S（s）T（t） Δd：每次背吃刀量 e：每次退刀量 ns：精加工路径第一程序段的顺序号 nf：精加工路径最后程序段的顺序号 Δu：X 方向精加工余量 Δw：Z 方向精加工余量 f：粗加工时的合成进给速度

（续）

G代码	分组	功　能	格　式
G73	00	封闭切削循环	G73 U（Δi）W（Δk）R（d） G73 P（ns）Q（nf）U（Δu）W（Δw）F（f）S（s）T（t） Δi：X轴向毛坯切除余量（半径值） Δk：Z轴向毛坯切除余量 d：粗加工次数 ns：精加工路径第一程序段的顺序号 nf：精加工路径最后程序段的顺序号 Δu：X方向精加工余量 Δw：Z方向精加工余量 f：粗加工时的合成进给速度
G76		复合螺纹切削循环	G76 P（m）（r）（a）Q（Δdmin）R（d） G76 X（u）Z（w）R（i）P（k）Q（Δd）F（l） m：最终精加工重复次数 r：螺纹尾退长度 a：刀尖的角度，可选择80、60、55、30、29、0六个种类 Δdmin：最小背吃刀量 d：精加工余量 u、w：螺纹有效终点坐标 i：螺纹的半径差 k：螺牙的高度 Δd：第一次的背吃刀量 l：螺纹导程
G90	01	外圆车削循环	G90 X— Z— R— F— X、Z：终点在工件坐标系中的坐标 R：切削起点与切削终点的半径差 F：合成进给速度
G92		螺纹车削循环	G92 X— Z— R— F— X、Z：螺纹有效终点坐标 R：切削起点与切削终点的半径差 F：螺纹导程
G94		端面车削循环	G94 X— Z— R— F— X、Z：终点在工件坐标系中的坐标 R：切削起点与切削终点X向的距离 F：合成进给速度
G98	05	每分钟进给速度	
G99		每转进给速度	

模块三　数控车床（华中数控）仿真操作

项目目的

此模块是通过在数控加工仿真系统（华中数控）车床上的一个加工实例，掌握数控加工仿真系统（华中数控）车床的基本操作方法及加工的基本步骤。

项目内容

如图 3-1 所示的零件，材料为 45 钢，毛坯为 ϕ45mm × 100mm，ϕ45mm 外圆和 100mm 长度已经加工到尺寸。要求分析工艺过程与工艺路线，编写加工程序，并完成仿真加工。

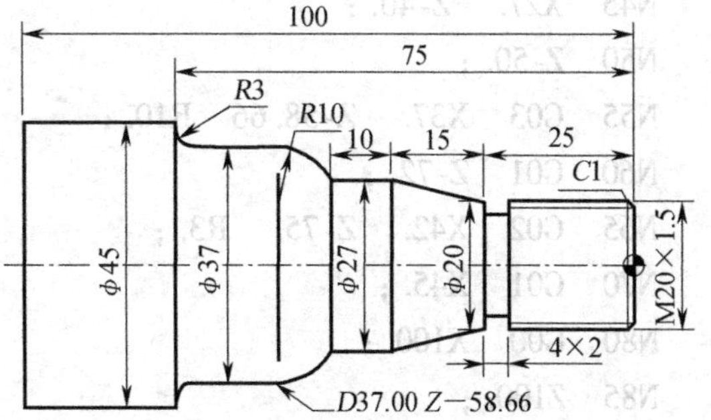
100
75
R3
R10
10
15
25
C1
φ45
φ37
φ27
φ20
M20×1.5
4×2
D37.00 Z−58.66

图 3-1　零件尺寸图

相关知识点析

1. 确定工件坐标系

工件坐标系的建立保证了刀具在机床上的正确运动。按基准重合原则，将工件坐标系原点定在零件右端面与回转轴线的交点上（见图 3-1），并设定换刀点相对工件坐标系原点的坐标位置为（100，100）。

2. 确定加工方案

根据零件图的加工要求，需要加工零件的圆柱面、圆锥面、圆弧面、螺纹、倒角及螺纹退刀槽，共需要以下三把刀具：

1 号刀具：外圆左偏刀，选择刀尖半径为 0，刀具长度为 60mm 的 C 形刀片。

2 号刀具：车槽刀，要求刀片宽度为 4mm，车槽深度为 8mm，刀具长度为 60mm。

3 号刀具：米制螺纹刀，要求刀尖角度为 60°，刀尖半径为 0，刀具长度为 60mm。

ϕ45mm 外圆面已经粗加工，可以直接装夹在三爪自定心卡盘上。使用 1 号外圆左偏刀，先粗加工后精加工零件外形轮廓，粗加工时留 0.5mm 的精车余量；使用 2 号刀具加工螺纹退刀槽；然后用 3 号螺纹刀加工出螺纹。

根据 45 钢的切削性能，粗、精加工外圆面时主轴转速为 800r/min，粗加工进给量为 0.2mm/r，精加工进给量为 0.1mm/r；车槽时主轴转速为 300r/min，进给量为0.08mm/r；车螺纹时主轴转速为 300r/min。

操作准备

根据工件的外形加工特征，采用复合循环 G71 编写加工程序，本实例采用调用刀偏的方法建立工件坐标系，工件坐标系原点设在工件右端面中心处。

参考程序如下：

```
%301;
N05  T0101;
N10  M03  S800;
N15  G99  G00  X46.  Z3.;
N20  G71  U1.5  R0.2  P25  Q70  X0.5  Z0.1  F0.2;
N25  G00  X18.;
N30  G01  Z0  F0.1;
N35  X19.8  Z-1.;
N40  Z-25.;
N45  X27.  Z-40.;
N50  Z-50.;
N55  G03  X37.  Z-58.66  R10.;
N60  G01  Z-72.;
N65  G02  X42.  Z-75.  R3.;
N70  G01  X45.;
N80  G00  X100.;
N85  Z100.;
N90  M05;
N95  M00;
N100  T0202;
N105  M03  S300;
N110  G00  X25.;
N115  Z-25.;
N120  G01  X16.  F0.08;
N125  G00  X100.;
N130  Z100.;
N135  T0303;
N140  G00  X22.;
N145  Z5.;
N150  G82  X19.2  Z-23.  F1.5;
N155  X18.7;
N160  X18.4;
N165  X18.2;
N170  X18.05;
N175  G00  X100.;
N180  Z100.;
N185  M30;
```

将此程序先在记事本中输入并保存，文件名为 301. txt，以便加工操作时调用此程序。

说明：

本书着重介绍机床的操作，具体程序的编制、基点的计算等参考其他的教材。

操作步骤

仿真操作的加工步骤为：选择机床、机床回零、安装工件、选择刀具、对刀、输入程序、轨迹检查、自动加工。

一、选择机床

1. 相关操作步骤

打开菜单“机床/选择机床…”或者单击图标，系统弹出“选择机床”对话框。在“控制系统”中选择“华中数控”的华中世纪星数控车床，按“确定”按钮，此时界面如图3-2所示。

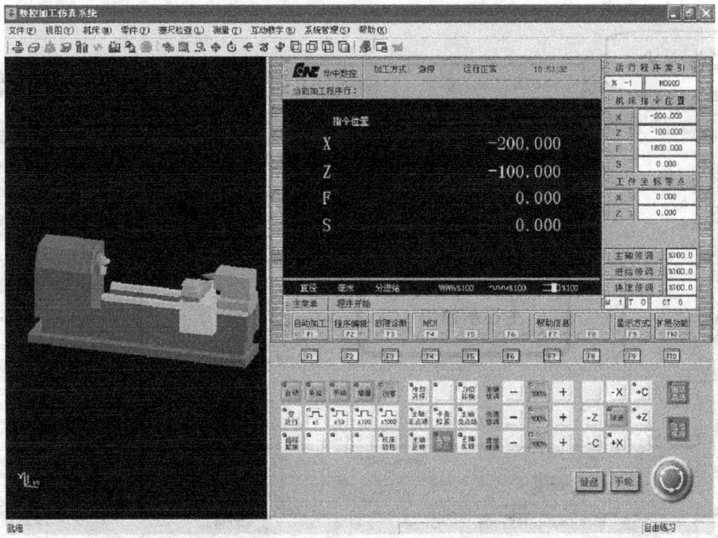
数控加工仿真系统
华中数控
加工方式：急停
运行正常
10:51:32
指令位置
X -200.000
Z -100.000
F 0.000
S 0.000
自动加工
程序编辑
故障诊断
MDI
帮助信息
显示方式
扩展功能
键盘
手轮
就绪
自由练习

图3-2　华中数控车床仿真界面

2. 操作面板说明

华中数控系统的控制面板主要由软件操作界面、MDI键盘、机床控制面板三个部分构成，如图3-3所示。

（1）软件操作界面　软件操作界面（见图3-4）主要用于显示各种信息，如位置、程序、参数、运行状况等，数控系统所处的状态和操作命令不同，显示的信息也不同。

（2）MDI键盘　MDI键盘主要用于程序的编辑和参数的输入，如图3-5所示。

（3）机床控制面板　机床控制面板主要控制机床运行的各种状况及操作，如图3-6所示。

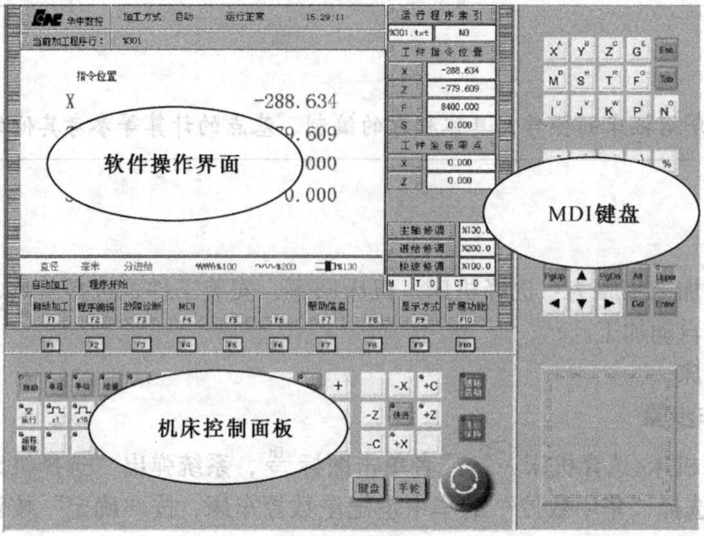
软件操作界面
MDI键盘
机床控制面板

图 3-3 华中数控系统操作面板

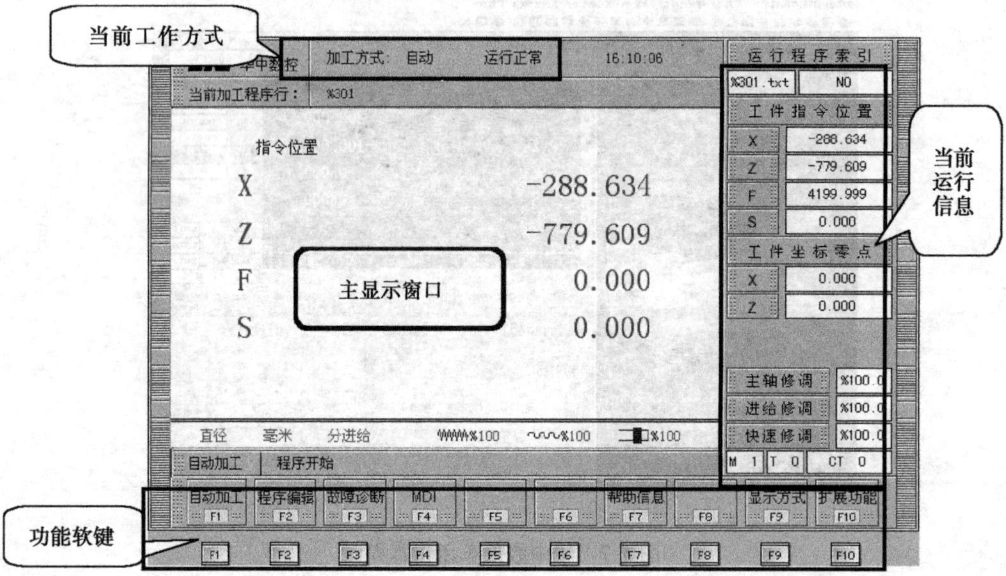
当前工作方式
加工方式：自动
运行正常
16:10:06
当前加工程序行：
%301
指令位置
X -288.634
Z -779.609
F 0.000
S 0.000
主显示窗口
当前运行信息
运行程序索引
工件指令位置
工件坐标零点
主轴修调
进给修调
快速修调
自动加工
程序开始
功能软键

图 3-4 软件操作界面

二、机床回零

1. 相关操作步骤

机床在开机后通常需要先回参考点，在数控操作中通常称为“回零”。

1）检查“急停”按钮是否松开，若未松开，单击急停按钮将其松开。

2）单击回零键，使系统处于回参考点操作模式，此时屏幕上方的“加工方式”为回零，如图 3-7 所示。

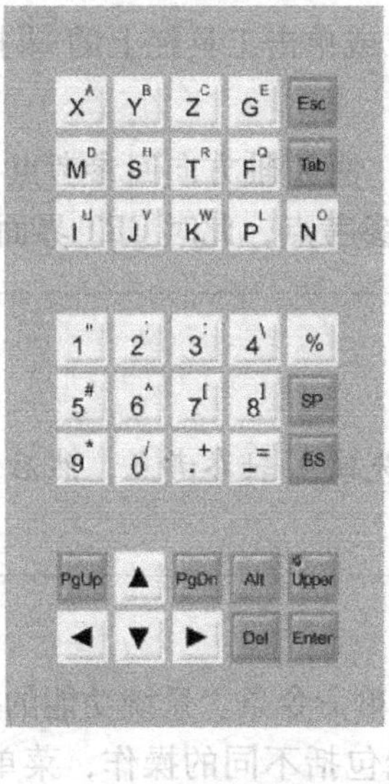
X Y Z G Esc
M S T F Tab
I J K P N
1 2 3 4 %
5 6 7 8 SP
9 0 . - BS
PgUp PgDn Alt Upper
Del Enter

图 3-5　MDI 键盘

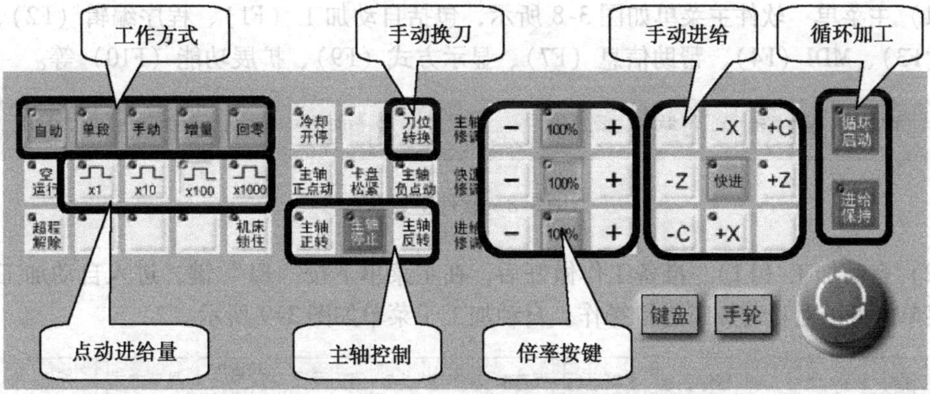
工作方式
手动换刀
手动进给
循环加工
自动 单段 手动 增量 回零
空运行 x1 x10 x100 x1000
超程解除 机床锁住
冷却开停 刀位转换
主轴正点动 卡盘松紧 主轴负点动
主轴正转 主轴停止 主轴反转
100%
-X +C -Z 快进 +Z -C +X
循环启动
进给保持
键盘 手轮
点动进给量
主轴控制
倍率按键

图 3-6　机床控制面板

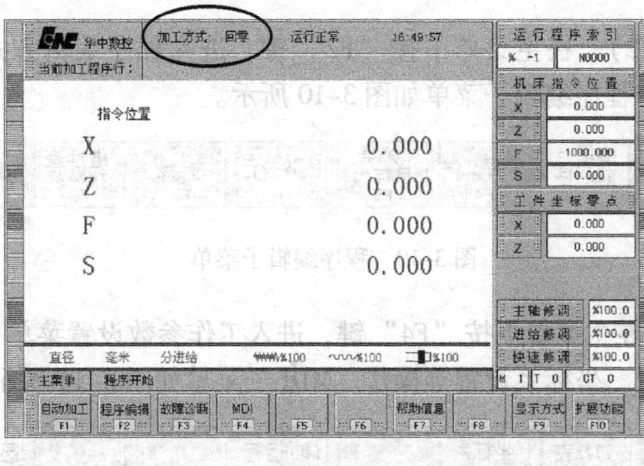
华中数控
加工方式：回零
运行正常
16:49:57
当前加工程序行：
指令位置
X 0.000
Z 0.000
F 0.000
S 0.000
运行程序索引
机床指令位置
工件坐标零点
主轴修调
进给修调
快速修调
直径 毫米 分进给
主菜单 程序开始
自动加工 F1
程序编辑 F2
故障诊断 F3
MDI F4
F5
F6
帮助信息 F7
F8
显示方式 F9
扩展功能 F10

图 3-7　车床回零后 CRT 界面

3）单击菜单“视图/俯视图”或单击工具栏上的按钮，使机床呈俯视图状况，便于观察。

4）单击控制面板上的+X按钮，使X轴方向回参考点，CRT上的X坐标变为“0.000”。同样，再单击+Z按钮，Z轴方向回参考点，此时CRT界面如图3-7所示。

> **注意：**
>
> 数控车床回参考点时，一般先回X轴参考点，然后回Z轴参考点，否则刀架可能与尾座发生碰撞。

2. 系统菜单结构

操作界面中最重要的内容是菜单命令条。系统功能的操作主要通过菜单命令条中的功能键F1～F10来完成。由于每个功能包括不同的操作，菜单采用了层次结构，即在主菜单下选择一个菜单项后，数控装置会显示该功能下的子菜单，操作人员可以根据该菜单的内容选择所需要的操作。

（1）主菜单　软件主菜单如图3-8所示，包括自动加工（F1）、程序编辑（F2）、故障诊断（F3）、MDI（F4）、帮助信息（F7）、显示方式（F9）、扩展功能（F10）等。

自动加工 F1
程序编辑 F2
故障诊断 F3
MDI F4
F5
F6
帮助信息 F7
F8
显示方式 F9
扩展功能 F10

图3-8　软件主菜单

（2）自动加工（F1）　准备工作做好后，在主菜单下按“F1”键，进入自动加工方式，在此菜单内可以对自动加工进行操作。自动加工子菜单如图3-9所示。

程序选择 F1
运行状态 F2
程序校验 F3
重新运行 F4
保存断点 F5
恢复断点 F6
停止运行 F7
从指定行运行 F8
显示方式 F9
返回 F10

图3-9　自动加工子菜单

（3）程序编辑（F2）　在主菜单下按“F2”键，进入程序编辑方式，在此菜单内可以对程序进行编辑操作。程序编辑子菜单如图3-10所示。

文件管理 F1
选择编辑程序 F2
编辑当前程序 F3
保存文件 F4
文件另存为 F5
删除一行 F6
查 找 F7
继续查找替换 F8
替 换 F9
返回 F10

图3-10　程序编辑子菜单

（4）MDI（F4）　在主菜单下按“F4”键，进入工作参数设置菜单，在此菜单内可以进行刀偏设置、刀补设置、坐标系设置等操作。MDI子菜单如图3-11所示。

刀库表 F1
刀偏表 F2
刀补表 F3
坐标系 F4
标刀选择 F5
MDI运行 F6
标刀对刀 F7
F8
显示方式 F9
返回 F10

图3-11　MDI子菜单

（5）显示方式（F9）　在主菜单下按“F9”键，弹出图3-12的子菜单，可以设置显示方式。

> **提示：**
> 在各子菜单中，按“F10”键可返回主菜单。

三、安装工件

1）打开菜单“零件/定义毛坯”或在工具栏上单击按钮，在“定义毛坯”对话框（见图3-13）中将零件尺寸改为ϕ45mm×100mm，名字命名为“车工零件”，并单击“确定”按钮。

显示模式　F1
显示值　F2
坐标系　F3
图形放大倍数　F4
相对值　F5
毛坯尺寸　F6

图3-12　显示子菜单

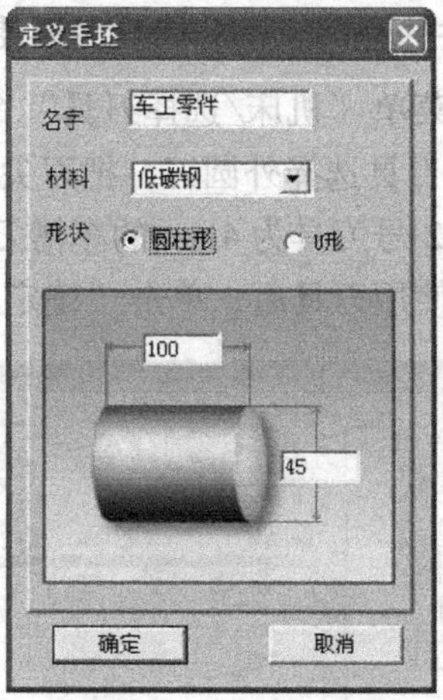
定义毛坯
名字
车工零件
材料
低碳钢
形状
圆柱形
U形
100
45
确定
取消

图3-13　定义毛坯

2）打开菜单“零件/放置零件”命令或者在工具栏上选择图标，打开“选择零件”对话框，如图3-14所示。选取名称为“车工零件”的零件，按下“确定”按钮，此时界面上出现一个小键盘（见图3-15），通过按动小键盘上的方向按钮，使工件伸出足够长度，单击“退出”按钮，零件就被安装在卡盘上了，如图3-16所示。

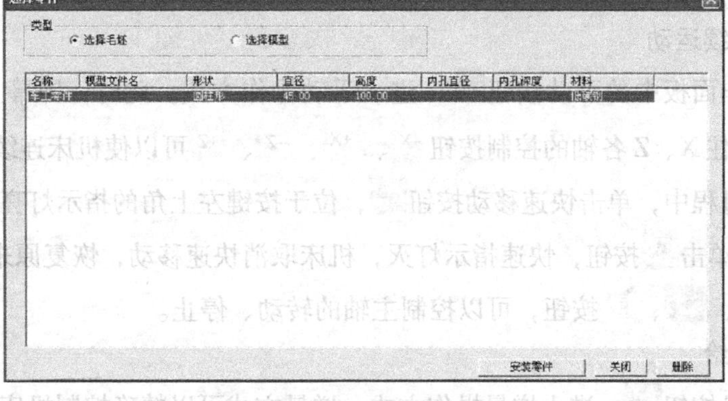
选择零件
类型
选择毛坯
选择模型
名称
模型文件名
形状
直径
高度
内孔直径
内孔深度
材料
安装零件
关闭
删除

图3-14　选择毛坯

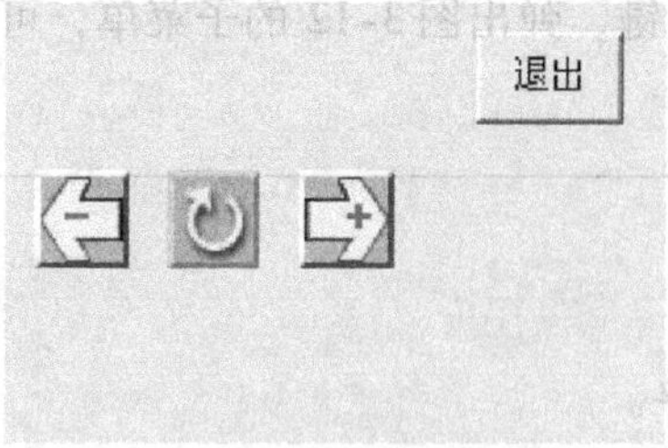
退出

图 3-15　移动零件

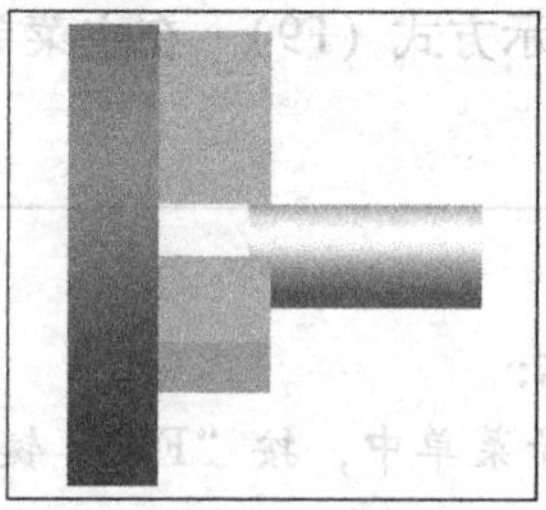

图 3-16　安装零件

四、选择刀具

1. 相关操作步骤

加工零件的外圆、槽和螺纹时要使用 3 把刀具：外圆刀、车槽刀和螺纹刀。

1）打开菜单“机床/选择刀具”命令或者在工具栏上选择图标，打开“刀具选择”对话框。1 号刀具选择外圆刀，把刀尖圆弧半径修改为 0，如图 3-17 所示。

2）选择 2 号刀具为 4mm 的车槽刀，3 号刀具为 60°外螺纹刀，如图 3-18 所示。

3）选择使用刀具后，单击“确定”按钮，则刀具被安装在刀台上。

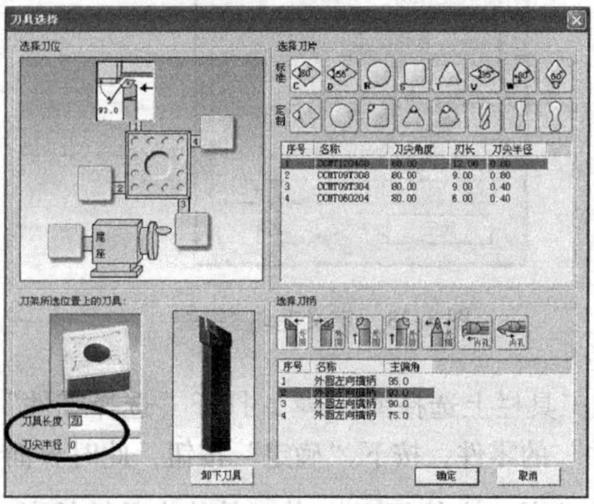
刀具选择
选择刀位
选择刀片
刀架所选位置上的刀具
选择刀柄
刀具长度
刀尖半径
卸下刀具
确定
取消

图 3-17　选择刀具（一）

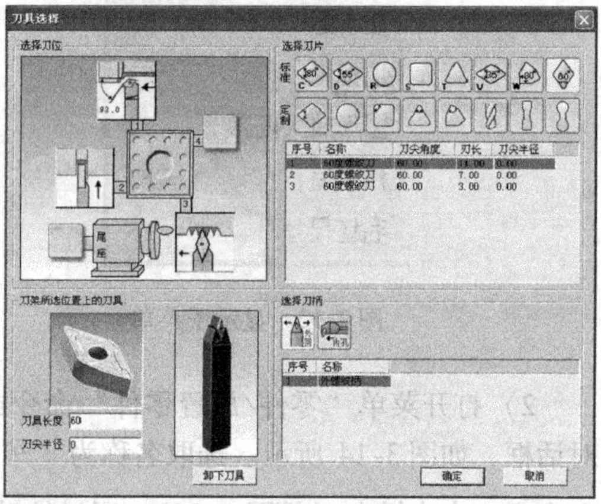
刀具选择
选择刀位
选择刀片
刀架所选位置上的刀具
选择刀柄
刀具长度
刀尖半径
卸下刀具
确定
取消

图 3-18　选择刀具（二）

2. 手动方式操作

（1）手动连续运动

1）单击操作面板中的手动按钮手动，进入手动操作方式。此时，屏幕上方的“加工方式”为手动，按住 X、Z 各轴的控制按钮 -X、+X、-Z、+Z 可以使机床连续运动。

2）在手动过程中，单击快速移动按钮快进，位于按键左上角的指示灯亮，此时可以快速移动各轴；再次单击快进按钮，快速指示灯灭，机床取消快速移动，恢复原来的速度。

3）单击主轴反转、主轴停止、主轴反转按钮，可以控制主轴的转动、停止。

（2）增量进给

1）按下增量按钮增量，进入增量操作方式。增量方式可以精确控制机床移动，这时屏幕上方的“加工方式”为步进。

2）按下 x1、x10、x100、x1000 按钮可以选择适当的移动量，其上的数字表示点动的倍率，分别代表 0.001mm、0.01mm、0.1mm、1mm，配合移动按钮 -X、+X、-Z、+Z 来移动机床。

3）选择好适当的移动量后，单击操作面板上的 -X 按钮一次，机床向 X 轴负向移动一个点动距离；单击 +X 按钮一次，机床向 X 轴正向移动一个点动距离。同样单击 +Z 和 -Z 按钮，机床在 Z 轴分别向正向和负向以点动方式移动。

4）在增量模式下，也可以使用手轮来精确控制机床移动。单击手轮按钮 手轮 则可显示手轮，选择旋钮和手轮移动量旋钮可以调节手轮；按住鼠标左键（配合左转），机床向所选方向轴的负方向运动，相应地按住鼠标右键（配合右转），机床向正方向运动。

> **注意：**
>
> 使用增量方式移动机床时，手轮的选择旋钮需置于 OFF 挡。

五、对刀

数控程序一般按工件坐标系编程，对刀的过程就是建立工件坐标系与机床坐标系之间关系的过程。数控车床常见的是将工件右端面中心点设为工件坐标系原点。数控车床有两个轴，因此对刀也就分 X、Z 两个方向。

试切法对刀在数控车床上应用极为广泛。所谓试切法是指通过试切，由试切直径和试切长度来计算刀具偏置值的方法。根据是否采用标准刀具，可分为绝对刀偏法和相对刀偏法，下面就用绝对刀偏法来介绍对刀的过程。

1. 相关操作步骤

（1）X 方向对刀

1）单击操作面板中的手动按钮 手动，配合快速按钮 -Z 和 -X 使机床快速移动到毛坯附近，同时配合视图按钮调整机床的显示，如图 3-19 所示。

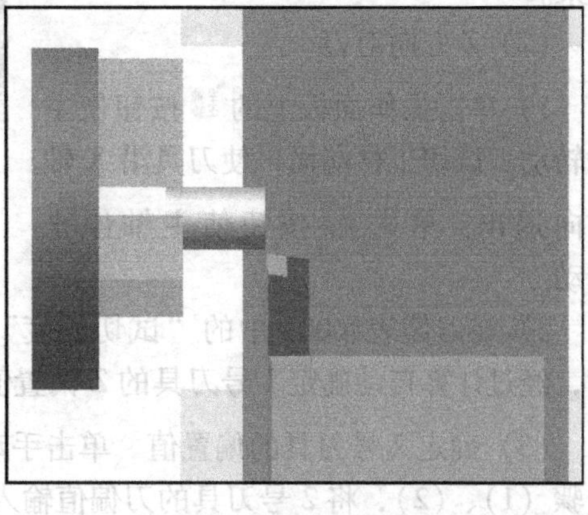

图 3-19　试切削对刀

2）单击操作面板上的主轴正转按钮 主轴正转，使主轴转动。试车削一段外圆，使刀具沿 Z 轴方向退出，单击 主轴停止 按钮，使主轴停止转动。

3）单击菜单“测量/剖面图测量”弹出“车床工件测量”对话框，如图 3-20 所示。单击试切外圆时所车线段，选中的线段由红色变为黄色，此时在下方将有一行数据变成蓝色，该行数据表示所切外圆的尺寸值。记下对应的外圆直径值 X = 44.767，单击“退出”按钮退出测量。

4）按 MDI F4 软键，在弹出的下级子菜单中按软键 刀偏表 F2 进入刀偏数据设置页面，如图 3-21 所示。

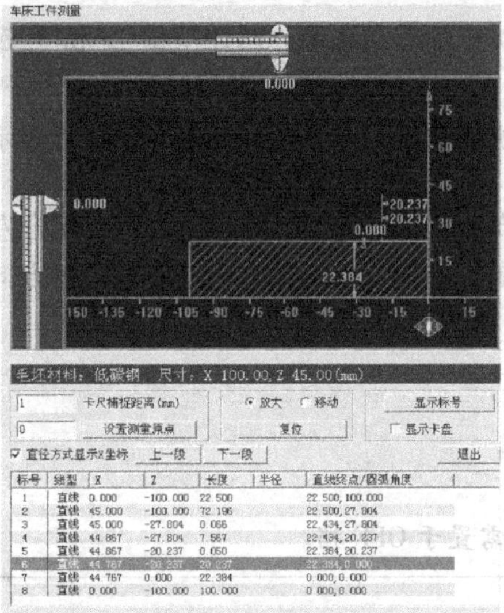
车床工件测量
0.000
0.000
20.237
20.234
0.000
22.384
75
60
45
30
15
150 -135 -120 -105 -90 -75 -60 -45 -30 -15 15
毛坯材料：低碳钢　尺寸：X 100.00, Z 45.00 (mm)
1 卡尺捕捉距离(mm)
0 设置测量原点
放大 移动
复位
显示标号
显示卡盘
直径方式显示X坐标 上一段 下一段 退出
标号 线型 X Z 长度 半径 直线终点/圆弧角度
1 直线 0.000 -100.000 22.500 22.500, 100.000
2 直线 45.000 -100.000 72.196 22.500, 27.804
3 直线 45.000 -27.804 0.066 22.434, 27.804
4 直线 44.867 -27.804 7.567 22.434, 20.237
5 直线 44.867 -20.237 0.050 22.384, 20.237
6 直线 44.767 -20.237 20.237 22.384, 0.000
7 直线 44.767 0.000 22.384 0.000, 0.000
8 直线 0.000 -100.000 100.000 0.000, 0.000

图 3-20　测量工件外圆

刀偏表:

刀偏号	X偏置	Z偏置	X磨损	Z磨损	试切直径	试切长度
#0001	0.000	0.000	0.000	0.000	0.000	0.000
#0002	0.000	0.000	0.000	0.000	0.000	0.000
#0003	0.000	0.000	0.000	0.000	0.000	0.000
#0004	0.000	0.000	0.000	0.000	0.000	0.000
#0005	0.000	0.000	0.000	0.000	0.000	0.000
#0006	0.000	0.000	0.000	0.000	0.000	0.000
#0007	0.000	0.000	0.000	0.000	0.000	0.000
#0008	0.000	0.000	0.000	0.000	0.000	0.000
#0009	0.000	0.000	0.000	0.000	0.000	0.000
#0010	0.000	0.000	0.000	0.000	0.000	0.000
#0011	0.000	0.000	0.000	0.000	0.000	0.000
#0012	0.000	0.000	0.000	0.000	0.000	0.000
#0013	0.000	0.000	0.000	0.000	0.000	0.000

MDI:

图 3-21　刀偏表

5）在键盘上用光标键▲、▼将光标移动到#0001 的“试切直径”栏，按 Enter 键，输入试切外圆的直径值“44.767”，再按 Enter 键确定。机床根据刀偏表中输入的试切直径，经过计算自动确定 1 号刀具的 X 偏置值（见图3-22），则 X 方向对刀结束。

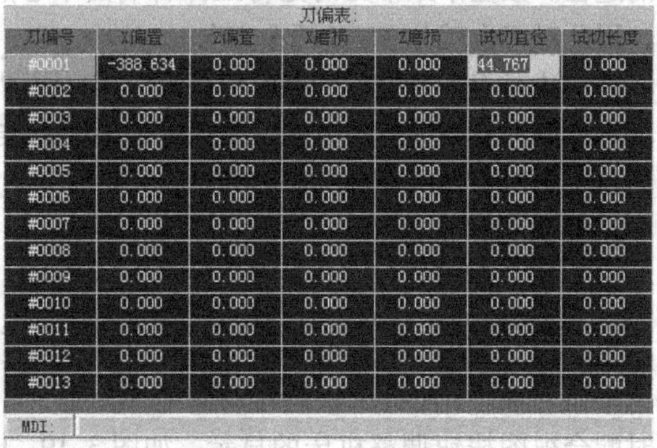

刀偏表:

刀偏号	X偏置	Z偏置	X磨损	Z磨损	试切直径	试切长度
#0001	-388.634	0.000	0.000	0.000	44.767	0.000
#0002	0.000	0.000	0.000	0.000	0.000	0.000
#0003	0.000	0.000	0.000	0.000	0.000	0.000
#0004	0.000	0.000	0.000	0.000	0.000	0.000
#0005	0.000	0.000	0.000	0.000	0.000	0.000
#0006	0.000	0.000	0.000	0.000	0.000	0.000
#0007	0.000	0.000	0.000	0.000	0.000	0.000
#0008	0.000	0.000	0.000	0.000	0.000	0.000
#0009	0.000	0.000	0.000	0.000	0.000	0.000
#0010	0.000	0.000	0.000	0.000	0.000	0.000
#0011	0.000	0.000	0.000	0.000	0.000	0.000
#0012	0.000	0.000	0.000	0.000	0.000	0.000
#0013	0.000	0.000	0.000	0.000	0.000	0.000

MDI:

图 3-22　X 方向偏置值

（2）Z 方向对刀

1）单击操作面板上的 主轴正转 按钮使主轴转动。试切工件端面，使刀具沿 X 轴方向退出，单击 主轴停止 按钮使主轴停止转动。

2）在刀偏表#0001 中的“试切长度”栏输入“0”，机床根据刀偏表中输入的试切长度，经过计算自动确定 1 号刀具的 Z 偏置值（见图 3-23），则 Z 方向对刀结束。

（3）确定 2 号刀具的偏置值　单击手动换刀按钮 刀位转换，把 2 号刀具换到加工位置，重复步骤（1）、（2），将 2 号刀具的刀偏值输入到#0002 中。

（4）完成对刀　单击手动换刀按钮 刀位转换，把 3 号刀换到加工位置，重复步骤（1）、（2），把 3 号刀具的刀偏值输入到#0003 中。此时，三把刀全部对好，如图 3-24 所示。

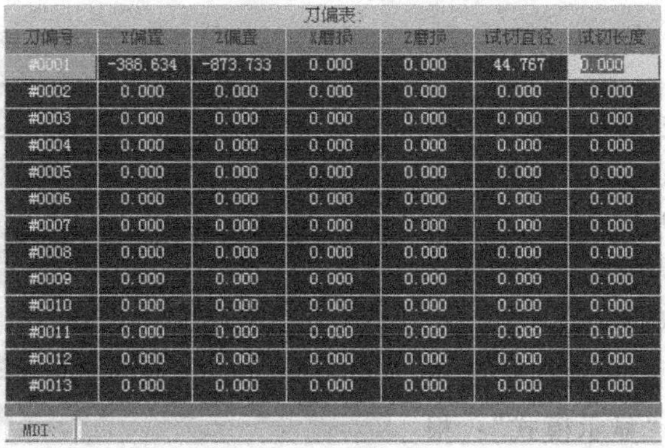

刀偏表:

刀偏号	X偏置	Z偏置	X磨损	Z磨损	试切直径	试切长度
#0001	-388.634	-873.733	0.000	0.000	44.767	0.000
#0002	0.000	0.000	0.000	0.000	0.000	0.000
#0003	0.000	0.000	0.000	0.000	0.000	0.000
#0004	0.000	0.000	0.000	0.000	0.000	0.000
#0005	0.000	0.000	0.000	0.000	0.000	0.000
#0006	0.000	0.000	0.000	0.000	0.000	0.000
#0007	0.000	0.000	0.000	0.000	0.000	0.000
#0008	0.000	0.000	0.000	0.000	0.000	0.000
#0009	0.000	0.000	0.000	0.000	0.000	0.000
#0010	0.000	0.000	0.000	0.000	0.000	0.000
#0011	0.000	0.000	0.000	0.000	0.000	0.000
#0012	0.000	0.000	0.000	0.000	0.000	0.000
#0013	0.000	0.000	0.000	0.000	0.000	0.000

MDI:

图 3-23　Z 方向偏置值

注意：

1）采用自动设置坐标系对刀前，机床必须先回机械零点。

2）试切零件外圆后，未输入试切直径时，不得移动 X 轴；试切工件端面后，未输入试切长度时，不得移动 Z 轴。

2. 车床刀具补偿参数

车床的刀具补偿包括在刀偏表中设定刀具偏置补偿、磨损量补偿以及在刀补表里设定刀尖半径补偿，这些补偿值可在数控程序中调用。

刀具使用一段时间后磨损，会使产品尺寸产生误差，因此需要对刀具设定磨损量补偿。步骤如下：

1）在起始界面下，按软键 MDI F4 进入 MDI 参数设置界面，再按软键 刀偏表 F2 进入参数设定页面。

刀偏表:

刀偏号	X偏置	Z偏置	X磨损	Z磨损	试切直径	试切长度
#0001	-388.634	-873.733	0.000	0.000	44.767	0.000
#0002	-388.634	-880.003	0.000	0.000	44.707	0.000
#0003	-388.634	-892.470	0.000	0.000	44.607	0.000
#0004	0.000	0.000	0.000	0.000	0.000	0.000
#0005	0.000	0.000	0.000	0.000	0.000	0.000
#0006	0.000	0.000	0.000	0.000	0.000	0.000
#0007	0.000	0.000	0.000	0.000	0.000	0.000
#0008	0.000	0.000	0.000	0.000	0.000	0.000
#0009	0.000	0.000	0.000	0.000	0.000	0.000
#0010	0.000	0.000	0.000	0.000	0.000	0.000
#0011	0.000	0.000	0.000	0.000	0.000	0.000
#0012	0.000	0.000	0.000	0.000	0.000	0.000
#0013	0.000	0.000	0.000	0.000	0.000	0.000

MDI:

图 3-24　所有刀具偏置值

2）用▲、▼、◄、►这四个按钮将光标移到对应刀偏号的磨损栏中，按 Enter 键后，此栏可以输入字符，可通过控制面板上的 MDI 键盘输入磨损量补偿值，如图 3-25 所示。

3）修改完毕，按 Enter 键确认。

4）2 号刀具在序号#002 中修改，3 号刀具在序号#003 中修改。

提示：

输入的磨损补偿值有正负之分。

六、输入程序

1. 相关操作步骤

数控程序可以通过记事本或写字板等编辑软件输入并保存为文本格式文件，也可以直接用 MDI 键盘输入。此处用导入程序的方法来调用所保存的程序“301. txt”，操作方法如下：

1）按软键“显示方式 F9”，根据弹出的菜单按软键“F1”，选择“显示模式”；根据弹出的下一级子菜单再按软键“F1”，选择“正文”。

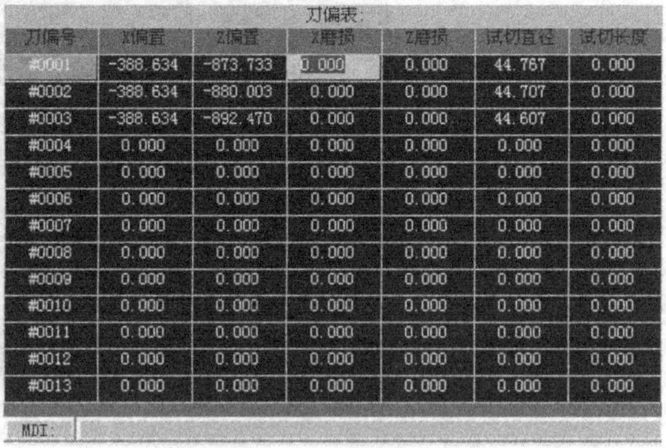

刀偏表：

刀偏号	X偏置	Z偏置	X磨损	Z磨损	试切直径	试切长度
#0001	-388.634	-873.733	0.000	0.000	44.767	0.000
#0002	-388.634	-880.003	0.000	0.000	44.707	0.000
#0003	-388.634	-892.470	0.000	0.000	44.607	0.000
#0004	0.000	0.000	0.000	0.000	0.000	0.000
#0005	0.000	0.000	0.000	0.000	0.000	0.000
#0006	0.000	0.000	0.000	0.000	0.000	0.000
#0007	0.000	0.000	0.000	0.000	0.000	0.000
#0008	0.000	0.000	0.000	0.000	0.000	0.000
#0009	0.000	0.000	0.000	0.000	0.000	0.000
#0010	0.000	0.000	0.000	0.000	0.000	0.000
#0011	0.000	0.000	0.000	0.000	0.000	0.000
#0012	0.000	0.000	0.000	0.000	0.000	0.000
#0013	0.000	0.000	0.000	0.000	0.000	0.000

MDI:

图 3-25 X 方向磨损补偿

2）按软键“程序编辑 F2”，进入程序编辑状态。在弹出的下级子菜单中按软键“选择编辑程序 F2”，弹出菜单“磁盘程序 F1；当前通道正在加工的程序 F2”，按软键“F1”，则选择了“磁盘程序”，弹出如图 3-26 所示的对话框。

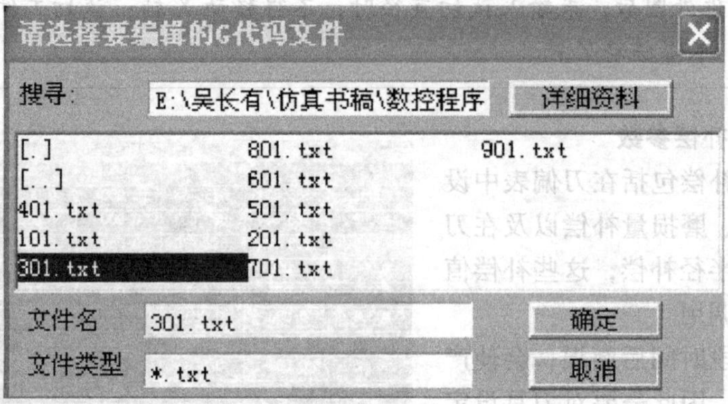
请选择要编辑的G代码文件
搜寻：
E:\吴长有\仿真书稿\数控程序
详细资料
[.]
[..]
401. txt
101. txt
301. txt
801. txt
601. txt
501. txt
201. txt
701. txt
901. txt
文件名
301. txt
文件类型
*. txt
确定
取消

图 3-26 选择程序

3）单击控制面板上的“Tab”键，使光标在各 text 框和命令按钮间切换。

① 光标聚焦在“文件类型”text 框中，单击▼按钮，可在弹出的下拉框中通过▲、▼键选择所需的文件类型“*. txt”，按“Enter”键确定。

② 光标聚焦在“搜寻”text 框中，单击▼按钮，可在弹出的下拉框中通过▲、▼键选择所需搜寻的磁盘范围，此时文件名列表框中显示所有符合磁盘范围和文件类型的文件名。

③ 光标聚焦在文件名列表框中时，可通过▲、▼、◄、► 四个键选定所需程序，再按“Enter”键确认所选程序，如图 3-27 所示。

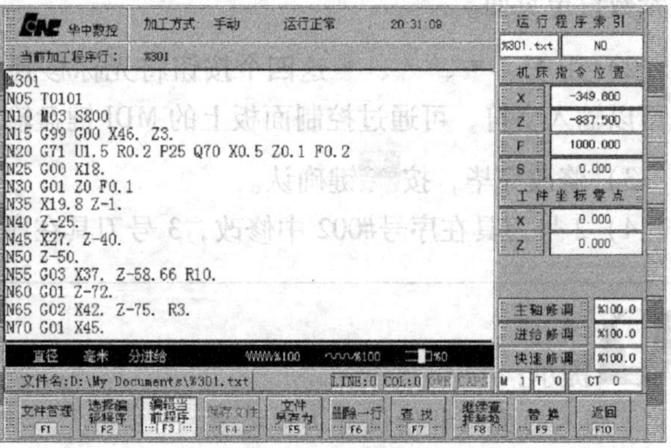
华中数控
加工方式 手动
运行正常
20:31:09
当前加工程序行：
%301
%301
N05 T0101
N10 M03 S800
N15 G99 G00 X46. Z3.
N20 G71 U1.5 R0.2 P25 Q70 X0.5 Z0.1 F0.2
N25 G00 X18.
N30 G01 Z0 F0.1
N35 X19.8 Z-1.
N40 Z-25.
N45 X27. Z-40.
N50 Z-50.
N55 G03 X37. Z-58.66 R10.
N60 G01 Z-72.
N65 G02 X42. Z-75. R3.
N70 G01 X45.
运行程序索引
机床指令位置
X -349.800
Z -837.500
F 1000.000
S 0.000
工件坐标零点
X 0.000
Z 0.000
主轴修调 %100.0
进给修调 %100.0
快速修调 %100.0
直径 毫米 分进给
文件名:D:\My Documents\%301.txt
文件管理 F1
选择编辑程序 F2
编辑当前程序 F3
保存文件 F4
文件另存为 F5
删除一行 F6
查找 F7
继续查找替换 F8
替换 F9
返回 F10

图 3-27 数控程序

2. 程序处理

（1）新建数控程序　数控程序可以导入，也可以用键盘输入，操作方法如下：

1）按软键程序编辑F2，进入程序编辑状态。在弹出的下级子菜单中，按软键选择编辑程序F2弹出菜单“磁盘程序 F1；当前通道正在加工的程序 F2”，按软键“F1”选择“磁盘程序”。

2）按Tab键和▲、▼键，在文件名栏输入新程序名（不能与已有程序名重复），然后按Enter键即可。此时，CRT 界面上显示一个空文件，可通过 MDI 键盘输入所需程序。

3）程序输入完毕后，按软键保存文件F4将所输入的程序保存起来。

（2）程序编辑　选择了一个需要编辑的程序后，在“正文”显示模式下，可根据需要对程序进行插入、删除、查找、替换等编辑操作。

1）按软键程序编辑F2，进入程序编辑状态。在弹出的下级子菜单中，按软键选择编辑程序F2弹出菜单“磁盘程序 F1；当前通道正在加工的程序 F2”，选择需要编辑的程序。

2）单击方位键▲、▼、◄、►使光标移动到所需的位置，单击控制面板上的 MDI 键盘，可将所需的字符插在光标所在位置；在光标停留处，单击BS按钮可删除光标前的一个字符；单击Del按钮可删除光标后的一个字符；按软键删除一行F6可删除当前光标所在行。

3）按软键查找F7，在弹出的对话框中通过 MDI 键盘输入所需查找的字符，按Enter键确认，立即开始进行查找。若找到所需查找的字符，则光标停留在找到的字符前面；若没有找到所需查找的字符串，则弹出“没有找到字符串 xxx”的对话框，按Y键确认。

4）按软键替换F9，在弹出的对话框中输入需要被替换的字符，按Enter键确认；在接着弹出的对话框中输入需要替换成的字符，按Enter键确认，弹出如图 3-28 的对话框，单击Y键则进行全文替换；单击N键则根据如图 3-29 所示的对话框选择是否进行光标所在处的替换。

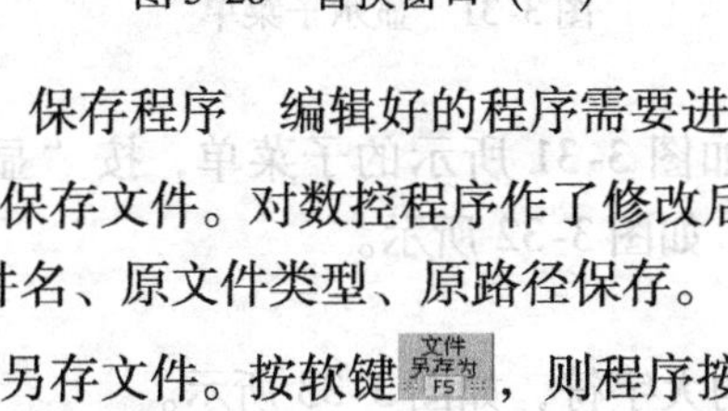
替换
是否要将所有的G0均替换为G00
确认(Y)
取消(N)

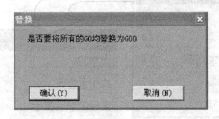

图 3-28　替换窗口（一）

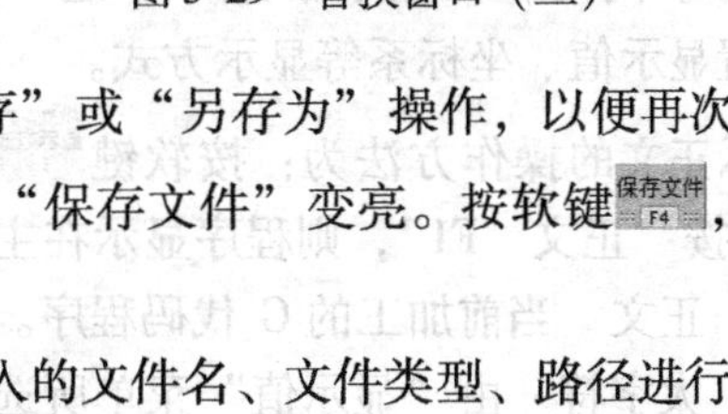
替换
将当前光标所在处的G0替换为G00吗？
确认(Y)
取消(N)

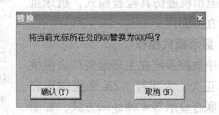

图 3-29　替换窗口（二）

（3）保存程序　编辑好的程序需要进行“保存”或“另存为”操作，以便再次调用。

1）保存文件。对数控程序作了修改后，软键“保存文件”变亮。按软键保存文件F4，将程序按原文件名、原文件类型、原路径保存。

2）另存文件。按软键文件另存为F5，则程序按重新输入的文件名、文件类型、路径进行保存。

七、轨迹检查

1. 相关操作步骤

在选择了一个数控程序后，需要查看程序是否正确，可以通过查看程序轨迹是否正确来判定。

1）检查控制面板上的自动或单段按钮上的指示灯是否亮。若未亮，单击自动或单段按钮使其指示灯变亮，进入自动加工模式。

2）按软键自动加工F1，在弹出的下级子菜单中按软键程序选择F1，弹出菜单“磁盘程序 F1；正在编辑的程序 F2”，选择加工需要的程序。

3）选择了一个数控程序后，程序校验F3软键变亮。单击控制面板上的软键程序校验F3进入检查运行轨迹模式，此时机床显示区转换为轨迹显示。

4）此时单击操作面板上的循环启动按钮循环启动即可观察程序的运行轨迹。如图 3-30 所示，实线代表刀具快速移动的轨迹，虚线代表刀具切削的轨迹。此时，可通过“视图”菜单中的动态旋转、动态缩放、动态平移等方式对三维运行轨迹进行全方位的观察。

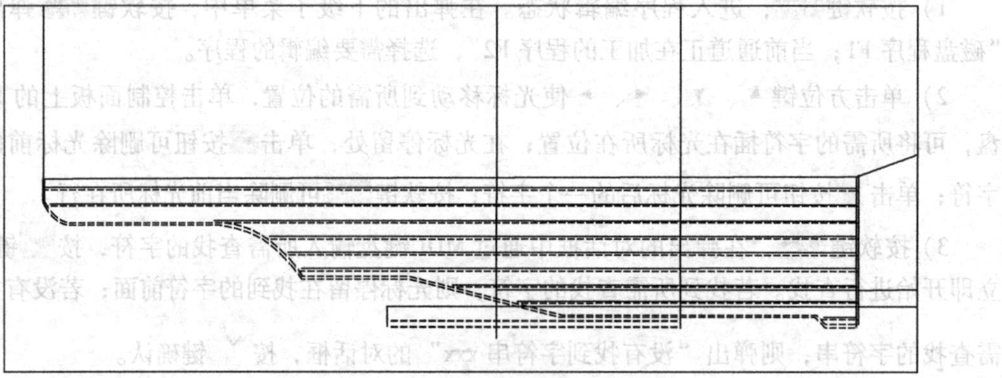

图 3-30　仿真轨迹

5）检查运行轨迹后，再次单击软键程序校验F3退出轨迹仿真检查模式，机床重新显示在界面内。

2. 显示模式操作

华中数控系统在主显示窗口内提供给用户正文、大字符、ZX 平面图形和坐标值联合显示等 4 种显示方式，如图 3-31 所示。同时，在显示子菜单下还可以设置显示值、坐标系等显示方式。

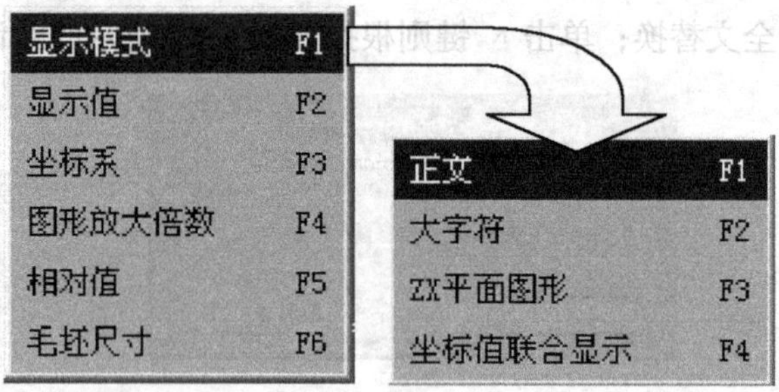
显示模式 F1
显示值 F2
坐标系 F3
图形放大倍数 F4
相对值 F5
毛坯尺寸 F6
正文 F1
大字符 F2
ZX平面图形 F3
坐标值联合显示 F4

图 3-31　显示子菜单

显示正文的操作方法为：按软键显示方式F9，弹出如图 3-31 所示的子菜单，按“显示模式 F1”，再按“正文　F1”，则程序显示在主屏幕上，如图 3-32 所示。

（1）正文　当前加工的 G 代码程序。

（2）大字符　由“显示值”菜单所选显示值的大字符，如图 3-33 所示。

（3）ZX 平面图形　在 ZX 平面上的刀具轨迹。

（4）坐标值联合显示　显示指令坐标位置、实际坐标位置、剩余进给值，如图 3-34 所示。

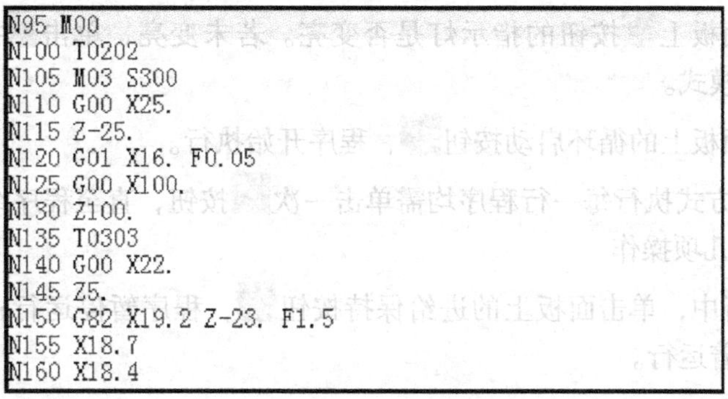
N95 M00
N100 T0202
N105 M03 S300
N110 G00 X25.
N115 Z-25.
N120 G01 X16. F0.05
N125 G00 X100.
N130 Z100.
N135 T0303
N140 G00 X22.
N145 Z5.
N150 G82 X19.2 Z-23. F1.5
N155 X18.7
N160 X18.4

图 3-32　正文显示

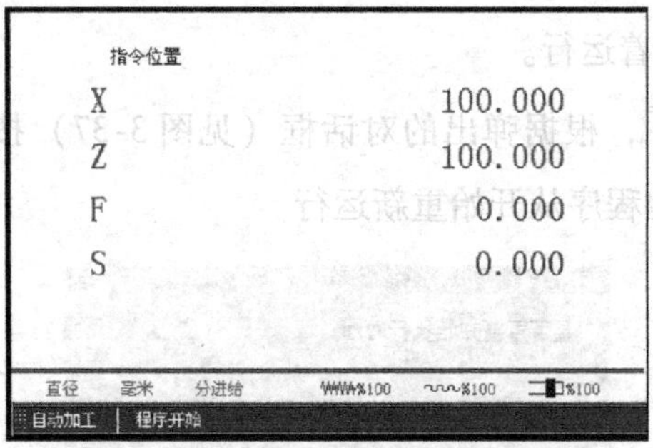
指令位置
X 100.000
Z 100.000
F 0.000
S 0.000
直径 毫米 分进给
自动加工 程序开始

图 3-33　大字符显示

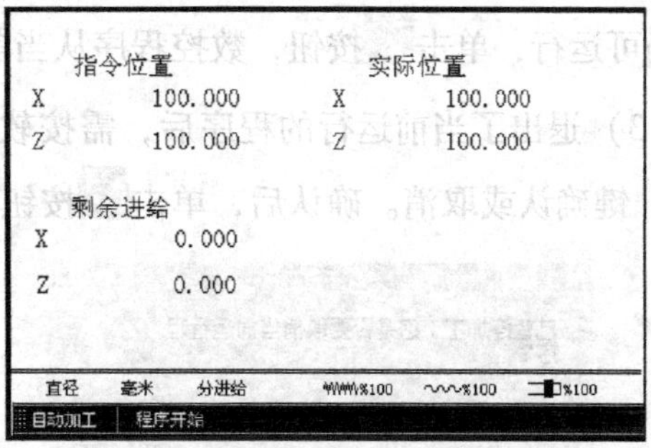
指令位置
X 100.000
Z 100.000
实际位置
X 100.000
Z 100.000
剩余进给
X 0.000
Z 0.000
直径 毫米 分进给
自动加工 程序开始

图 3-34　联合坐标显示

八、自动加工

1. 相关操作步骤

所有工作都准备好之后，要进行零件的自动加工。

1）按软键，在弹出的下级子菜单中按软键，弹出菜单“磁盘程序 F1；正在编辑的程序 F2”，选择加工需要的程序。

2）检查控制面板上按钮的指示灯是否变亮。若未变亮，单击按钮使其指示灯变亮，进入自动加工模式。

3）单击操作面板上的循环启动按钮，程序开始执行，机床就开始自动加工了。加工完毕会出现如图 3-35所示的结果。

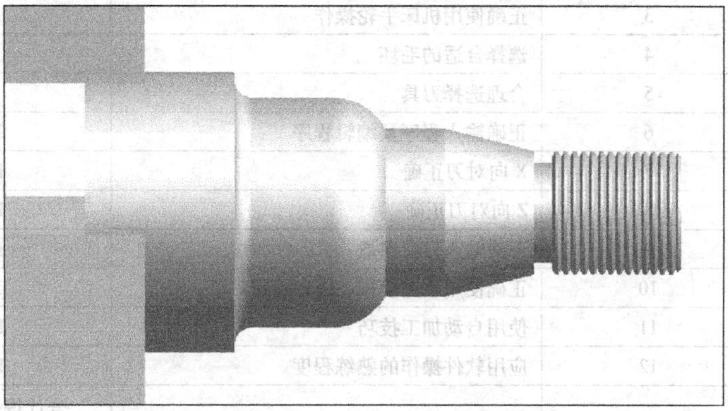

图 3-35　加工结果

2. 其他相关操作

（1）单段运行方式　为了确保安全，防止程序输入错误以及参数的不合理性，一般首件加工时采用单段加工方式。

1）检查控制面板上按钮的指示灯是否变亮。若未变亮，单击按钮使其指示灯变亮，进入自动加工模式。

2）单击操作面板上的循环启动按钮，程序开始执行。

3）自动/单段方式执行每一行程序均需单击一次按钮，直至程序结束。

（2）加工中的几项操作

1）在自动运行中，单击面板上的进给保持按钮，程序暂停运行；单击按钮，数控程序从当前行接着运行。

2）按软键可使数控程序暂停运行，同时弹出如图 3-36 所示的对话框。按 Y 键表示确认取消当前运行的程序，则退出当前运行的程序；按 N 键表示当前运行的程序不被取消仍可运行，单击按钮，数控程序从当前行接着运行。

3）退出了当前运行的程序后，需按软键，根据弹出的对话框（见图 3-37）按 Y 或 N 键确认或取消。确认后，单击按钮，数控程序从开始重新运行。

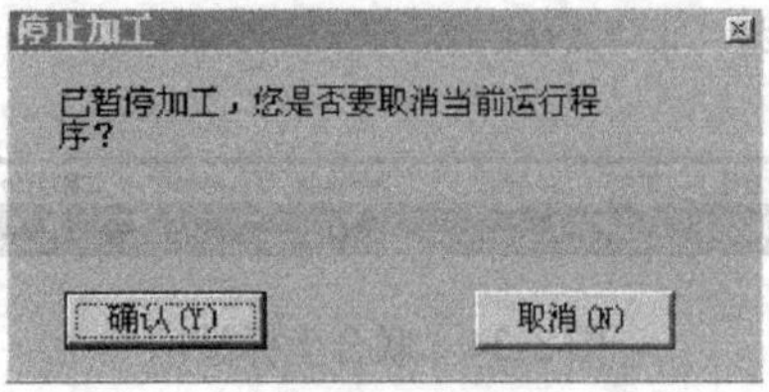
停止加工
已暂停加工，您是否要取消当前运行程序？
确认（Y）
取消（N）

图 3-36　停止加工

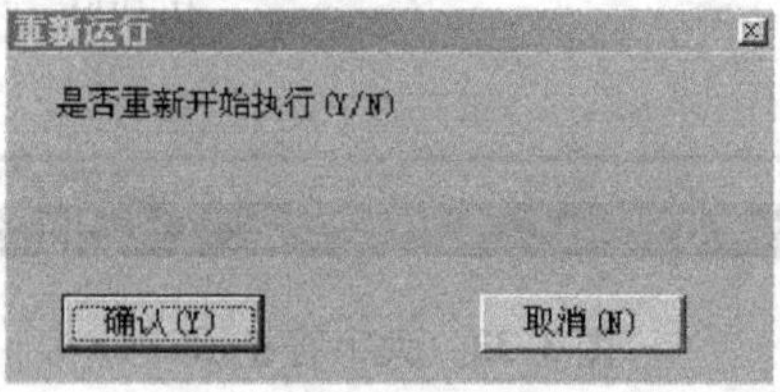
重新运行
是否重新开始执行（Y/N）
确认（Y）
取消（N）

图 3-37　重新运行

成绩评分标准（见表 3-1）

表 3-1　成绩评分标准

序　号	考核内容	分　值	得　分
1	机床正确回零	5 分	
2	合理使用机床手动方式	5 分	
3	正确使用机床手轮操作	5 分	
4	选择合适的毛坯	5 分	
5	合理选择刀具	5 分	
6	正确输入程序及编辑程序	20 分	
7	X 向对刀正确	10 分	
8	Z 向对刀正确	10 分	
9	正确输入刀补参数	10 分	
10	正确使用轨迹模拟	5 分	
11	使用自动加工技巧	10 分	
12	应用软件操作的熟练程度	10 分	
备注		合计得分 教师签名 年　月　日	

附：华中世纪星数控车床常用G代码格式

G代码	分组	功　能	格　式
G00	01	快速点定位	G00 X— Z— X、Z：快速定位终点在工件坐标系中的坐标
√G01		直线插补	G01 X— Z— F— X、Z：终点在工件坐标系中的坐标 F：两个轴的合成进给速度
G02		顺时针圆弧插补	G02 X— Z— R— F— X、Z：圆弧终点在工件坐标系中的坐标 R：圆弧半径 F：两个轴的合成进给速度
G03		逆时针圆弧插补	G03 X—Z—R—F— X、Z：圆弧终点在工件坐标系中的坐标 R：圆弧半径 F：两个轴的合成进给速度
G04	00	暂停	G04P— P：暂停时间，单位为s
G20 √G21	08	英制输入 米制输入	
√G36 G37	17	直径编程 半径编程	
√G40 G41 G42	09	刀尖半径补偿取消 左刀补 右刀补	G40 G00(G01)　X—　Z— G41 G00(G01)　X—　Z— G42 G00(G01)　X—　Z—
G71	06	外径粗车复合循环	G71　U（Δd）　R（r）　P（ns）　Q（nf）　X（Δx）　Z（Δz）　F（f）　S（s）　T（t） Δd：背吃刀量（每次背吃刀量） r：每次退刀量 ns：精加工路径第一程序段的顺序号 nf：精加工路径最后程序段的顺序号 Δx：X方向精加工余量 Δz：Z方向精加工余量 f：粗加工时的合成进给速度
G72		端面粗车复合循环	G72　W（Δd）　R（r）　P（ns）　Q（nf）　X（Δx）　Z（Δz）　F（f）　S（s）　T（t） 参数含义同G71
G73		闭环车削复合循环	G73　U（ΔI）　W（ΔK）　R（r）　P（ns）　Q（nf）　X（Δx）　Z（Δz）　F（f）　S（s）　T（t） ΔI：X方向的粗加工总余量 ΔK：Z方向的粗加工总余量 r：粗切削次数 ns：精加工路径第一程序段的顺序号 nf：精加工路径最后程序段的顺序号

（续）

G代码	分组	功　能	格　式
G73		闭环车削复合循环	Δx：X方向精加工余量 Δz：Z方向精加工余量 f：粗加工时的合成进给速度
G76	06	螺纹切削复合循环	G76　C（c）　R（r）　E（e）　A（a）　X（x）　Z（z）　I（i）　K（k）　U（d）　V（Δdmin）　Q（Δd）　P（p）　F（L） c：精修次数 r：螺纹Z向退尾长度 e：螺纹X向退尾长度 a：刀尖角度（二位数字）为模态值；在80、60、55、30、29、0六个角度中选一个 x、z：有效螺纹终点的坐标 i：螺纹两端的半径差 k：螺纹高度 d：精加工余量（半径值） Δdmin：最小背吃刀量 Δd：第一次背吃刀量（半径值） p：主轴基准脉冲处距离切削起始点的主轴转角 L：螺纹导程
G80		圆柱面切削循环	G80 X—　Z—　I—　F— X、Z：终点在工件坐标系中的坐标 I：切削起点B与切削终点C的半径差 F：合成进给速度
G81		端面车削固定循环	G81 X—　Z—　K—　F— X、Z：终点在工件坐标系中的坐标 K：切削起点B与切削终点C的Z向距离 F：合成进给速度
G82		螺纹切削循环	G82 X—　Z—　I—　R—　E—　C—　P—　F— X、Z：螺纹终点在工件坐标系中的坐标 I：螺纹起点B与螺纹终点C的半径差 R、E：螺纹切削的退尾量，R、E均为向量，R为Z向回退量，E为X向回退量，R、E可以省略，表示不用回退功能 C：螺纹线数，为0或1时切削单线螺纹 P：单线螺纹切削时，为主轴基准脉冲处距离切削起始点的主轴转角（缺省值为0）；多线螺纹切削时，为相邻螺纹线的切削起始点之间对应的主轴转角 F：螺纹导程
√G90 G91	13	绝对编程 相对编程	
G92	00	工件坐标系设定	G92 X—　Z—
√G94 G95	14	每分钟进给速率 每转进给	G94［F—］ G95［F—］ F：进给速度

模块四　数控车床（SIEMENS 802D）仿真操作

项目目的

此模块是通过在数控仿真加工系统（SIEMENS 802D）车床上的一个加工实例，掌握数控加工仿真系统（SIEMENS 802D）车床的基本操作方法及加工的基本步骤。

项目内容

如图 4-1 所示的零件，材料为 45 钢，毛坯为 ϕ35mm × 71mm，ϕ35mm 外圆和 71mm 长度已经加工到尺寸。要求分析工艺过程与工艺路线，编写加工程序，并完成仿真加工。

相关知识点析

1. 确定工件坐标系

工件坐标系的建立保证了刀具在机床上的正确运动。按基准重合原则，将工件坐标系原点定在零件右端面与回转轴线的交点上，如图 4-1 所示。

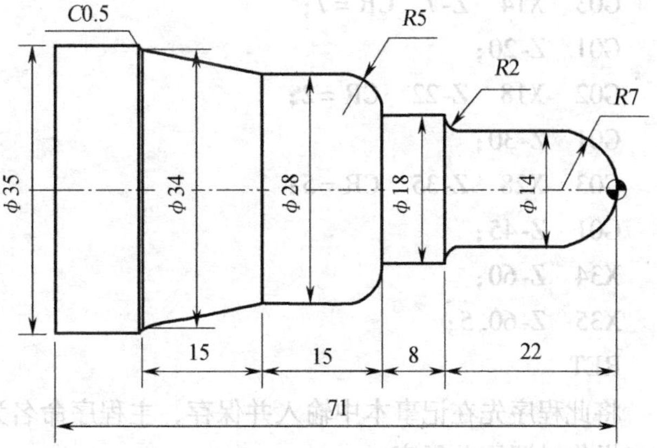

C0.5
R5
R2
R7
φ35
φ34
φ28
φ18
φ14
15
15
8
22
71

图 4-1　零件尺寸图

2. 加工方案

根据零件图的加工要求，需要加工零件的圆柱面、圆锥面、圆弧面及倒角，只需要一把刀具，可选用刀具长度为 60mm 的 V 形刀片，刀尖角度为 35°，主偏角为 93°的外圆右向横柄刀具，修改刀尖半径为 0。

由于 ϕ35mm 外圆面已经加工至尺寸，可以垫铜皮装夹在三爪自定心卡盘上。使用已选用的刀具，先粗加工后精加工零件外形轮廓，粗加工时留 0.5mm 的精车余量。

根据数控车床的加工特点，粗加工时主轴转速为 1000r/min，进给量为 0.2mm/r；精加工时主轴转速为 1600r/min，进给量为 0.1mm/r。

操作准备

根据工件的外形加工特征，采用固定循环 CYCLE95 编写加工程序。本实例采用调用刀偏的方法建立工件坐标系，工件坐标系原点设在工件右端面中心处。

参考程序如下：

主程序

```
%_ N_ AA401_ MPF;
; $PATH =/_ N_ MPF_ DIR;
G90  G95  G40  G64  G71;
T1D1;
M03  S800;
G00  X36;
Z2;
CYCLE95 ("BB402", 1.5, 0.5, 0.5, 0, 0.2, 0.1, 0.1, 9, 0, 0, 0.5);
G00  X100;
Z20;
M02;
```

子程序

```
BB402.SPF;
G00  X0;
G01  Z0;
G03  X14  Z-7  CR=7;
G01  Z-20;
G02  X18  Z-22  CR=2;
G01  Z-30;
G03  X28  Z-35  CR=5;
G01  Z-45;
X34  Z-60;
X35  Z-60.5;
RET
```

将此程序先在记事本中输入并保存，主程序命名为AA401，子程序命名为BB402，以便加工操作时调用此程序。

> **说明：**
> 本书着重介绍机床的操作，具体程序的编制、基点的计算等请参考其他教材。

操作步骤

仿真操作的加工步骤为：选择机床、机床回零、安装工件、选择刀具、对刀、输入程序、轨迹检查、自动加工。

一、选择机床

1. 相关操作步骤

打开菜单“机床/选择机床…”或者单击图标，弹出“选择机床”对话框，在“控制系统”中选择 SIEMENS 802D 数控车床，按“确定”按钮，此时界面如图 4-2 所示。

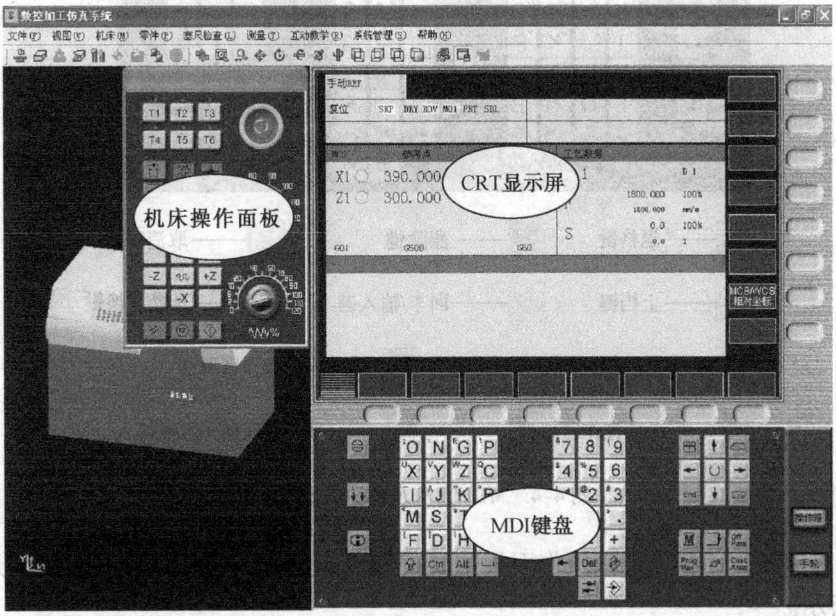
数控加工仿真系统
CRT显示屏
机床操作面板
MDI键盘

图 4-2　SIEMENS 802D 车床仿真界面

2. 操作面板说明

SIEMENS 802D 系统的操作面板如图 4-2 所示，主要由 CRT 显示屏、MDI 键盘、机床操作面板三个部分构成。

（1）CRT 显示屏　CRT 显示屏主要用于显示各种信息，如位置、程序、参数、报警等，数控系统所处的状态和操作命令不同，显示的信息也不同，如图 4-3 所示。

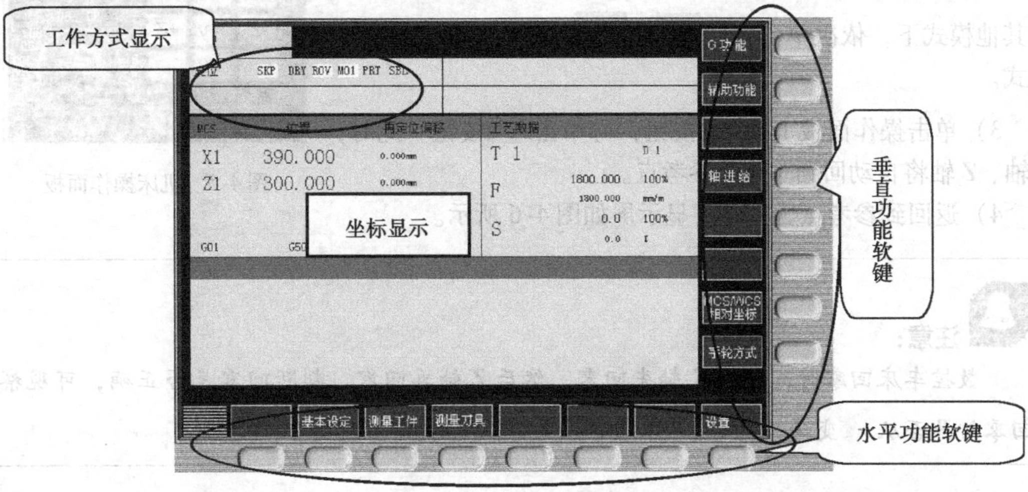
工作方式显示
坐标显示
垂直功能软键
水平功能软键
G功能
辅助功能
轴进给
MCS/WCS 相对坐标
手轮方式
基本设定
测量工件
测量刀具
设置

图 4-3　CRT 显示屏

（2）MDI 键盘　MDI 键盘主要用于程序的编辑和页面的切换，如图 4-4 所示。

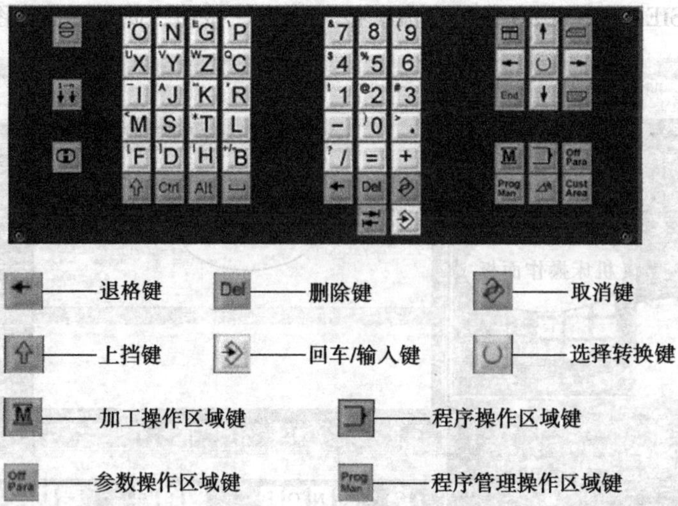
退格键
删除键
取消键
上挡键
回车/输入键
选择转换键
加工操作区域键
程序操作区域键
参数操作区域键
程序管理操作区域键

图 4-4　MDI 键盘及部分按键功能

（3）机床操作面板　机床操作面板主要控制机床运行的各种状况并对机床进行操作，如图 4-5 所示。

二、机床回零

1. 相关操作步骤

机床在开机后通常需要先回参考点，在数控操作中被称为“回零”。

1）检查急停按钮是否松开，若未松开，单击急停按钮，将其松开至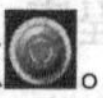。

2）系统启动之后，机床将自动处于“回参考点”模式。在其他模式下，依次单击按钮和可进入“回参考点”模式。

3）单击操作面板上的按钮，再单击按钮。此时，X 轴、Z 轴将自动回到车床的参考点。

4）返回到参考点后，CRT 显示屏如图 4-6 所示。

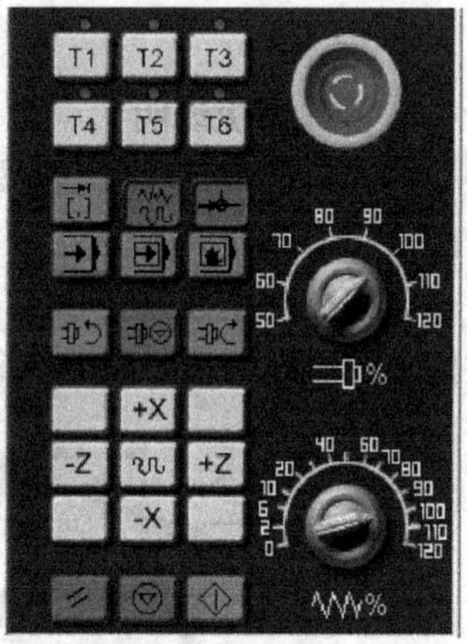

图 4-5　机床操作面板

注意：

数控车床回零时，一般 X 轴先回零，然后 Z 轴再回零。判断回零是否正确，可观察回零灯是否从变为。

2. 工作模式

（1）回参考点模式　在回参考点模式下可以对机床进行回原点操作，CRT 状态区显示为“手动 REF”。机床必须首先执行回零操作，然后才可以运行。

（2）自动运行模式 所有工作都准备好之后，要对零件进行加工，就需要选择到自动加工模式；当指定此模式时，CRT状态区显示为“自动”。

（3）单段运行模式 程序一段一段地运行，一般用于首件或试加工。

（4）MDA模式 MDA模式又称为“手动数据录入”模式，是指直接用按键方式将程序输入数控系统；此模式可以直接按“循环启动”按钮进行自动加工。当指定此模式时，CRT状态区显示为“MDA”。

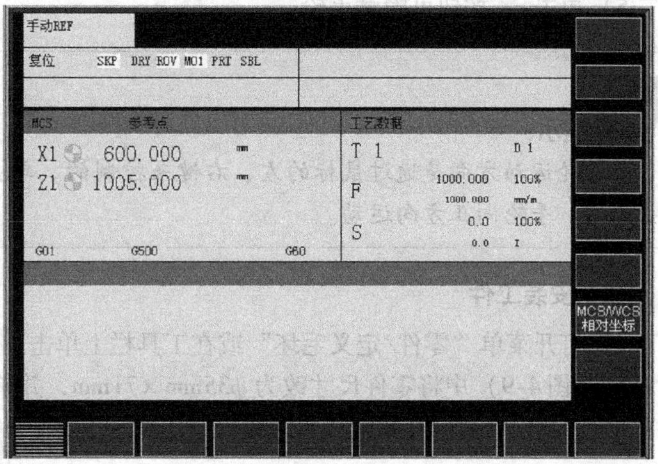

手动REF
复位 SKP DRY ROV M01 PRT SBL
MCS 参考点
X1 600.000 mm
Z1 1005.000 mm
G01 G500 G60
工艺数据
T 1 D 1
F 1000.000 100% 1000.000 mm/m
S 0.0 100% 0.0 1
MCS/WCS 相对坐标

图4-6 车床回零后的CRT界面

（5）手动模式 当需要手动对机床进行操纵时，可选择手动模式。当指定此模式时，CRT状态区显示为“手动”。在手动模式下，通过对外部机床控制面板上的移动按键进行操纵，从而实现对机床X轴、Z轴运动的控制。手动操作的方法如下：

1）单击操作面板上的手动按钮，CRT状态区显示为“手动”，机床进入手动加工模式。

2）分别单击机床操作面板上的移动按键 -X、+X、-Z、+Z，控制机床的移动方向。

3）在手动模式下，分别单击、、按钮，控制主轴的正转、停止和反转。

（6）手轮模式 在手动/连续加工或对刀时，若需精确调节机床，可用手动脉冲方式调节机床。手轮操作的方法如下：

1）若当前界面不是“加工操作区”，可按加工操作区域键 M 切换到加工操作区。

2）单击按钮进入手动方式，单击按钮设置手轮进给速率（1INC、10INC、100INC、1000INC）。

3）单击垂直软键 手轮方式，出现如图4-7所示界面，用软键 X 或 Z 可以选择当前需要用手轮操作的轴。

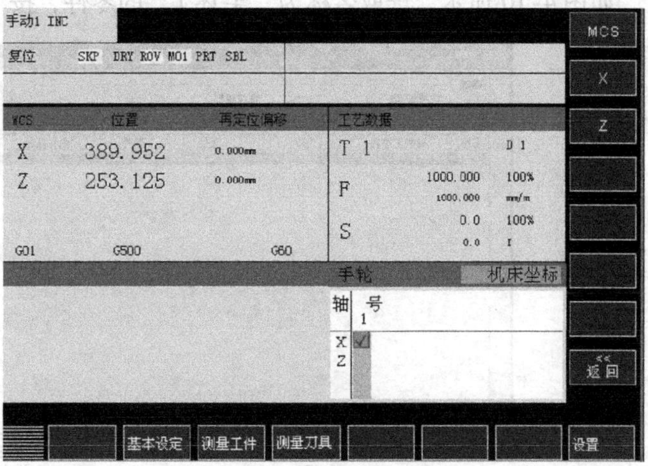

手动1 INC
复位 SKP DRY ROV M01 PRT SBL
MCS 位置 再定位偏移
X 389.952 0.000mm
Z 253.125 0.000mm
G01 G500 G60
工艺数据
T 1 D 1
F 1000.000 100% 1000.000 mm/m
S 0.0 100% 0.0 1
手轮 机床坐标
轴 号 1
X
Z
MCS
X
Z
返回
基本设定
测量工件
测量刀具
设置

图4-7 手轮轴选择

4）单击手轮隐藏按钮 手轮

显示手轮，如图 4-8 所示。

5）单击按钮可隐藏手轮。

提示：

手轮运动方向是通过鼠标的左、右键来控制的。单击左键，手轮向负方向运动；单击右键，手轮向正方向运动。

三、安装工件

1）打开菜单“零件/定义毛坯”或在工具栏上单击按钮，在弹出的“定义毛坯”对话框（见图 4-9）中将零件尺寸改为 $\phi 35mm \times 71mm$，并单击“确定”按钮。

HANDLE
-
+

图 4-8 手轮

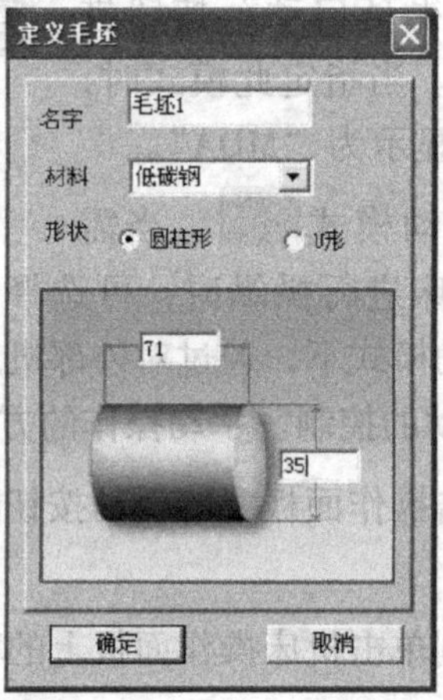
定义毛坯
名字
毛坯1
材料
低碳钢
形状
圆柱形
U形
71
35
确定
取消

图 4-9 “定义毛坯”对话框

2）打开菜单“零件/放置零件”或者在工具栏上选择图标，打开“选择零件”对话框，如图 4-10 所示。选取名称为“毛坯 1”的零件，按下“确定”按钮，此时界面上出现

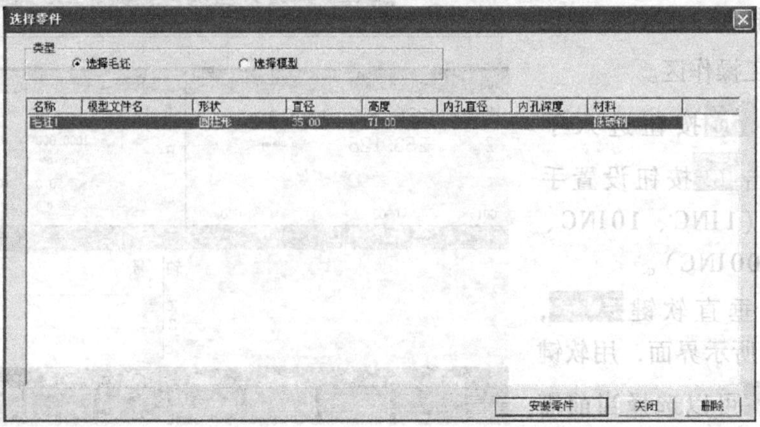
选择零件
类型
选择毛坯
选择模型
名称
模型文件名
形状
直径
高度
内孔直径
内孔深度
材料
毛坯1
圆柱形
35.00
71.00
低碳钢
安装零件
关闭
删除

图 4-10 “选择零件”对话框

一个对话框，如图 4-11 所示。通过按动对话框上的方向按钮，使工件伸出足够长度，单击“退出”按钮，零件已经被安装在卡盘上，如图 4-12 所示。

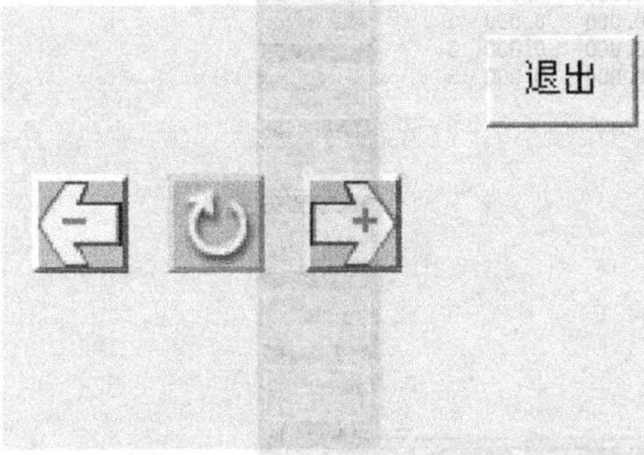
退出

图 4-11 移动零件

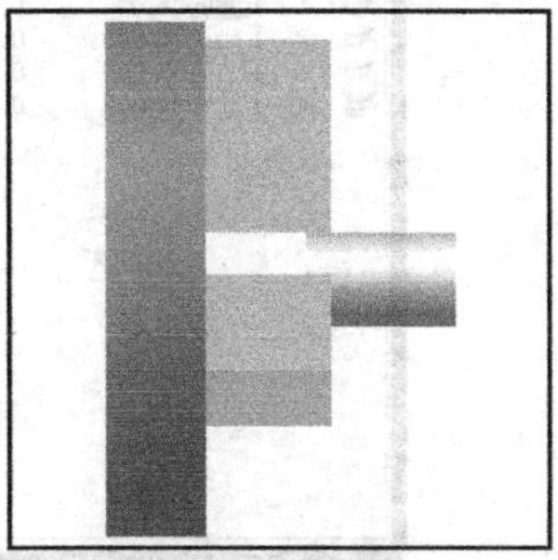

图 4-12 安装零件

四、选择刀具

1. 相关操作步骤

打开菜单“机床/选择刀具”或者在工具栏上选择图标，打开“刀具选择”对话框。1 号刀具选择外圆刀，把刀尖半径修改为 0，如图 4-13 所示。

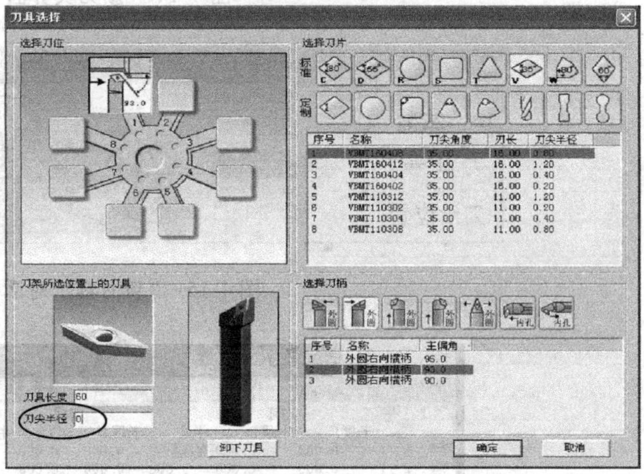
刀具选择
选择刀位
选择刀片
刀架所选位置上的刀具
选择刀柄
刀具长度 60
刀尖半径 0
卸下刀具
确定
取消

图 4-13 选择刀具

2. 刀具参数管理

（1）建立新刀具　刀具装到刀台上后，在系统软件内设置相应的刀具参数。

1）若当前不在参数操作区，按系统面板上的参数操作区域键 Off Para 切换到参数区。

2）单击软键 刀具表 切换到刀具表界面，再单击软键 新刀具 切换到新刀具界面，如图 4-14 所示。

3）单击软键 车削刀具，弹出如图 4-15 所示的“新刀具”对话框。

4）在相应的对话框中输入要创建刀具的刀具号和刀沿位置。

5）单击软键 确认，则创建对应刀具；单击软键 中断，返回新刀具界面，不创建任何刀具；单击软键 返回，可以退回到刀具表界面。

（2）手动编辑刀具数据

1）单击软键 刀具表 切换到刀具表界面。

2）用系统面板上的方向键（↑、↓、←、→）将光标移动到需要修改数据的位置，输入数值，按键确认，此时垂直功能软键栏会出现 改变有效，如图 4-16 所示。

3）单击软键 改变有效，修改后的刀具参数将被保存并应用。

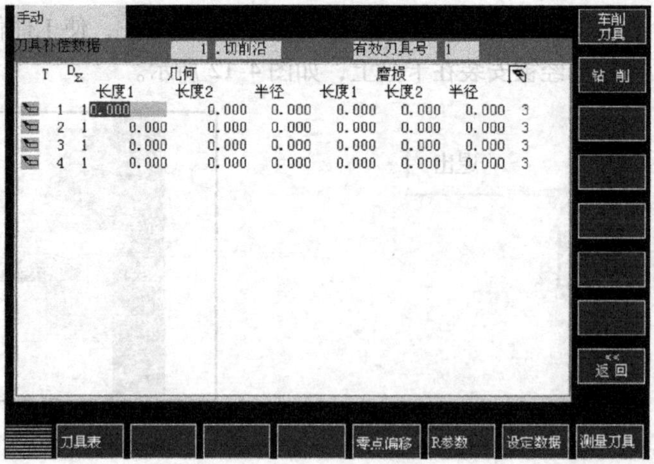
手动
刀具补偿数据
1 .切削沿
有效刀具号 1
车削刀具
钻削
几何
磨损
长度1 长度2 半径 长度1 长度2 半径
返回
刀具表
零点偏移
R参数
设定数据
测量刀具

图 4-14 新刀具界面

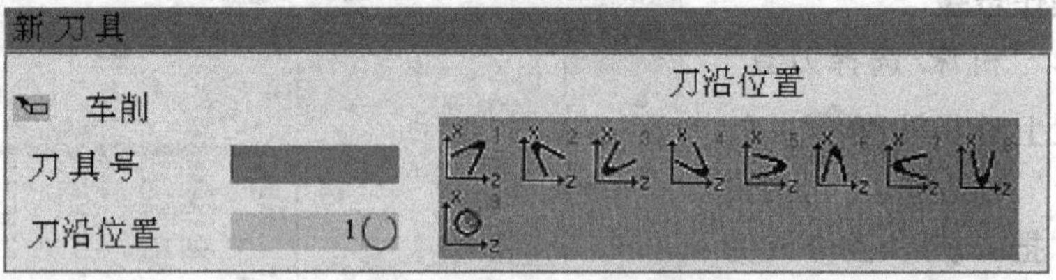
新刀具
车削
刀具号
刀沿位置
刀沿位置

图 4-15 “新刀具”对话框

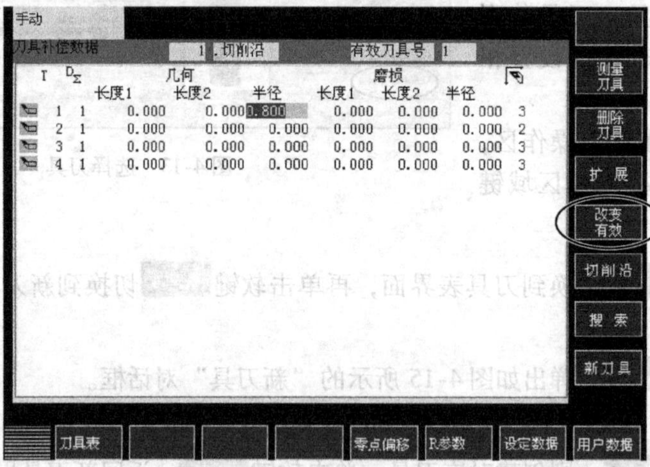
手动
刀具补偿数据
1 .切削沿
有效刀具号 1
几何
磨损
长度1 长度2 半径 长度1 长度2 半径
测量刀具
删除刀具
扩展
改变有效
切削沿
搜索
新刀具
刀具表
零点偏移
R参数
设定数据
用户数据

图 4-16 改变刀具参数

（3）删除刀具数据

1）单击软键 删除刀具，系统弹出“删除刀具”对话框，如图 4-17 所示。

2）在对话框内输入要删除刀具的刀具号。

3）单击软键 确认，对话框被关闭，并且对应刀具及所有刀沿数据将被删除；如果按单击软键 中断，则仅仅关闭对话框。

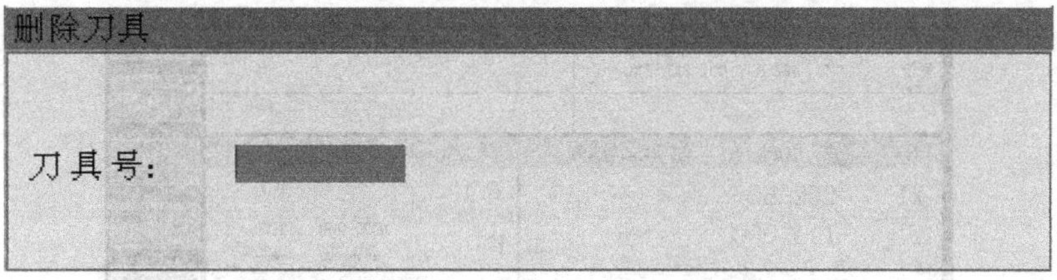
删除刀具
刀具号:

图 4-17 “删除刀具”对话框

五、对刀

1. 相关操作步骤

数控程序一般按工件坐标系编程，对刀的过程就是建立工件坐标系与机床坐标系之间关系的过程。SIEMENS 802D 提供了两种对刀方法：用测量工件方式对刀和使用长度偏移法对刀，这里介绍长度偏移法对刀，数控车床有两个轴，因此对刀也就分 X、Z 两个方向对刀。

（1）对刀准备　创建刀具、设置当前刀具。具体过程如下：

1）在系统面板上单击 Off Para 键进入参数设置界面，单击软键 刀具表 打开刀具列表，检查当前是否有需要的刀具参数，如果没有，需要创建新刀具。

2）单击 M 键进入手动操作界面。

3）按下控制面板上的键，机床切换到 MDA 运行方式（见图 4-18），图 4-18 中左上角显示当前操作模式“MDA”。

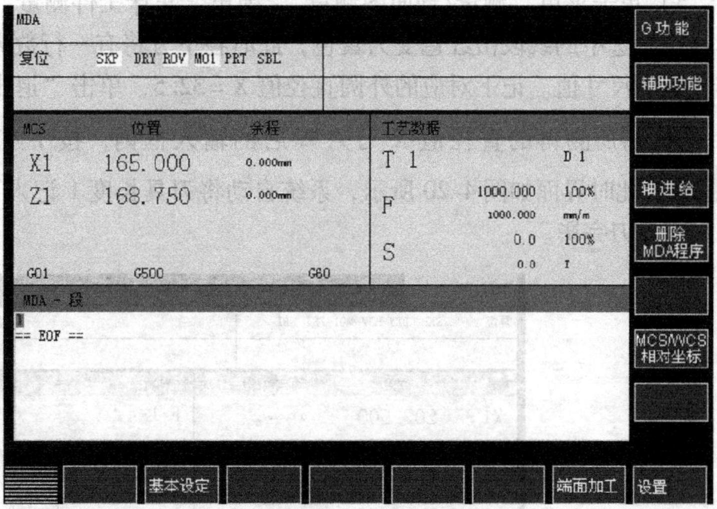
MDA
G功能
复位　SKP DRY ROV M01 PRT SBL
辅助功能
MCS　位置　余程
工艺数据
X1 165.000 0.000mm
Z1 168.750 0.000mm
T 1
D 1
F 1000.000 100%
1000.000 mm/m
S 0.0 100%
0.0
轴进给
删除 MDA程序
G01 G500 G80
MDA - 段
== EOF ==
MCS/WCS 相对坐标
基本设定
端面加工
设置

图 4-18 “MDA”模式

4）用系统面板输入换刀指令“T01D01”。

5）依次单击操作面板上的复位按钮和循环启动按钮来运行 MDA 程序，执行完毕后，1 号刀具被设成当前刀具。

（2）长度偏移法对刀

1）单击操作面板中的按钮切换到手动状态，配合单击快速按钮 -Z、-X 使刀具快速移动到可切削零件的大致位置。

2）单击操作面板上的主轴正转按钮，使主轴转动。

3）单击 -Z 按钮用所选刀具试切工件外圆，单击 +Z 按钮将刀具退至工件外部，单击操作面板上的按钮使主轴停止转动。

4）单击软键 测量刀具 切换到测量刀具界面，然后单击 手动测量 软键，如图 4-19 所示。

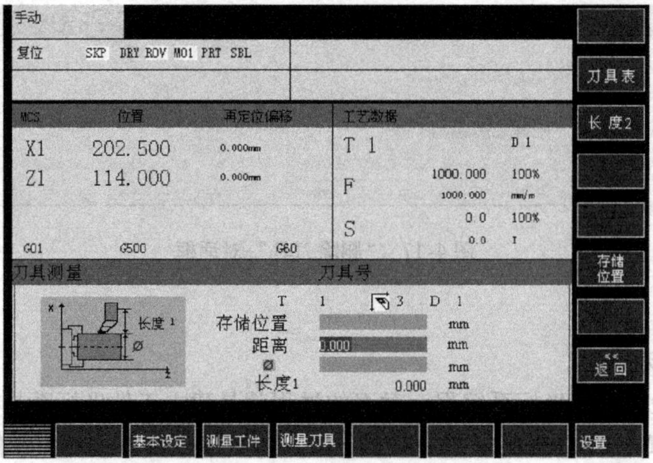
手动
复位　SKP DRY ROV M01 PRT SBL
MCS　位置　再定位偏移
X1　202.500　0.000mm
Z1　114.000　0.000mm
G01　G500　G60
工艺数据
T 1　D 1
F　1000.000　100%
1000.000　mm/m
S　0.0　100%
0.0　I
刀具测量　刀具号
T　1　3　D　1
长度1
存储位置　mm
距离　0.000　mm
Ø　mm
长度1　0.000　mm
刀具表
长度2
存储位置
返回
基本设定
测量工件
测量刀具
设置

图 4-19　手动测量界面

5）单击菜单“测量/剖面图测量”，弹出“车床工件测量”对话框，单击试切外圆时所车线段，选中的线段由红色变为黄色，此时在下方将有一行数据变成蓝色，该行数据表示所切外圆的尺寸值。记下对应的外圆直径值 X = 32.5，单击“退出”按钮退出测量。

6）将所测得的直径值 X 写入后的输入框内，按下键，依次单击软键、，此时界面如图 4-20 所示，系统自动将刀具长度 1 记入“刀具表”。此时，1 号刀具 X 方向对刀完毕。

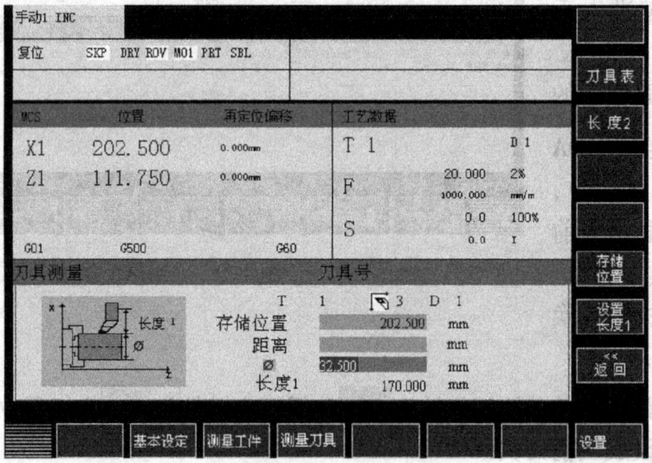
手动1 INC
复位　SKP DRY ROV M01 PRT SBL
MCS　位置　再定位偏移
X1　202.500　0.000mm
Z1　111.750　0.000mm
G01　G500　G60
工艺数据
T 1　D 1
F　20.000　2%
1000.000　mm/m
S　0.0　100%
0.0　I
刀具测量　刀具号
T　1　3　D　1
长度1
存储位置　202.500　mm
距离　mm
Ø　32.500　mm
长度1　170.000　mm
刀具表
长度2
存储位置
设置长度1
返回
基本设定
测量工件
测量刀具
设置

图 4-20　X 方向对刀

7）单击按钮将刀具移动到工件端面位置，单击操作面板上的主轴正转按钮使主轴转动。

8）单击按钮试切工件端面，然后单击按钮将刀具退出到工件外部，单击操作面板上的按钮使主轴停止转动。

9）单击软键切换到测量 Z 的界面，在“Z0”后的输入框中填写“0”，按下键，单击软键设置长度2，系统自动将刀具长度2记入“刀具表”。此时，1号刀具Z方向对刀完毕，如图4-21所示。

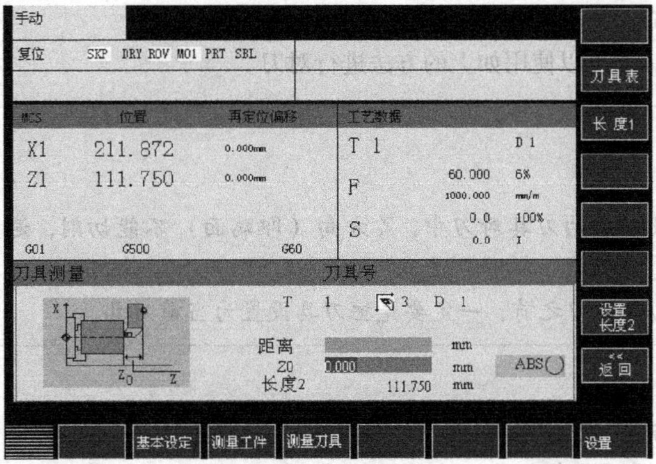
手动
复位 SKP DRY ROV M01 PRT SBL
刀具表
长度1
MCS 位置 再定位偏移 工艺数据
X1 211.872 0.000mm
Z1 111.750 0.000mm
T 1 D 1
F 60.000 6% 1000.000 mm/m
S 0.0 100% 0.0 1
G01 G500 G60
刀具测量 刀具号
T 1 3 D 1
距离 mm
Z0 0.000 mm ABS
长度2 111.750 mm
设置长度2
返回
基本设定 测量工件 测量刀具 设置

图4-21　Z方向对刀

此时即用长度偏移法完成了一把刀的对刀操作，刀具表显示1号刀具的信息，如图4-22所示。

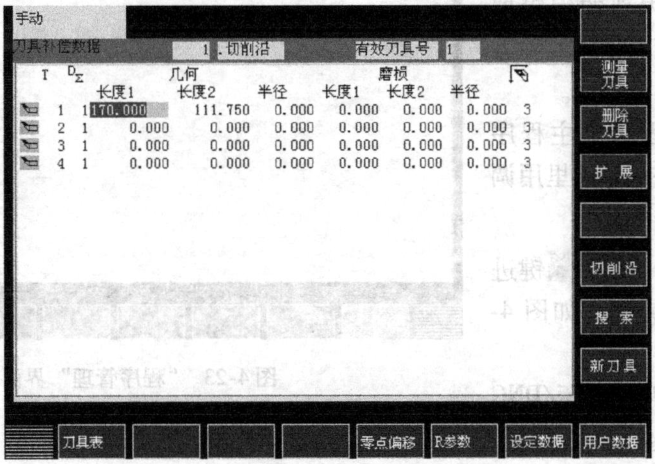
手动
刀具补偿数据 1 .切削沿 有效刀具号 1
T D 几何 磨损
长度1 长度2 半径 长度1 长度2 半径
1 1 170.000 111.750 0.000 0.000 0.000 0.000 3
2 1 0.000 0.000 0.000 0.000 0.000 0.000 3
3 1 0.000 0.000 0.000 0.000 0.000 0.000 3
4 1 0.000 0.000 0.000 0.000 0.000 0.000 3
测量刀具
删除刀具
扩展
切削沿
搜索
新刀具
刀具表 零点偏移 R参数 设定数据 用户数据

图4-22　刀具信息

说明：

试切零件外圆后，未输入试切直径时，不得移动X轴；试切工件端面后，未输入试切长度时，不得移动Z轴。

2. 多把刀对刀

在加工过程中经常会用到多把刀具，如切断刀、螺纹刀等，多把刀具如何对刀呢？下面以2号刀具为例，介绍其他刀具的对刀步骤。

1）将2号刀具切换为当前刀具，换刀的具体过程如下：

单击M键，然后单击按钮进入到 MDA 模式。输入换刀指令“T02D01”，再依次单击软键和来运行 MDA 程序；运行完毕之后，第二把刀具被换为当前刀具。

2）用前面所介绍的长度偏移法进行 2 号刀具的对刀。

3）其他刀具，都可以使用如上的方法进行对刀。

> **提示：**
>
> 1）在 2 号及以后的刀具对刀中，Z 方向（即端面）不能切削，避免破坏第一把刀具建立的坐标系。
>
> 2）在各把刀具对刀之前，一定要先把刀具设置为当前刀具。

六、输入程序

1. 相关操作步骤

数控程序可以通过记事本或写字板等编辑软件输入并保存为文本格式文件，也可直接用 SIEMENS 802D 系统内部的编辑器直接输入程序。下面就用两种方法来输入主程序和子程序。

（1）输入主程序　主程序 AA401 已经事先保存，这里用调用的方法输入主程序。

1）打开键盘，按下Prog Man键进入“程序管理”界面，如图 4-23 所示。

程序管理
名称
类型
长度
执 行
新程序
复 制
打 开
删 除
重命名
读 出
读 入
程序
循环

图 4-23 “程序管理”界面

2）打开菜单“机床/DNC 传送……”或者单击图标，在弹出的对话框中选择所需的 NC 程序，按“打开”确认，如图 4-24 所示。

3）单击软键 读 入，则此程序将被自动复制进数控系统，如图 4-25 所示。

4）单击软键 打 开，数控程序被显示在 CRT 界面上，如图 4-26 所示。

> **提示：**
>
> 利用记事本或写字板方式编辑好加工程序并保存为文本格式文件，文本文件的头两行必须是如下的内容：

%_ N_ 复制进数控系统之后的文件名_ MPF

；$PATH =/_ N_ MPF_ DIR

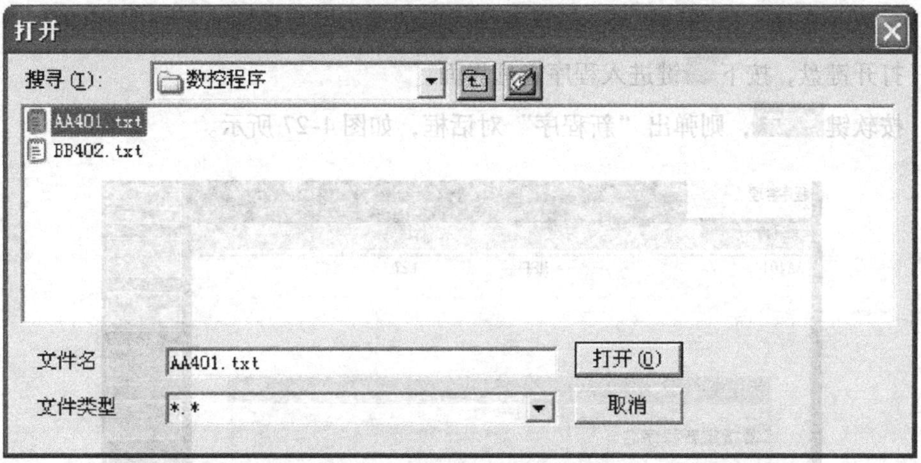
打开
搜寻(I):
数控程序
AA401.txt
BB402.txt
文件名
AA401.txt
打开(O)
文件类型
.
取消

图 4-24　选择程序

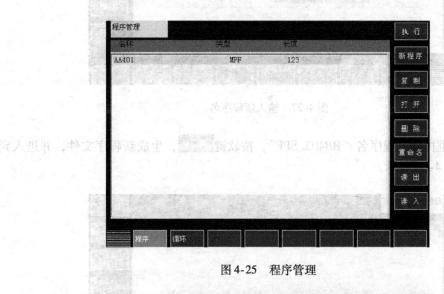
程序管理
名称
类型
长度
AA401
MPF
123
执 行
新程序
复 制
打 开
删 除
重命名
读 出
读 入
程序
循环

图 4-25　程序管理

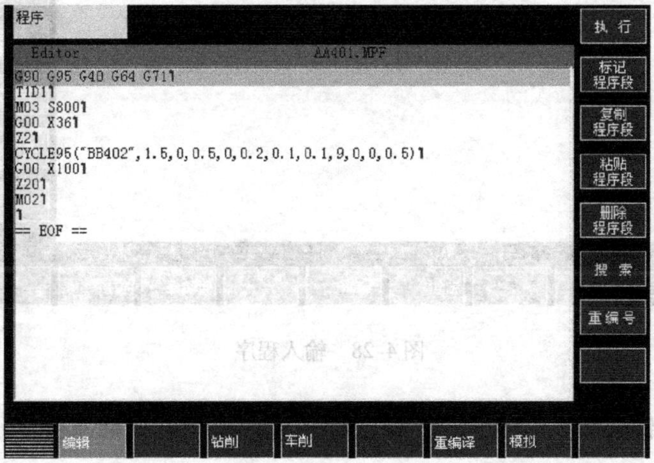
程序
Editor
AA401.MPF
G90 G95 G40 G64 G71¶
T1D1¶
M03 S800¶
G00 X36¶
Z2¶
CYCLE95("BB402",1.5,0,0.5,0,0.2,0.1,0.1,9,0,0,0.5)¶
G00 X100¶
Z20¶
M02¶
¶
== EOF ==
执 行
标记程序段
复制程序段
粘贴程序段
删除程序段
搜 索
重编号
编辑
钻削
车削
重编译
模拟

图 4-26　程序显示

（2）输入子程序　用 SIEMENS 802D 系统内部的编辑器直接输入子程序 BB402。

1）打开键盘，按下 Prog Man 键进入程序管理界面。

2）按软键 新程序 ，则弹出“新程序”对话框，如图 4-27 所示。

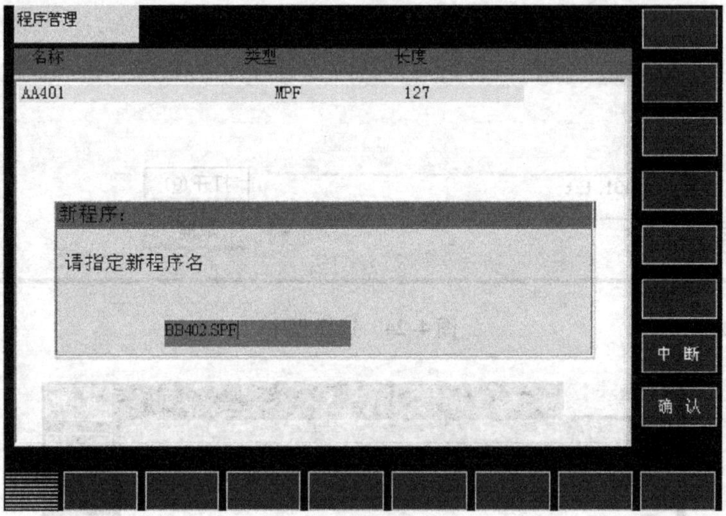
程序管理
名称
类型
长度
AA401
MPF
127
新程序:
请指定新程序名
BB402.SPF
中 断
确 认

图 4-27　输入新程序名

3）在输入框内输入程序名“BB402. SPF”，按软键 确 认 ，生成新程序文件，并进入到编辑界面，如图 4-28 所示。

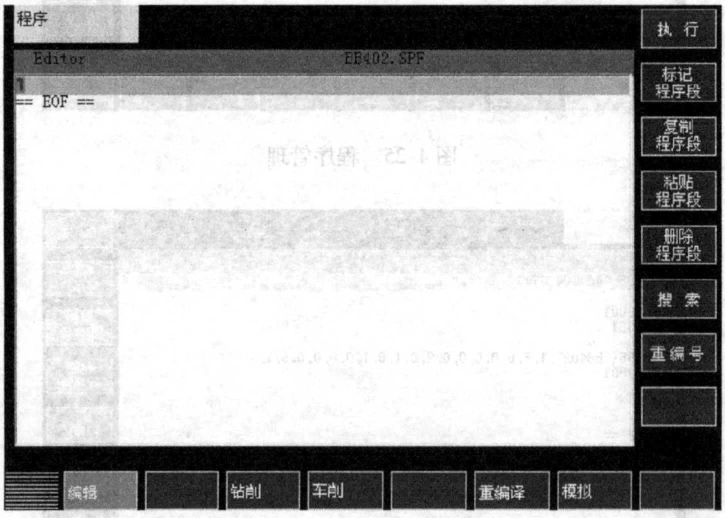
程序
Editor
BB402.SPF
== EOF ==
执 行
标记 程序段
复制 程序段
粘贴 程序段
删除 程序段
搜 索
重编号
编辑
钻削
车削
重编译
模拟

图 4-28　输入程序

4）单击 MDI 键盘上相应的字母，依次把子程序输入，按回车键换行，如图 4-29 所示。

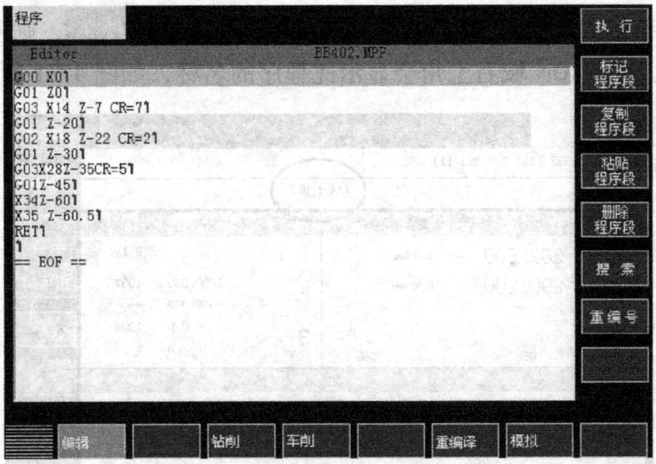
程序
Editor
BB402.MPF
G00 X0¶
G01 Z0¶
G03 X14 Z-7 CR=7¶
G01 Z-20¶
G02 X18 Z-22 CR=2¶
G01 Z-30¶
G03X28Z-35CR=5¶
G01Z-45¶
X34Z-60¶
X35 Z-60.5¶
RET¶
¶
== EOF ==
执行
标记程序段
复制程序段
粘贴程序段
删除程序段
搜索
重编号
编辑
钻削
车削
重编译
模拟
图 4-29　输入子程序

注意：

1）输入新程序名开始的两个符号必须是字母，其后的符号可以是字母、数字或下划线，最多为 16 个字符，不得使用分隔符。

2）若输入的程序没有扩展名，则自动添加“. MPF”为扩展名，而子程序扩展名“. SPF”需随文件名一起输入。

2. 程序管理

（1）选择待执行的程序

1）在系统面板上按程序管理器键，系统将进入如图 4-30 所示的“程序管理”界面，显示已有程序列表。

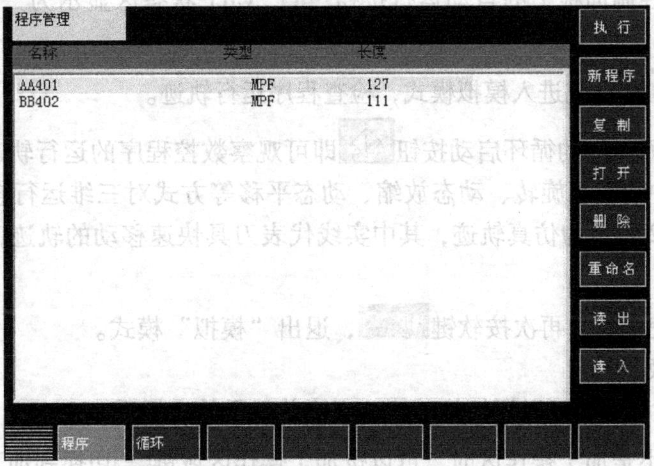
程序管理
名称
类型
长度
AA401
MPF
127
BB402
MPF
111
执行
新程序
复制
打开
删除
重命名
读出
读入
程序
循环
图 4-30　选择执行程序

2）在列表中用光标键、选择要执行的程序，按软键，则所选择的程序将被作为运行程序，在 POSITION 域右上角会显示此程序的名称，如图 4-31 所示。

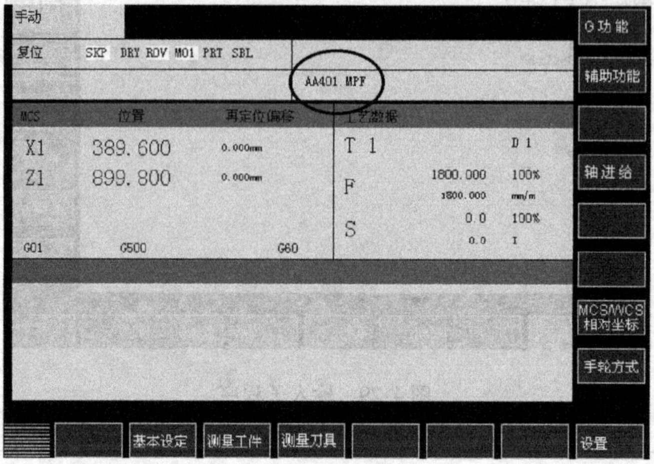
手动
复位
SKP DRY ROV M01 PRT SBL
AA401 MPF
MCS
位置
再定位偏移
工艺数据
X1 389.600 0.000mm
Z1 899.800 0.000mm
T 1
D 1
F
1800.000 100%
1800.000 mm/m
S
0.0 100%
0.0 I
G01 G500 G60
G功能
辅助功能
轴进给
MCS/WCS 相对坐标
手轮方式
基本设定
测量工件
测量刀具
设置

图 4-31　当前执行程序

（2）程序的编辑

1）在“程序管理”主界面内按软键可以复制当前被选择的程序。

2）按软键可以删除被选择的程序，但当前执行的程序不能被删除。

3）按软键可以重新命名被选择的程序。

七、轨迹检查

1. 相关操作步骤

数控程序输入后，通过检查刀具运行轨迹来确定数控程序编写是否正确。

1）在“程序管理”界面内把主程序“AA401. MPF”设置为当前运行程序。

2）单击机床控制面板上的自动运行按钮，CRT 状态区显示为“自动”，转入自动加工模式。

3）按软键系统进入模拟模式，检查程序运行轨迹。

4）单击操作面板上的循环启动按钮即可观察数控程序的运行轨迹。此时，也可通过“视图”菜单中的动态旋转、动态放缩、动态平移等方式对三维运行轨迹进行全方位的动态观察。图 4-32 所示为仿真轨迹，其中实线代表刀具快速移动的轨迹，虚线代表刀具切削的轨迹。

5）“模拟”完毕后，再次按软键，退出“模拟”模式。

2. 坐标系切换

在机床操作过程中，可以用切换功能改变当前显示的坐标系。

1）当前界面不是加工操作区时，可以按加工操作区域键切换到加工操作区。

2）按软键，系统出现如图 4-33 所示界面，切换机床坐标系。

3）单击软键可切换到相对坐标系，如图 4-34 所示；单击软键可切换

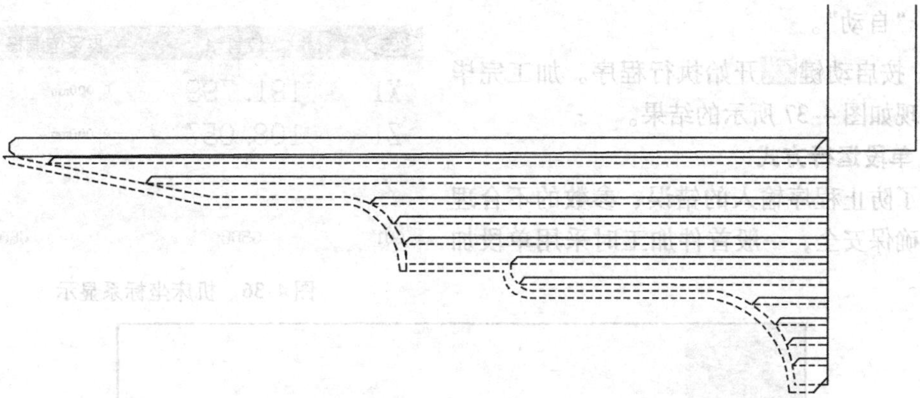

图 4-32　仿真轨迹

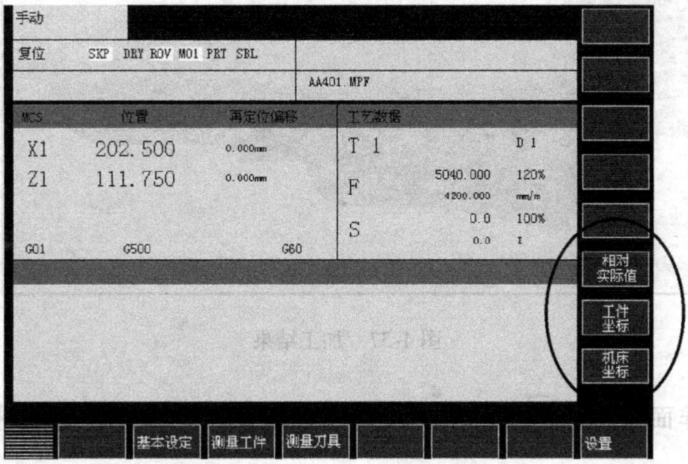
手动
复位　SKP DRY ROV M01 PRT SBL
AA401.MPF
MCS　位置　再定位偏移
X1　202.500　0.000mm
Z1　111.750　0.000mm
G01　G500　G60
工艺数据
T 1　D 1
F　5040.000　120%
4200.000　mm/m
S　0.0　100%
0.0　1
相对实际值
工件坐标
机床坐标
基本设定
测量工件
测量刀具
设置

图 4-33　转换坐标系

到工件坐标系，如图 4-35 所示；单击软键 机床坐标 可切换到机床坐标系，如图 4-36 所示。

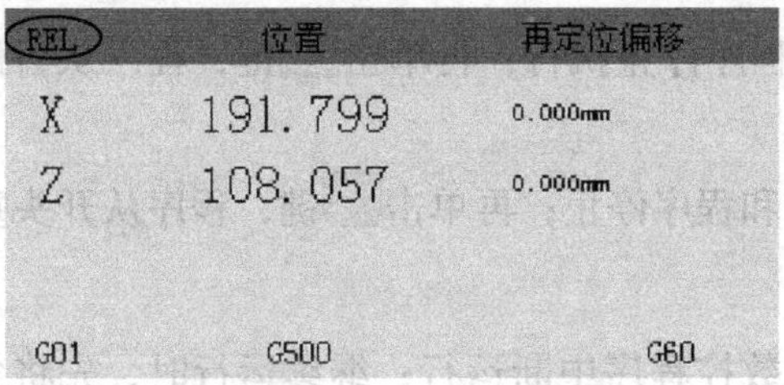
REL　位置　再定位偏移
X　191.799　0.000mm
Z　108.057　0.000mm
G01　G500　G60

图 4-34　相对坐标系显示

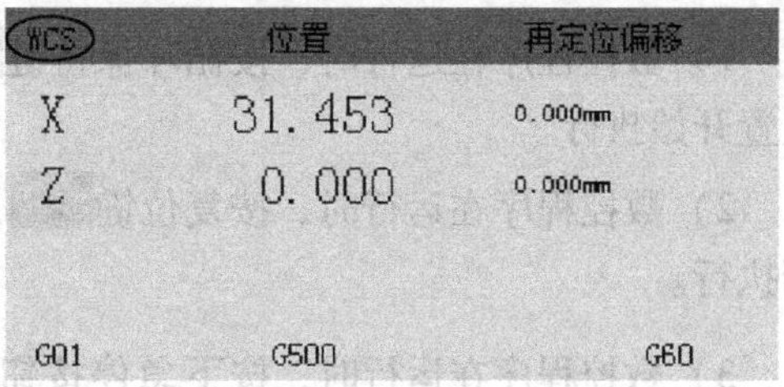
WCS　位置　再定位偏移
X　31.453　0.000mm
Z　0.000　0.000mm
G01　G500　G60

图 4-35　工件坐标系显示

八、自动加工

1. 相关操作步骤

所有工作都准备好之后，要进行零件的自动加工。

1）按下控制面板上的自动方式键，若 CRT 当前界面为加工操作区，则 CRT 状态区显示为“自动”。

2）按启动键开始执行程序。加工完毕就会出现如图4-37所示的结果。

2. 单段运行方式

为了防止程序输入的错误、参数的不合理性，以确保安全，一般首件加工时采用单段加工方式。

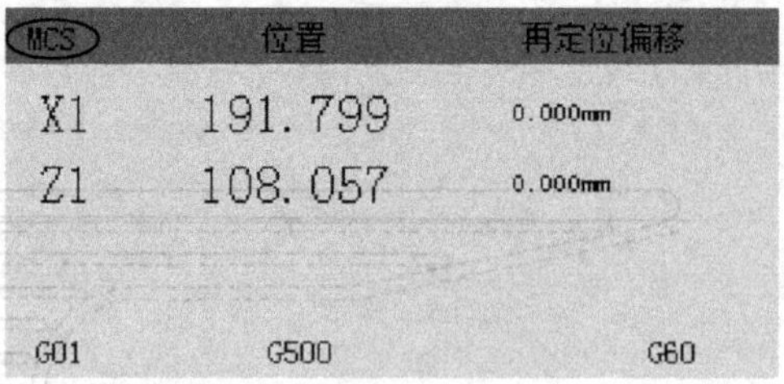
MCS
位置
再定位偏移
X1 191.799 0.000mm
Z1 108.057 0.000mm
G01
G500
G60

图4-36　机床坐标系显示

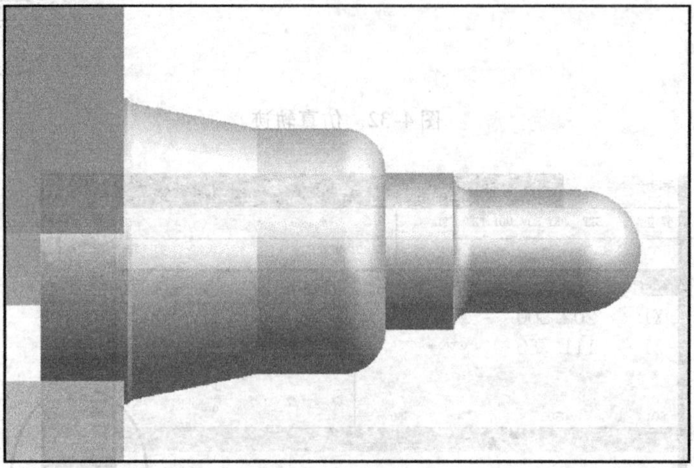

图4-37　加工结果

1）单击操作面板上的按钮，CRT状态区显示为“自动”，机床进入自动加工模式。

2）单击操作面板上的单段按钮，CRT状态区“SBL”灯亮，机床单段功能打开。

3）单段方式执行每一行程序均需单击一次按钮，中途如关闭单段功能，单击按钮，下一个程序段后即可连续加工。

3. 自动加工中的几项操作

1）数控程序在运行时，按循环保持键，程序停止执行；再单击键，程序从暂停位置开始执行。

2）数控程序在运行时，按复位键，机床和程序停止；再单击键，程序从开头重新执行。

3）数控程序在运行时，按下急停按钮，数控程序中断运行；继续运行时，先将急停按钮松开，机床需要回参考点后才能重新加工。

4）通过主轴倍率旋钮和进给倍率旋钮来调节主轴旋转速度和移动速度。

成绩评分标准（见表4-1）

表4-1　成绩评分标准

序　号	考核内容	分　值	得　分
1	机床正确回零	5分	
2	合理使用机床手动方式	5分	
3	正确使用机床手轮操作	5分	
4	选择合适的毛坯	5分	
5	合理选择刀具	5分	
6	正确输入程序及编辑程序	20分	
7	X向对刀正确	10分	
8	Z向对刀正确	10分	
9	正确输入刀补参数	10分	
10	正确使用轨迹模拟	5分	
11	使用自动加工技巧	10分	
12	应用软件操作的熟练程度	10分	
备注		合计得分	
		教师签名 年　月　日	

附：SIEMENS 802D数控车床常用G代码格式

分　类	代　码	意　义	格　式
插补	G0	快速插补	G0　X—　Z— X、Z：快速定位终点在工件坐标系中的坐标
	G1 *	直线插补	G1　X—　Z—　F— X、Z：终点在工件坐标系中的坐标 F：合成进给速度
	G2	顺时针圆弧插补	G2　X—　Z—　CR=—　F— X、Z：圆弧终点在工件坐标系中的坐标 CR：圆弧半径 F：被编程的两个轴的合成进给速度
	G3	逆时针圆弧插补	G3　X—　Z—　CR=—　F— X、Z：圆弧终点在工件坐标系中的坐标 CR：圆弧半径 F：被编程的两个轴的合成进给速度
	G33	恒螺距的螺纹切削	G33　Z—　X—　K—　SF=— Z、X：螺纹有效终点坐标 K：螺纹导程 SF：起始点偏移量
增量设置	G90 *	绝对尺寸	G90
	G91	增量尺寸	G91
单位	G70	英制尺寸	G70
	G71 *	米制尺寸	G71

（续）

分　类	代　码	意　义	格　式
刀具补偿	G40 *	刀尖半径补偿取消	G40
	G41	刀尖半径左补偿	G41
	G42	刀尖半径右补偿	G42
进给单位	G94	进给率 F，单位 mm/min	G94
	G95	进给率 F，单位 mm/r	G95
固定循环	CYCLE94	凹凸切削循环	CYCLE94（SPD，SPL，FORM） SPD：横向轴的起始点（无符号输入） SPL：纵向轴的刀具补偿的起始点（无符号输入） FORM：此参数定义形状为“E”或“F”，FORM 的值为：E（用于形状 E） F（用于形状 F）
	CYCLE95	毛坯切削循环	CYCLE95（NPP，MID，FALZ，FALX，FAL，FF1，FF2，FF3，VARI，DT，DAM，_VRT） NPP：轮廓子程序名称 MID：进给深度 FALZ：在纵向轴的精加工余量 FALX：在横向轴的精加工余量 FAL：根据轮廓的精加工余量 FF1：非退刀槽加工的进给率 FF2：进入凹凸切削时的进给率 FF3：精加工的进给率 VARI：加工类型（范围值：1～12） DT：粗加工时用于断屑的停顿时间 DAM：粗加工因断屑而中断时所经过的路径长度 _VRT：粗加工时从轮廓的退回行程，增量
	CYCLE97	螺纹切削	CYCLE97（PIT，MPIT，SPL，FPL，DM1，DM2，APP，ROP，TDEP，FAL，IANG，NSP，NRC，NID，VARI，NUMT） PIT：螺距作为数值 MPIT：螺距产生于螺纹尺寸 SPL：螺纹起始点位于纵向轴上 FPL：螺纹终点位于纵向轴上 DM1：起始点的螺纹直径 DM2：终点的螺纹直径 APP：空刀导入量 ROP：空刀退出量 TDEP：螺纹深度 FAL：精加工余量 IANG：切入进给角 NSP：首圈螺纹的起始点偏移 NRC：粗加工切削数量 NID：停顿数量 VARI：定义螺纹的加工类型（范围值：1～4） NUMT：螺纹起始数量

模块五　数控车床（GSK-980T）仿真操作

项目目的

此模块是通过在数控仿真加工系统（GSK-980T）车床上的一个加工实例，使用户掌握数控加工仿真系统（GSK-980T）车床的基本操作方法及加工的基本步骤。

项目内容

如图 5-1 所示的零件，材料为 45 钢，毛坯为 ϕ36mm × 60mm，ϕ36mm 外圆和 60mm 长度已经加工到尺寸。要求分析工艺过程与工艺路线，编写加工程序，并完成仿真加工。

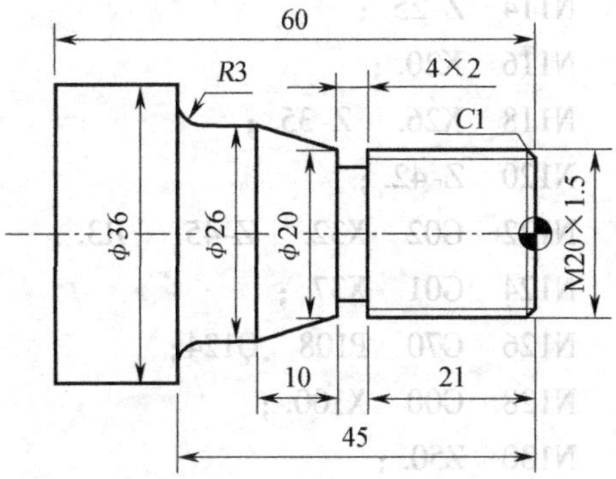

60
R3
4×2
C1
φ36
φ26
φ20
M20×1.5
10
21
45

图 5-1　零件尺寸图

相关知识点析

1. 确定工件坐标系

工件坐标系的建立保证了刀具在机床上的正确运动。按基准重合原则，将工件坐标系原点定在零件右端面与回转轴线的交点上，并设定换刀点相对工件坐标系原点的坐标位置为（100，50），如图 5-1 所示。

2. 加工方案

根据零件图的加工要求，需要加工零件的圆柱面、圆锥面、圆弧面、螺纹、倒角及螺纹退刀槽，共需要以下三把刀具：

1 号刀具：外圆左偏刀，选择刀尖半径为 0，刀具长度为 60mm 的 C 形刀片。

2 号刀具：车槽刀，刀片宽度为 4mm，车槽深度为 8mm，刀具长度为 60mm。

3 号刀具：米制螺纹刀，刀尖角度为 60°，刀尖半径为 0，刀具长度为 60mm。

ϕ36mm 外圆面已经粗加工，可以直接装夹在三爪自定心卡盘上。使用 1 号外圆左偏刀，先粗加工后精加工零件外形轮廓，粗加工时留 0.5mm 的精车余量；使用 2 号刀具加工螺纹退刀槽；然后用 3 号螺纹刀加工出螺纹。

根据 45 钢的切削性能，粗、精加工外圆面时主轴转速为 800r/min，粗加工进给量为 0.2mm/r，精加工进给量为 0.1mm/r；切槽时主轴转速为 300r/min，进给量为0.08mm/r；车螺纹时主轴转速为 300r /min。

操作准备

根据工件的外形加工特征，采用复合循环 G71 编写加工程序。本实例采用调用刀补的方法建立工件坐标系，工件坐标系原点设在工件右端面中心处。

参考程序如下：

```
O501
N090  T0101;
N100  M03  S800;
N102  G99  G00  X38.  Z3.;
N104  G71  U2.  R0.5;
N106  G71  P108  Q124  U0.5  W0  F0.2;
N108  G00  X18.;
N110  G01  Z0  F0.1;
N112  X19.8  Z-1.;
N114  Z-25.;
N116  X20.;
N118  X26.  Z-35.;
N120  Z-42.;
N122  G02  X32.  Z-45.  R3.;
N124  G01  X37.;
N126  G70  P108  Q124;
N128  G00  X100.;
N130  Z50.;
N132  M05;
N134  M00;
N136  T0202;
N138  M03  S300;
N140  G00  Z-25.;
N142  X22.;
N144  G01  X16.  F0.08;
N146  X22.;
N148  G00  X100.;
N150  Z50.;
N152  M00;
N154  T0303;
N156  G00  Z5.;
N158  X22.;
N160  G92  X19. Z-23.  F1.5;
N162  X18.5;
N164  X18.2;
N166  X18.05;
N168  G00  X100.;
N170  Z50.;
N172  M30;
```

将此程序先在记事本中输入并保存，文件命名为 501. txt，以便加工操作时调用此程序。

> **说明：**
> 本书着重介绍机床的操作，具体程序的编制、基点的计算等请参考其他教材。

操作步骤

仿真操作的加工步骤为：选择机床、机床回零、安装工件、选择刀具、对刀、输入程序、轨迹检查、自动加工。

一、选择机床

1. 相关操作步骤

打开菜单“机床/选择机床…”或者单击图标，弹出“选择机床”对话框，如图5-2所示。在“控制系统”中选择“广州数控”的 GSK-980T 数控车床，按“确定”按钮，此时界面如图 5-3 所示。

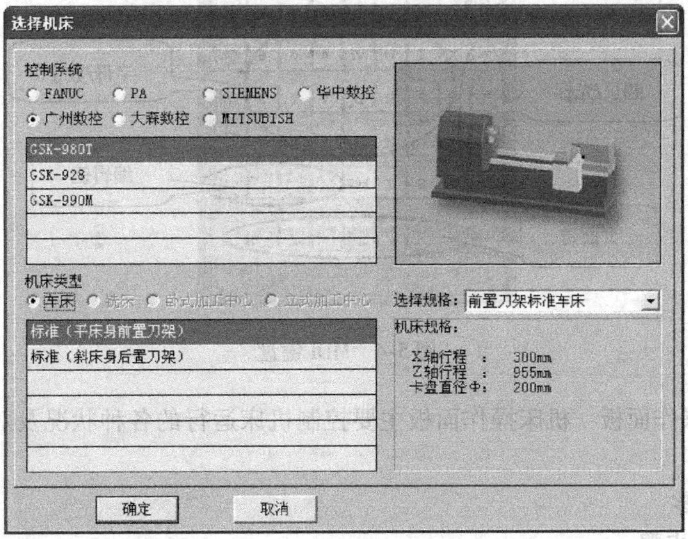
选择机床
控制系统
FANUC
PA
SIEMENS
华中数控
广州数控
大森数控
MITSUBISH
GSK-980T
GSK-928
GSK-990M
机床类型
车床
铣床
卧式加工中心
立式加工中心
选择规格：
前置刀架标准车床
机床规格：
标准（平床身前置刀架）
标准（斜床身后置刀架）
X轴行程　:　300mm
Z轴行程　:　955mm
卡盘直径Φ:　200mm
确定
取消

图 5-2　选择机床

2. 操作面板说明

GSK-980T 系统的操作面板如图 5-3 所示，主要由 CRT 显示屏、MDI 键盘、机床操作面板三个部分构成。

（1）CRT 显示屏　CRT 显示屏主要用于显示各种信息，如位置、程序、参数、报警等，数控系统所处的状态和操作命令不同，显示的信息也不同。

（2）MDI 键盘　MDI 键盘主要用于程序的编辑和页面的选择，如图 5-4 所示。

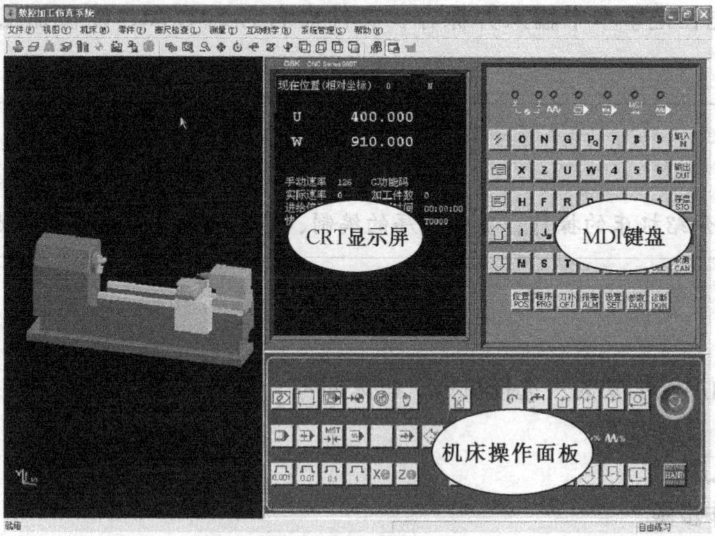
CRT显示屏
MDI键盘
机床操作面板
U 400.000
W 910.000

图 5-3 车床仿真界面

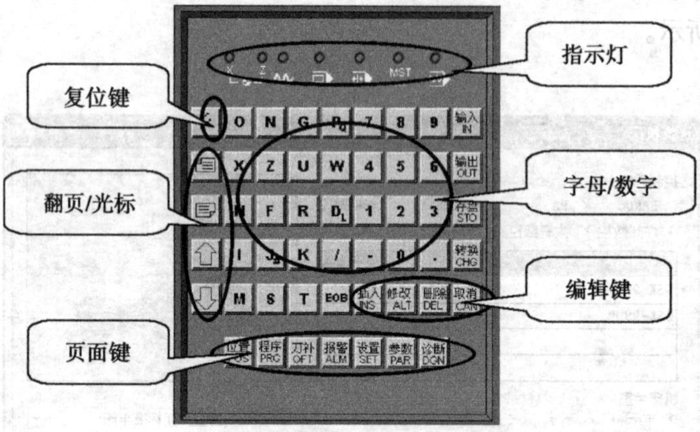
指示灯
复位键
字母/数字
翻页/光标
编辑键
页面键

图 5-4 MDI 键盘

(3) 机床操作面板 机床操作面板主要控制机床运行的各种状况及对机床进行操作，如图 5-5 所示。

二、机床回零

1. 相关操作步骤

机床在开机后通常需要先回参考点，在数控操作中通常称为“回零”。

1) 检查急停按钮是否松开，若未松开，单击急停按钮，将其松开。

2) 单击回参考点键，使系统处于回参考点操作模式，此时液晶屏幕右下角显示“机械回零”，如图 5-6 所示。

3) 选择菜单“视图/俯视图”或单击工具栏上的按钮，使机床呈俯视图状态，便于观察。

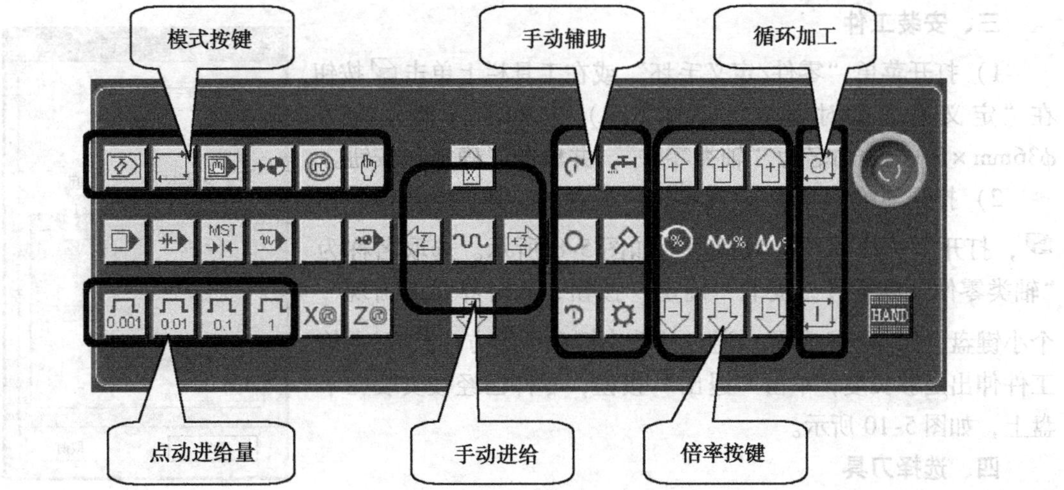
模式按键
手动辅助
循环加工
MST
X
-Z
+Z
HAND
点动进给量
0.001
0.01
0.1
1
手动进给
倍率按键

图 5-5　机床操作面板

4）单击操作面板上的按钮，使 X 轴方向回参考点，再单击按钮，Z 方向回参考点。此时，X 轴、Z 轴将自动回到车床的参考点。

5）返回到参考点后，CRT 显示屏显示如图 5-6 所示，返回参考点指示灯亮。

注意：
数控车床回零时，一般 X 轴先回零，然后 Z 轴回零。

2. 工作模式

（1）编辑模式　数控程序是加工中不可缺少的内容，在此模式下可以对程序进行操作。

（2）自动模式　所有工作都准备好之后，要进行零件的加工，就需要选择到自动加工模式。

（3）录入模式　录入模式又称为手动数据录入模式，在此状态下，可以输入单段的指令或几段指令后，立即按下循环启动按钮使机床动作，以满足工作需要。

（4）回零模式　此模式下机床为回零模式，可以对机床进行回参考点操作。

（5）单步模式　单步模式又称为手轮模式，即可以使用手轮来移动机床的各轴。此模式下可以精确调整机床移动量。

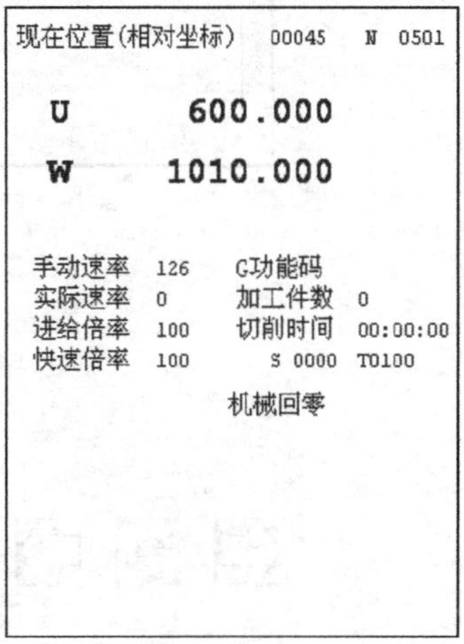
现在位置(相对坐标)　O0045　N 0501
U　600.000
W　1010.000
手动速率 126　G功能码
实际速率 0　加工件数 0
进给倍率 100　切削时间 00:00:00
快速倍率 100　S 0000 T0100
机械回零

图 5-6　车床回零后的 CRT 界面

（6）手动模式　此模式下可以实现手动连续进给运动。

三、安装工件

1）打开菜单“零件/定义毛坯”或在工具栏上单击按钮，在“定义毛坯”对话框（见图 5-7）中将零件尺寸改为 ϕ36mm×60mm，命名为“轴类零件”，并单击“确定”按钮。

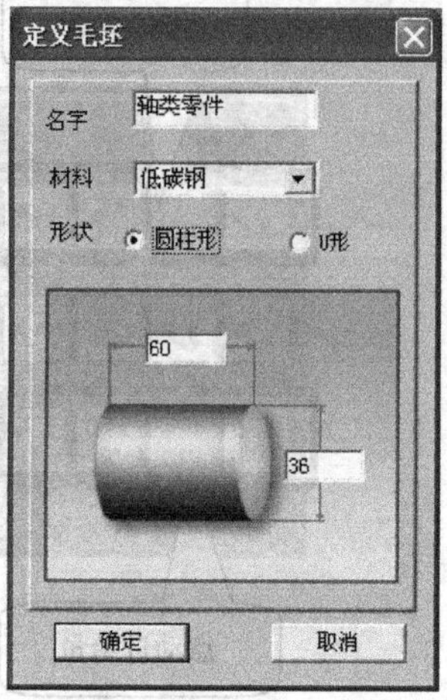
定义毛坯
名字
轴类零件
材料
低碳钢
形状
圆柱形
U形
60
36
确定
取消
图 5-7 “定义毛坯”对话框

2）打开菜单“零件/放置零件”或者在工具栏上选择图标，打开“选择零件”对话框，如图 5-8 所示。选取名称为“轴类零件”的零件，按下“确定”按钮，此时界面上出现一个小键盘，如图 5-9 所示。通过按动小键盘上的方向按钮使工件伸出足够长度，单击“退出”按钮，零件已经被安装在卡盘上，如图 5-10 所示。

四、选择刀具

1. 相关操作步骤

加工零件的外圆、槽和螺纹，在选择刀具时要使用 3 把刀具：外圆刀、车槽刀和螺纹刀。

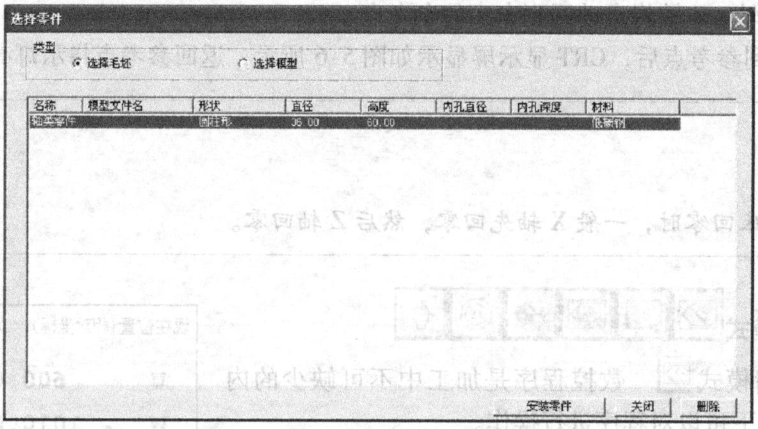
选择零件
类型
选择毛坯
选择模型
名称
模型文件名
形状
直径
高度
内孔直径
内孔深度
材料
轴类零件
圆柱形
36.00
60.00
低碳钢
安装零件
关闭
删除
图 5-8 “选择毛坯”对话框

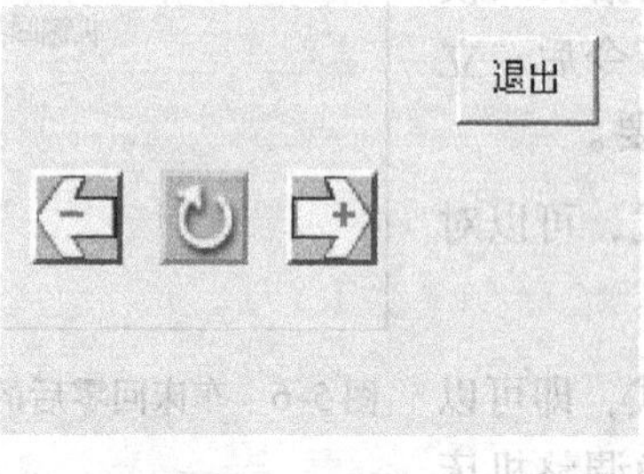
退出
图 5-9 移动零件

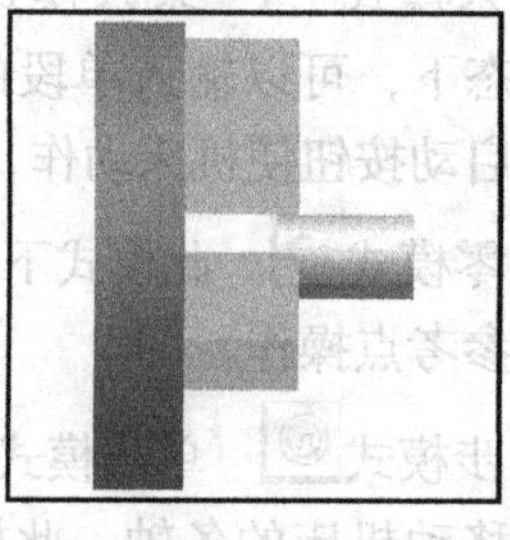
图 5-10 安装零件

1）打开菜单“机床/选择刀具”或者在工具栏上选择图标，打开“刀具选择”对话框。1 号刀具选择外圆刀，把刀尖半径修改为 0，如图 5-11 所示。

2）选择2号刀具为4mm的车槽刀，3号刀具为60°螺纹刀，如图5-12所示。

3）选择使用刀具后，单击“确定”按钮，则刀具被安装在刀台上。

2. 手动方式操作

（1）手动连续运动

1）单击操作面板中的手动方式按钮，进入手动操作方式，屏幕右下角显示“手动方式”状态。单击X、Z各轴按钮、、、，使机床连续运动。

2）在手动过程中，单击快速移动按钮，位于面板上部的快速指示灯亮，此时可以快速移动各轴；再次单击按钮，快速指示灯灭，机床取消快速移动，恢复原来的速度。

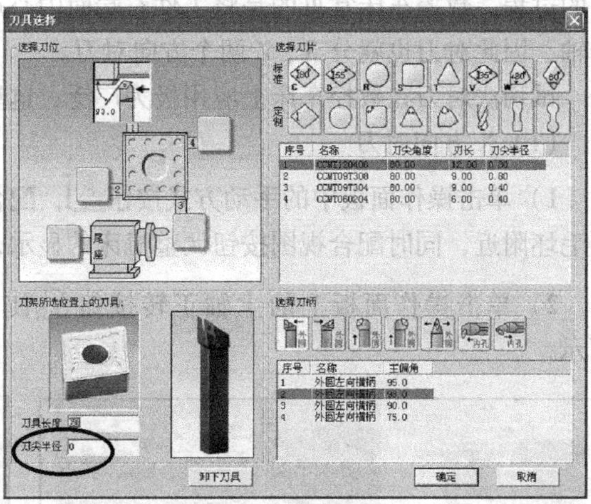
刀具选择
选择刀位
选择刀片
选择刀柄
卸下刀具
确定
取消

图5-11　选择刀具

（2）单步进给

1）按下单步方式键，选择单步操作方式，这时屏幕右下角显示“单步方式”。

2）选择适当的移动量：0.001 0.01 0.1 1，此时相应的屏幕上显示“手轮增量0.01”等。其中，0.001表示进给增量为0.001mm，0.01表示进给增量为0.01mm，进给增量可在0.001～1mm之间切换。

3）选择好适当的移动量后，单击操作面板上的按钮一次，机床向X轴正向移动一个点动距离，单击按钮一次，机床向X轴负向移动一个点动距离；同样单击和按钮，机床在Z轴方向上分别向正向和负向以点动方式移动。

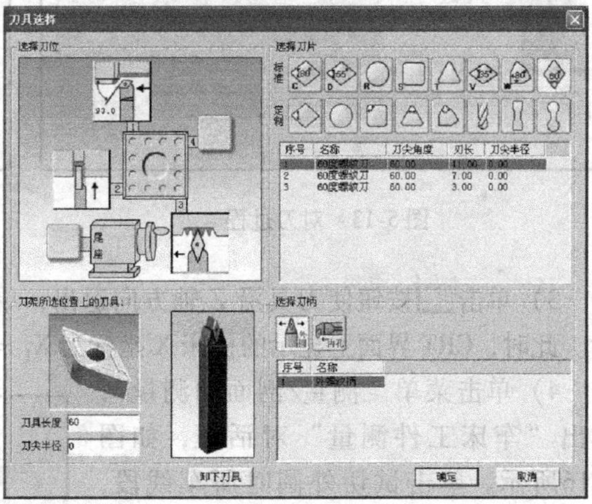
刀具选择
选择刀位
选择刀片
选择刀柄
卸下刀具
确定
取消

图5-12　选择刀具

4）在“单步方式”下，同时可以使用手轮来移动各轴。单击手轮按钮HAND，操作面板将显示手轮轴，随后选择轴向按钮X方向X@或Z方向Z@。在图标上按住鼠标左键（配合左转），机床向所选方向轴的负方向运动；相应地按住鼠标右键（配合右转），机床向正方向运动。

五、对刀

1. 相关操作步骤

数控程序一般按工件坐标系编程，对刀的过程就是建立工件坐标系与机床坐标系之间关系的过程。数控车床常见的是将工件右端面中心点设为工件坐标系原点。由于数控车床有两个轴，因此对刀也就分 X、Z 两个方向对刀。

试切法对刀在数控车床上应用极为广泛，这里就用试切法来介绍对刀的过程。

(1) X 方向对刀

1) 单击操作面板中的手动方式按钮，配合快速按钮，单击、使机床快速移动到毛坯附近，同时配合视图按钮调整机床的显示，如图 5-13 所示。

2) 单击操作面板上的主轴正转按钮使主轴转动，试车削一段外圆，如图 5-14 所示。

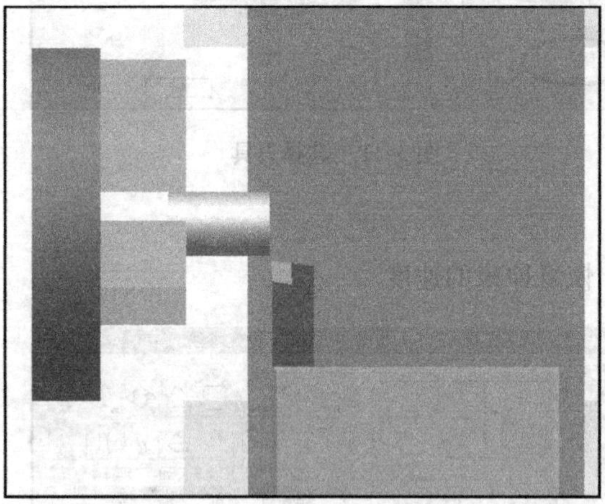

图 5-13 对刀过程

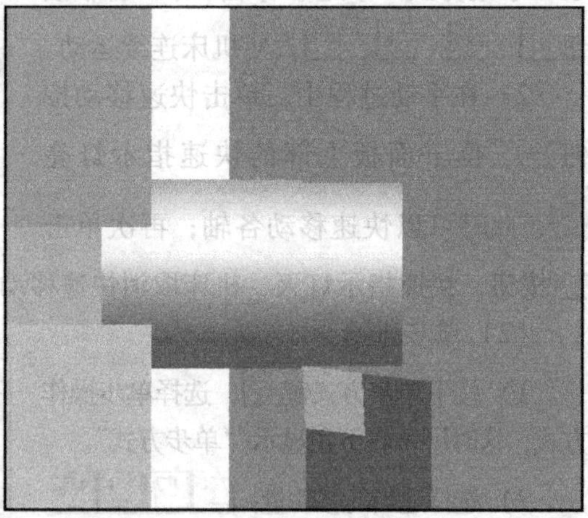

图 5-14 车削外圆

3) 单击按钮使刀具沿 Z 轴方向退出，单击按钮使主轴停止转动，如图 5-15 所示。此时，CRT 界面上显示的机床 X 坐标为 $X_1 = 246.325$。

4) 单击菜单“测量/剖面图测量”，弹出“车床工件测量”对话框，如图 5-16所示。单击试切外圆时所车线段，选中的线段由红色变为黄色，此时在下方将有一行数据变成蓝色，该行数据表示所切外圆的尺寸值。记下对应的外圆直径值 $X_2 = 34.959$，单击“退出”按钮退出测量。

图 5-15 Z 方向退刀

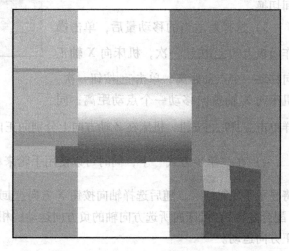

5) 单击 MDI 键盘上的按钮进入刀具补偿窗口，使用翻页按钮或光标按钮将光标移到序号 101 处。在刀具补偿窗口中输入 X34.959，单击按钮，则 1 号刀具 X 方向的刀补会自动计算出来，并保存在 101 的 X 栏中（实际就是 $X_1 - X_2$ 的值），X 方向对刀结束，

如图 5-17 所示。

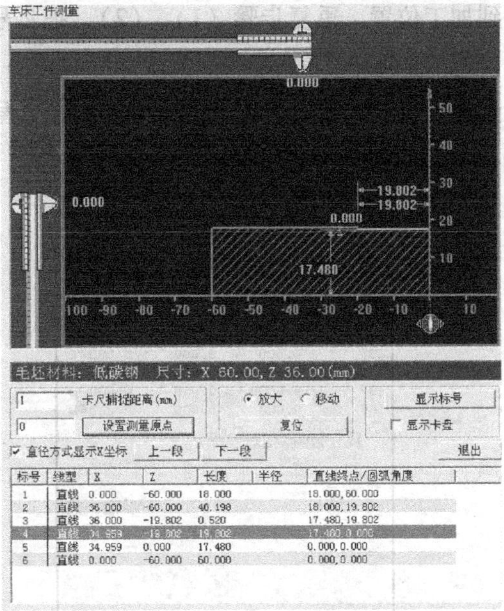
车床工件测量
毛坯材料：低碳钢　尺寸：X 60.00, Z 36.00(mm)
卡尺捕捉距离(mm)
设置测量原点
放大
移动
复位
显示标号
显示卡盘
直径方式显示X坐标
上一段
下一段
退出

图 5-16 “车床工件测量”对话框

偏置　O0501　N 0501
序号　X　Z　R　T
000　0.000　0.000　0.000　0
101　211.366　0.000　0.000　0
102　0.000　0.000　0.000　0
103　0.000　0.000　0.000　0
104　0.000　0.000　0.000　0
105　0.000　0.000　0.000　0
106　0.000　0.000　0.000　0
107　0.000　0.000　0.000　0
108　0.000　0.000　0.000　0
现在位置(相对坐标)
U　246.325　W　109.866
地址
S 0000　单步方式

图 5-17　X 方向刀补值

（2）Z 方向对刀

1）单击操作面板上的按钮使主轴转动，试切工件端面，如图 5-18 所示。

2）单击按钮使刀具沿 X 轴方向退出，单击按钮使主轴停止转动，如图 5-19 所示。

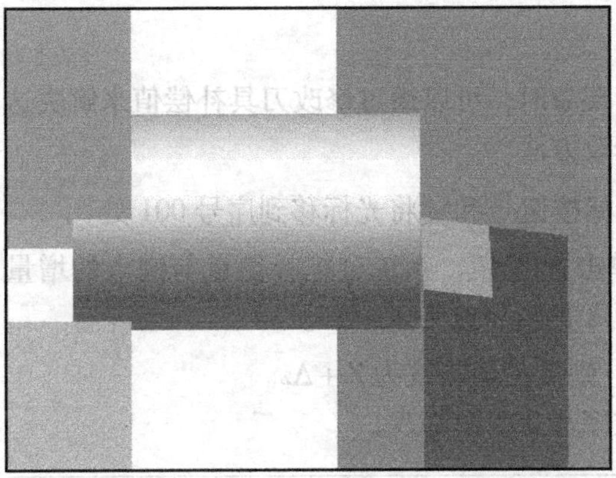

图 5-18　车端面

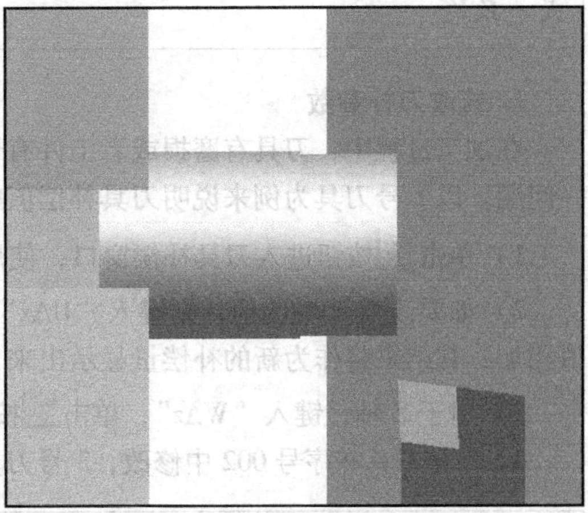

图 5-19　X 方向退刀

3）在刀具补偿窗口中将光标移到序号 101 处，输入 Z0，单击按钮，则 1 号刀具 Z 方向的刀补会自动计算出来，并保存在 101 的 Z 栏中，Z 方向对刀结束，如图 5-20 所示。

(3) 完成全部对刀操作

1) 单击手动换刀按钮把2号刀具换到加工位置，重复步骤(1)、(2)，把2号刀具的刀补值输入到102中。

2) 单击手动换刀按钮把3号刀具换到加工位置，重复步骤(1)、(2)，把3号刀具的刀补值输入到103中。此时，三把刀全部对好，如图5-21所示。

偏置 00501 N 0501
序号 X Z R T
000 0.000 0.000 0.000 0
101 211.366 100.546 0.000 0
102 0.000 0.000 0.000 0
103 0.000 0.000 0.000 0
104 0.000 0.000 0.000 0
105 0.000 0.000 0.000 0
106 0.000 0.000 0.000 0
107 0.000 0.000 0.000 0
108 0.000 0.000 0.000 0
现在位置(相对坐标)
U 263.654 W 100.546
地址
S 0000 手动方式

图5-20 Z方向刀补值

偏置 00501 N 0501
序号 X Z R T
000 0.000 0.000 0.000 0
101 211.366 100.546 0.000 0
102 211.366 99.913 0.000 0
103 211.366 87.715 0.000 0
104 0.000 0.000 0.000 0
105 0.000 0.000 0.000 0
106 0.000 0.000 0.000 0
107 0.000 0.000 0.000 0
108 0.000 0.000 0.000 0
现在位置(相对坐标)
U 248.164 W 87.715
地址
S 0120 手动方式

图5-21 刀补值

说明：

对刀过程中，试切削的背吃刀量不一样，显示的X数值就不一样，但最终结果应该是一致的。

2. 修改刀补参数

在加工过程中，刀具有磨损或者工件有让刀现象时，可以通过修改刀具补偿值来解决这一问题。以1号刀具为例来说明刀具补偿值的修改方法。

1) 单击按钮进入刀具补偿窗口，使用光标按钮和将光标移到序号001处。

2) 如要改变X轴的值，则键入"UΔx"，单击按钮，系统会把补偿量与键入的增量值相加，其结果将作为新的补偿量显示出来，即X的值将改为X+Δx。

3) 对于Z轴，键入"WΔz"，单击按钮，则Z的值将改为Z+Δz。

4) 2号刀具在序号002中修改，3号刀具在序号003中修改。

说明：

输入的整数数据如无小数点，则以μm为单位被输入。

六、输入程序

1. 相关操作步骤

数控程序可以通过记事本或写字板等编辑软件输入并保存为文本格式文件。也可以直接用MDI键盘输入。此处用导入程序的方法来调用我们保存的程序501. txt。操作方法为：

1）单击操作面板上的编辑键进入编辑模式，此时液晶屏幕右下角显示“编辑方式”，然后单击MDI键盘上的页面键，CRT界面转入编辑页面，如图5-22所示。

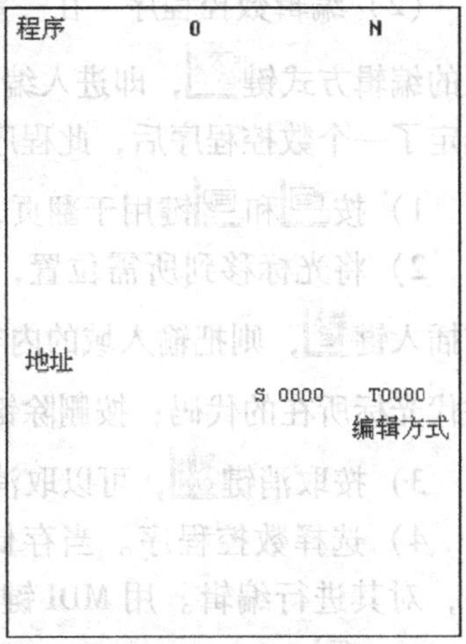
程序　O　N
地址
S 0000　T0000
编辑方式

图5-22　程序编辑界面

2）选择菜单“机床/DNC传送”或单击图标，在弹出的对话框中选择所需的NC程序501. txt（见图5-23），按“打开”确认。

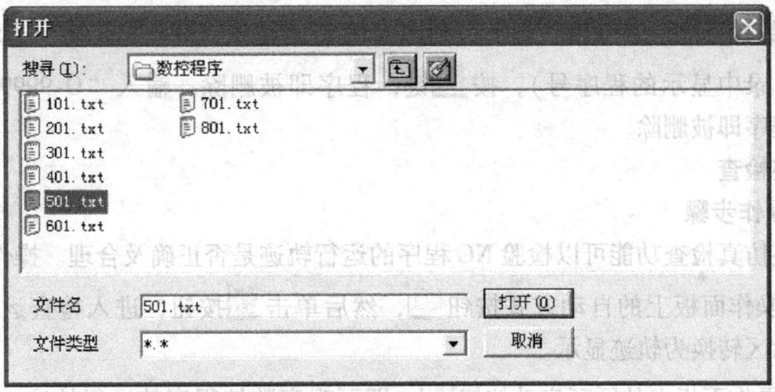
打开
搜寻(I):
数控程序
101. txt
201. txt
301. txt
401. txt
501. txt
601. txt
701. txt
801. txt
文件名
501. txt
打开(O)
文件类型
.
取消

图5-23　选择传输程序

3）单击MDI键盘上的数字/字母键，输入“O0501”，单击键，则数控程序被导入并显示在CRT界面上，如图5-24所示。

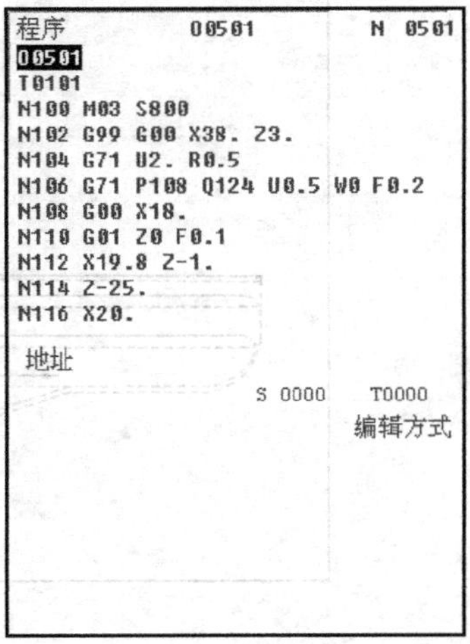
程序　O0501　N 0501
O0501
T0101
N100 M03 S800
N102 G99 G00 X38. Z3.
N104 G71 U2. R0.5
N106 G71 P108 Q124 U0.5 W0 F0.2
N108 G00 X18.
N110 G01 Z0 F0.1
N112 X19.8 Z-1.
N114 Z-25.
N116 X20.
地址
S 0000　T0000
编辑方式

图5-24　导入程序

2. 程序处理

（1）新建数控程序　数控程序可以导入，也可以用键盘输入，操作方法如下：

1）单击编辑方式键，进入编辑操作方式，这时屏幕右下角显示“编辑方式”。

2）单击MDI键盘上的键，进入程序编辑窗口。单击MDI键盘上的字母“O××××”（××××为程序号，但不可以与已有程序号重复），按键，则自动产生了一个O××××的空程序。

3）依次按程序顺序输入程序，输入一段代码后，按键结束换行。

（2）编辑数控程序　在一定的情况下，需要对数控程序进行修改编辑。单击操作面板上的编辑方式键，即进入编辑状态。单击 MDI 键盘上的PRG键，CRT 界面转入编辑页面。选定了一个数控程序后，此程序显示在 CRT 界面上，即可对数控程序进行编辑操作。

1）按和键用于翻页，按方位键、移动光标。

2）将光标移到所需位置，单击 MDI 键盘上的数字/字母键，将代码输入到输入域中，按插入键INS，则把输入域的内容插入到光标所在代码后面；按修改键ALT，则输入域的内容替代光标所在的代码；按删除键DEL，则删除光标所在的代码。

3）按取消键CAN，可以取消输入域中的数据。

4）选择数控程序。当存储器存入多个程序时，可以通过检索的方法调出需要的程序，对其进行编辑。用 MDI 键盘输入“O××××”（×为数控程序目录中显示的程序号），按键开始搜索，最后“O××××”显示在屏幕首行程序号位置，NC 程序显示在屏幕上。

5）删除数控程序。在编辑状态下，利用 MDI 键盘输入“O××××”（×为要删除的数控程序在目录中显示的程序号），按DEL键，程序即被删除。输入“O-9999”，按DEL键，则全部数控程序即被删除。

七、轨迹检查

1. 相关操作步骤

利用轨迹仿真检查功能可以检验 NC 程序的运行轨迹是否正确及合理。操作过程如下：

1）单击操作面板上的自动方式按钮，然后单击SET按钮，进入检查运行轨迹模式，此时机床显示区转换为轨迹显示。

2）单击操作面板上的循环启动按钮，即可观察数控程序的运行轨迹。如图 5-25 所示，实线代表刀具快速移动的轨迹，虚线代表刀具切削的轨迹。此时可通过“视图”菜单中的动态旋转、动态缩放、动态平移等方式对三维运行轨迹进行全方位的观察。

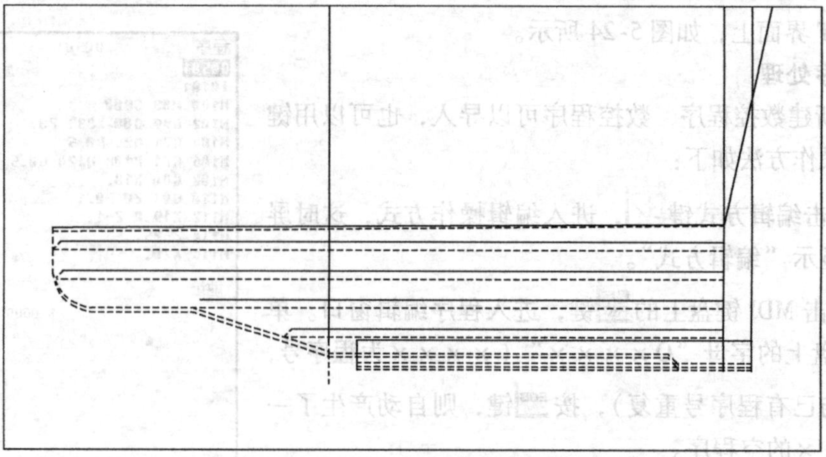

图 5-25　仿真轨迹

3）检查运行轨迹后，再次单击设置SET按钮，退出轨迹仿真检查模式，机床重新显示在界面内。

2. 数据显示操作

（1）当前位置的显示　在手动操作或自动加工的时候，可以通过位置显示窗口观察当前的坐标位置。按位置POS键，然后通过翻页按钮，可以显示四个不同画面，分别如图5-26、图5-27、图5-28和图5-29所示。

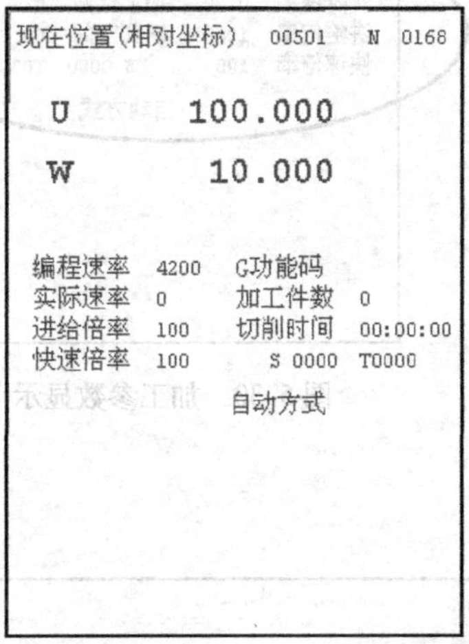
现在位置(相对坐标)　O0501　N　0168
U　100.000
W　10.000
编程速率　4200　G功能码
实际速率　0　加工件数　0
进给倍率　100　切削时间　00:00:00
快速倍率　100　S 0000　T0000
自动方式

图5-26　相对位置

现在位置(绝对坐标)　O0501　N　0168
X　100.000
Z　10.000
编程速率　4200　G功能码
实际速率　0　加工件数　0
进给倍率　100　切削时间　00:00:00
快速倍率　100　S 0000　T0000
自动方式

图5-27　绝对位置

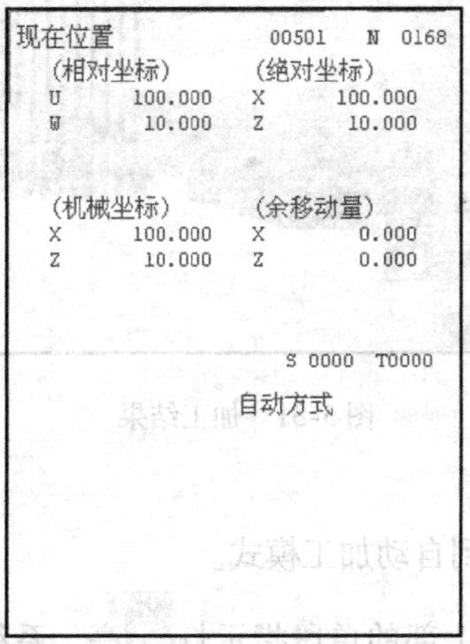
现在位置　O0501　N　0168
(相对坐标)　(绝对坐标)
U　100.000　X　100.000
W　10.000　Z　10.000
(机械坐标)　(余移动量)
X　100.000　X　0.000
Z　10.000　Z　0.000
S 0000　T0000
自动方式

图5-28　综合位置

现在位置　O0501　N　0168
(相对坐标)　(绝对坐标)
U　100.000　X　100.000
W　10.000　Z　10.000
O0501
T0101
N100 M03 S800
N102 G99 G00 X38. Z3.
N104 G71 U2. R0.5
N106 G71 P108 Q124 U0.5 W0 F0.2
S 0000　T0000
自动方式

图5-29　程序加工位置

注意：

1）开机后，只要机床运动，其运动位置即可由相对位置显示出来，并可随时清零。

2）相对位置清零：按U或W键，此时所按键的地址闪烁，然后按取消CAN键，闪烁地址的相对位置被复位成0。

（2）加工时间、零件数显示　在位置显示画面上，可以显示出加工时间和加工的零件数，如图5-30所示。其显示的含义如下：

编程速率：程序中由F代码制定的速率。

实际速率：实际加工中，经倍率转换后的实际加工速率。

进给倍率：由进给倍率开关选择的倍率。

G功能码：当前正在执行程序段中的G代码01组和03组的值。

加工件数：当程序执行到M30时，+1；开机后，清零。

切削时间：当自动运转启动后开始计时，单位依次为h、min、s。开机后，清零。

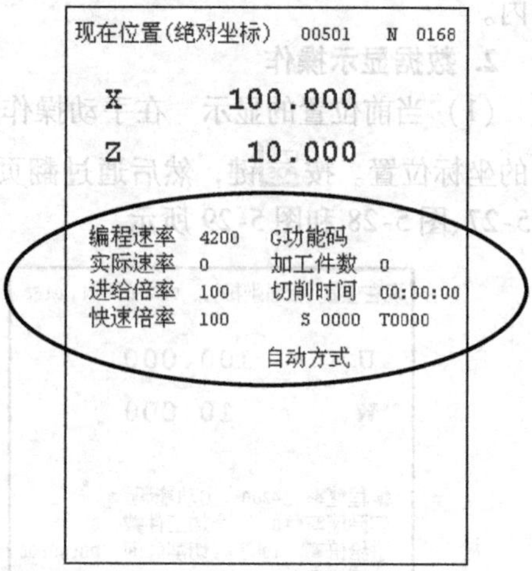
现在位置(绝对坐标)　00501　N 0168
X　100.000
Z　10.000
编程速率　4200　G功能码
实际速率　0　加工件数　0
进给倍率　100　切削时间　00:00:00
快速倍率　100　S 0000　T0000
自动方式

图5-30　加工参数显示

八、自动加工

1. 相关操作步骤

所有工作都准备好之后，要进行零件的自动加工。

1）单击操作面板上的自动方式按钮，转换到自动加工模式，此时液晶屏幕右下角显示“自动方式”。

2）单击操作面板上的循环启动按钮，程序开始执行，机床就开始自动加工了，加工完毕就会出现如图5-31所示的结果。

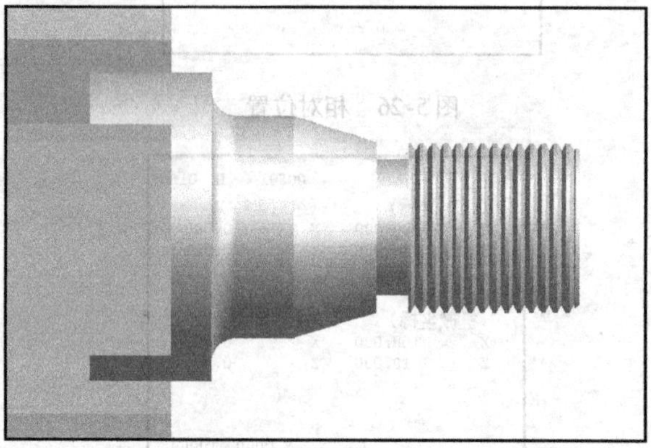

图5-31　加工结果

2. 其他相关操作

（1）单段运行方式　为了防止程序输入错误和参数的不合理性，以确保安全，一般首件加工时采用单段加工方式。

1）单击操作面板上的自动运行按钮，转换到自动加工模式。

2）单击操作面板上的单段按钮，位于面板上部的单段指示灯亮，系统以单段程序方式执行。

3）单击操作面板上的循环启动按钮，程序开始执行。

4）执行一行程序后，需再单击一次按钮，直至程序结束。

（2）加工中的几项操作

1）数控程序在运行时，按暂停键，程序暂停执行；再单击键，程序从暂停位置开始执行。

2）主轴倍率

增加：按一次增加键，主轴倍率从当前倍率增加一挡。

50%→60%→70%→80%→90%→100%→110%→120%

减少：按一次减少键，主轴倍率从当前倍率递减一挡。

120%→110%→100%→90%→80%→70%→60%→50%

3）快速进给倍率

增加：按一次增加键，快速进给倍率从当前倍率增加一挡。

0%→25%→50%→75%→100%

减少：按一次减少键，快速进给倍率从当前倍率递减一挡。

100%→75%→50%→25%→0%

4）进给速度倍率

增加：按一次增加键，进给倍率从当前倍率增加一挡。

0%→10%→20%→30%→40%→50%……→150%

减少：按一次减少键，进给倍率从当前倍率递减一挡。

150%→140%→130%→120%→110%……→0%

提示：

相应倍率变化在显示屏上显示出来。

成绩评分标准（见表5-1）

表5-1　成绩评分标准

序　号	考核内容	分　值	得　分
1	机床正确回零	5分	
2	合理使用机床手动方式	5分	
3	正确使用机床手轮操作	5分	
4	选择合适的毛坯	5分	
5	合理选择刀具	5分	
6	正确输入程序及编辑程序	20分	
7	X向对刀正确	10分	
8	Z向对刀正确	10分	
9	正确输入刀补参数	10分	
10	正确使用轨迹模拟	5分	
11	使用自动加工技巧	10分	
12	应用软件操作的熟练程度	10分	
备注		合计得分	
		教师签名	
			年　月　日

附：GSK-980T数控车床常用G代码格式

代码	组别	意义	格　式
G00	01	快速点定位	G00　X（U）_　Z_　（W） X、Z：快速定位终点在工件坐标系中的坐标
G01	01	直线插补	G01　X（U）_　Z（W）_　F_ X、Z：终点在工件坐标系中的坐标 F：合成进给速度
G02	01	顺时针圆弧插补	G02　X_　Z_　R_　F_ X、Z：圆弧终点在工件坐标系中的坐标 R：圆弧半径 F：两个轴的合成进给速度
G03	01	逆时针圆弧插补	G03　X_　Z_　R_　F_ X、Z：圆弧终点在工件坐标系中的坐标 R：圆弧半径 F：两个轴的合成进给速度
G04	00	暂停	G04　P_；（单位：0.001s） G04　X_；（单位：s）
G32	01	切螺纹	G32　X（U）_　Z（W）_　F_（米制螺纹） X、Z：螺纹有效终点坐标 F：螺纹导程
G50	00	坐标系设定	G50　X（x）　Z（z）
G70	00	精加工循环	G70　P（ns）　Q（nf）
G71	00	外圆粗车循环	G71　U（ΔD）　R（E） G71　P（NS）　Q（NF）　U（ΔU）　W（ΔW）　F（F）　S（S）　T（T） ΔD：每次背吃刀量（半径值） E：每次退刀量 NS：精加工路径第一程序段的顺序号 NF：精加工路径最后程序段的顺序号 ΔU：X方向精加工余量 ΔW：Z方向精加工余量 F：粗加工时合成进给速度
G72	00	端面粗车循环	G72　W（ΔD）　R（E） G72　P（NS）　Q（NF）　U（ΔU）　W（ΔW）　F（F）　S（S）　T（T） ΔD：每次背吃刀量 E：每次退刀量 NS：精加工路径第一程序段的顺序号 NF：精加工路径最后程序段的顺序号 ΔU：X方向精加工余量 ΔW：Z方向精加工余量 F：粗加工时合成进给速度

（续）

代码	组别	意义	格　式
G73	00	封闭切削循环	G73　U（ΔI）　W（ΔK）　R（D） G73　P（NS）　Q（NF）　U（ΔU）　W（ΔW）　F（F）　S（S）　T（T） ΔI：X 轴向毛坯切除余量（半径值） ΔK：Z 轴向毛坯切除余量 D：粗加工次数 NS：精加工路径第一程序段的顺序号 NF：精加工路径最后程序段的顺序号 ΔU：X 方向精加工余量 ΔW：Z 方向精加工余量 F：粗加工时合成进给速度
G76		复合型螺纹切削循环	G76　P（m）（r）（a）　Q（Δdmin）　R（d） G76　X（U）　Z（W）　R（i）　P（k）　Q（Δd）　F（L） m：最终精加工重复次数 r：螺纹尾退长度 a：刀尖的角度，可选择 80、60、55、30、29、0 六个种类 Δdmin：最小背吃刀量 d：精加工余量 U、W：螺纹有效终点坐标 i：螺纹的半径差 k：螺牙的高度 Δd：第一次的切削的背吃刀量 L：螺纹导程
G90	01	外圆、内圆车削循环	G90　X（U）_　Z（W）_　R_　F_ X、Z：终点在工件坐标系中的坐标 R：切削起点与切削终点的半径差 F：合成进给速度
G92		螺纹切削循环	G92　X（U）_　Z（W）_　F_（米制螺纹） X、Z：螺纹有效终点坐标 F：螺纹导程
G94		端面车削循环	G94　X（U）_　Z（W）_　F_ X、Z：终点在工件坐标系中的坐标 F：合成进给速度
G98	03	每分进给	G98
G99		每转进给	G99

模块六　数控铣床（FANUC 0i）仿真操作

项目目的

此模块是通过在数控仿真加工系统（FANUC 0i）铣床上的一个加工实例，使用户掌握数控加工仿真系统（FANUC 0i）铣床和加工中心的基本操作方法及加工的基本步骤。

项目内容

如图6-1所示的零件，材料为45钢，毛坯为45mm×50mm×25mm，其中的六个面已经粗加工。要求分析工艺过程与工艺路线，编写加工程序，并完成仿真加工。

相关知识点析

1. 确定工件坐标系

工件坐标系的建立保证了刀具在机床上的正确运动。选择工件坐标系原点的常用方法有：Z方向的原点一般选取在工件的上表面。XY平面原点的选择，有两种情况：当工件对称时，一般以对称中心作为XY平面的原点；当工件不对称时，一般选工件其中的一个角作为工件原点。针对本实例，把工件坐标系原点定在工件上表面的中心处，如图6-2所示。

图6-1　零件实例

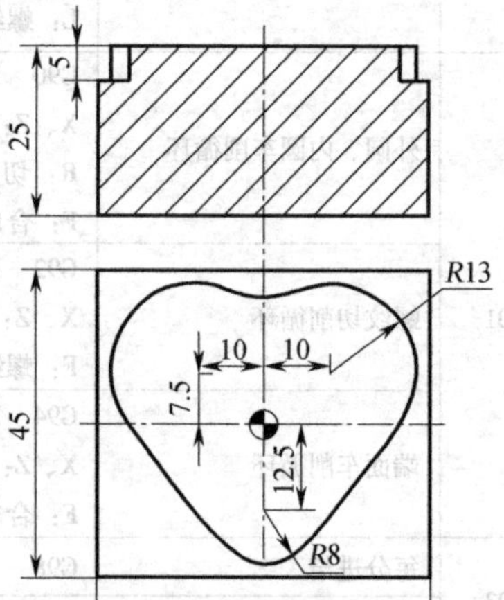

5
25
R13
10
10
7.5
45
12.5
R8
50

图6-2　零件尺寸图

2. 加工方案

毛坯的各面已经粗加工，可以作为加工的基准面。根据毛坯的形状为规则长方体，选择平口钳作为装夹工具并固定在工作台上。

加工时采用粗加工和精加工两道工序，精加工时的径向切削余量为0.5mm。编程时只用一个程序，只不过在粗加工时设刀具半径补偿值比实际刀具半径值大0.5mm。精加工时再将半径值改为实际值。

加工中采用顺铣的加工方法，采用 ϕ20mm 的立铣刀，粗加工时主轴转速为 800r/min，进给速度为 300mm/min；精加工时主轴转速为 1000r/min，进给速度为 100mm/min。

操作准备

本实例采用 G54 定位坐标系，工件坐标系原点设在毛坯上表面中心处，计算出多个基点的坐标，编制加工程序。

参考程序如下：

```
O601;
N100  G21  G17  G40  G49  G80  G90;
N110  T01  M06;
N120  G54  G00  X0  Y0  Z100.;
N130  G00  X5.  Y-45.  Z30.;
N140  S800  M03  M08;
N150  G01  Z-5.  F120.;
N160  G41  Y-20.5  F300.  D01;
N165  X0;
N170  G02  X-6.174  Y-17.587  R8.;
N180  G01  X-20.033  Y-0.767;
N190  G02  X-4.8  Y19.415  R13.;
N200  G03  X4.8  Y19.415  R12.;
N210  G02  X20.033  Y-0.767  R13.;
N220  G01  X6.174  Y-17.587;
N230  G02  X0  Y-20.5  R8.;
N240  G01  X-5.;
N250  G40  Y-45.;
N260  G0  Z30.;
N270  M05  M09;
N280  X0  Y0.;
N290  M30;
```

将此程序先在记事本中输入并保存，将其命名为 601. txt，以便加工操作时调用程序。

> **说明：**
> 本书着重介绍机床的操作，具体程序的编制、基点的计算等请参考其他教材。

操作步骤

仿真操作的加工步骤为：选择机床、机床回零、安装工件、输入程序、轨迹检查、对刀、参数设置、自动加工。

一、选择机床

1. 相关操作步骤

打开菜单“机床/选择机床…”或者单击图标，弹出“选择机床”对话框，如图6-3。在其中选择控制系统为FANUC 0i系统的数控铣床，按“确定”按钮，此时界面如图6-4所示。

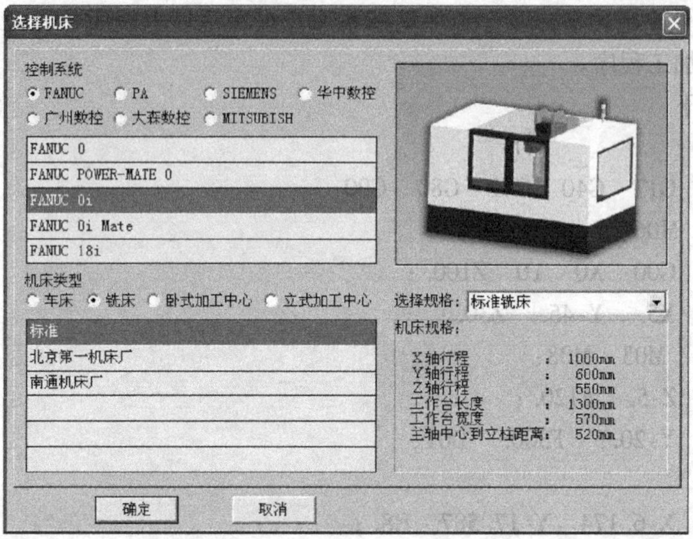
选择机床
控制系统
FANUC
PA
SIEMENS
华中数控
广州数控
大森数控
MITSUBISH
FANUC 0
FANUC POWER-MATE 0
FANUC 0i
FANUC 0i Mate
FANUC 18i
机床类型
车床
铣床
卧式加工中心
立式加工中心
选择规格：
标准铣床
标准
北京第一机床厂
南通机床厂
机床规格：
X轴行程 : 1000mm
Y轴行程 : 600mm
Z轴行程 : 550mm
工作台长度 : 1300mm
工作台宽度 : 570mm
主轴中心到立柱距离: 520mm
确定
取消

图6-3 “选择机床”对话框

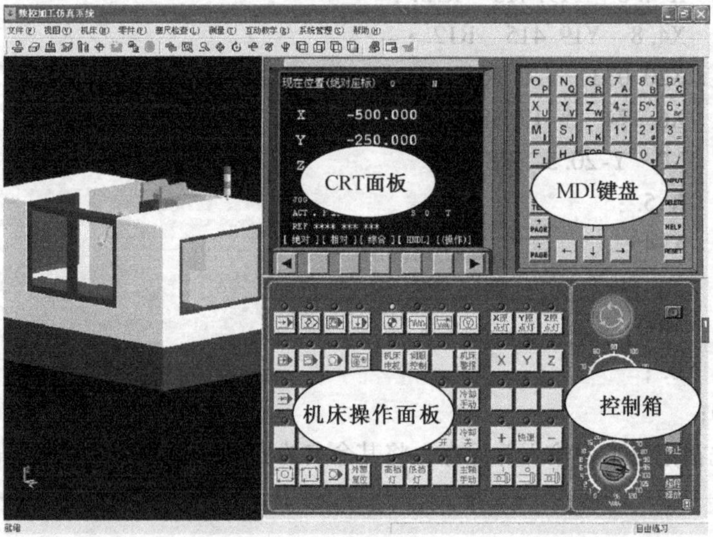
CRT面板
MDI键盘
机床操作面板
控制箱

图6-4 铣床仿真界面

2. 控制面板

FANUC-0i系统的控制面板如图6-4所示，主要由CRT面板、MDI键盘、机床操作面板和控制箱四个部分构成。

（1）CRT面板 CRT面板主要用于菜单、系统状态、故障报警的显示和加工轨迹的图形仿真。根据数控系统所处的状态和操作命令的不同，显示的信息也不同。

（2）MDI 键盘　MDI 键盘主要用于程序的编辑和界面的选择，如图 6-5 所示。

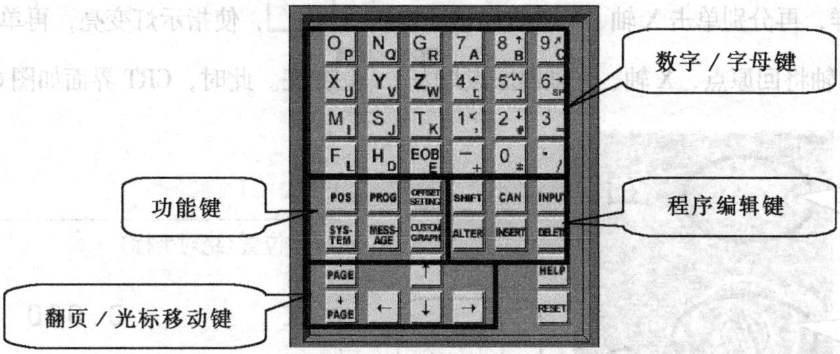
数字／字母键
功能键
程序编辑键
翻页／光标移动键
POS
PROG
SHIFT
CAN
INPUT
ALTER
INSERT
DELETE
HELP
RESET
PAGE

图 6-5　MDI 键盘

（3）机床操作面板　机床操作面板（MCP，Machine Control Panel）用于直接控制机床的动作和加工过程，如手动、编辑、自动、MDI 等各种模式状态，如图 6-6 所示。

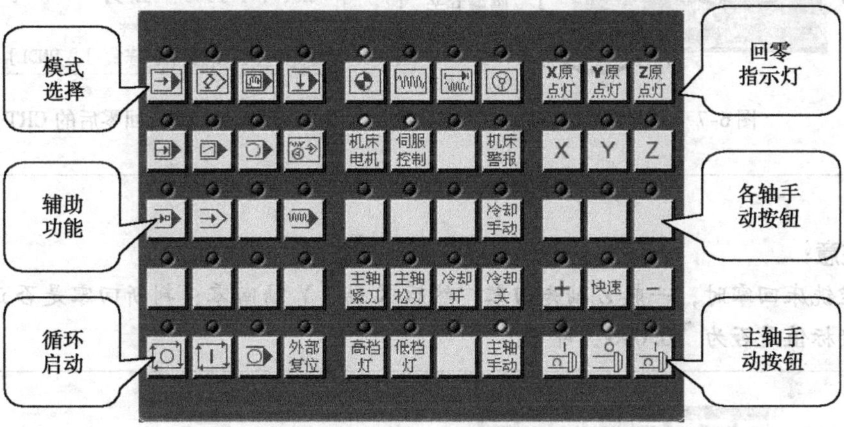
模式选择
回零指示灯
辅助功能
各轴手动按钮
循环启动
主轴手动按钮
X原点灯
Y原点灯
Z原点灯
机床电机
伺服控制
机床警报
X
Y
Z
冷却手动
主轴紧刀
主轴松刀
冷却开
冷却关
+
快速
−
外部复位
高档灯
低档灯
主轴手动

图 6-6　机床操作面板

（4）控制箱　控制箱主要有急停按钮、系统电源开关、超程解除、进给调节旋钮、主轴调速旋钮、手轮等，如图 6-7 所示。

二、机床回零

1. 相关操作步骤

机床在开机后通常需要先回参考点，在数控操作中通常称为“回零”。

1）单击启动按钮，此时机床电机按钮和伺服控制按钮的指示灯变亮。

2）检查急停按钮是否处于松开状态，若未松开，单击急停按钮将其松开。

3）单击回零模式按钮转入回参考点模式。

4）X 轴、Y 轴、Z 轴回零。

① 在回原点模式下，先将 Z 轴回原点。单击操作面板上的按钮 Z，使 Z 轴方向移动指示灯变亮；单击 + 按钮，此时 Z 轴将回原点，Z 轴回原点灯变亮，CRT 上的 Z 坐标变

为“0.000”。

② 同样，再分别单击 X 轴、Y 轴方向移动按钮X、Y，使指示灯变亮，再单击+按钮，则 X 轴、Y 轴将回原点，X 轴、Y 轴回原点灯、变亮。此时，CRT 界面如图 6-8 所示。

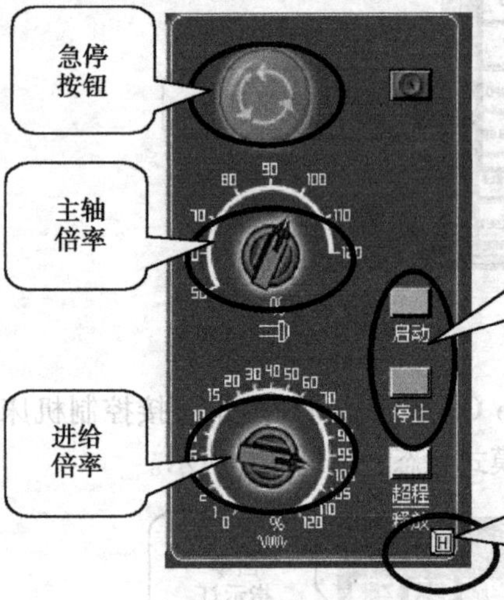
急停
按钮
主轴
倍率
进给
倍率
系统
电源开关
启动
停止
超程
手轮
隐藏开关

图 6-7　控制箱

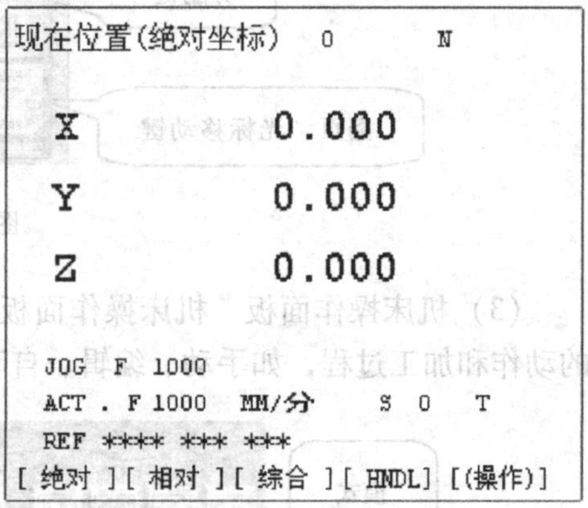
现在位置(绝对坐标)　0　N
X　0.000
Y　0.000
Z　0.000
JOG　F　1000
ACT . F 1000　MM/分　S 0　T
REF **** *** ***
[绝对][相对][综合][HNDL] [(操作)]

图 6-8　铣床回零后的 CRT 界面

注意：

数控铣床回零时，一般 Z 轴先回零，然后 X 轴、Y 轴回零；判断回零是否正确，观察机械坐标值是否为“0.000”即可。

2. 工作模式

（1）自动运行模式　所有工作都准备好之后，要进行零件的加工，就需要选择到自动加工模式。

（2）程序编辑模式　数控程序是加工中不可缺少的必要内容，在程序编辑模式下可以对程序进行操作。

（3）MDI 模式　MDI 模式又称为手动数据录入模式，在此状态下，可以输入单一的命令或几段命令后，立即按下循环启动按钮使机床动作，以满足工作需要。

（4）回零模式　在回零模式下，可以对机床进行回参考点操作。

（5）手动模式　在加工之前需要移动工作台或者试切削时，通常使用手动模式。手动操作方法如下：

1）单击操作面板上的手动按钮使其指示灯亮，机床进入手动加工模式。

2）分别单击X、Y、Z按钮，选择移动的坐标轴。

3）分别单击+、-键，控制机床的移动方向。

4）在手动模式下，分别单击、、按钮，控制主轴的正转、停止和反转。

（6）手轮模式　在手动模式或在对刀时，可使用手轮模式来精确调节机床移动量。使用手轮的方法如下：

1）单击操作面板上的手动脉冲按钮或，使指示灯变亮。

2）单击手轮隐藏按钮显示手轮，如图6-9所示。

3）使鼠标对准轴选择旋钮，单击左键或右键，选择坐标轴；使鼠标对准手轮进给速度旋钮，单击左键或右键，选择合适的脉冲当量。

4）鼠标对准手轮，单击左键或右键，精确控制机床的移动。

5）单击按钮可隐藏手轮。

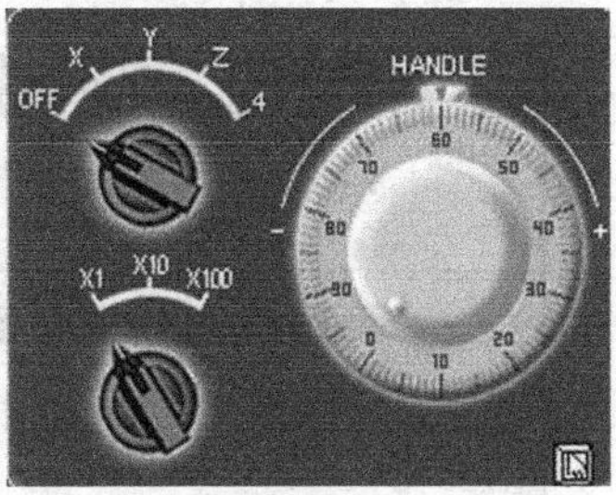
X
Y
Z
OFF
4
HANDLE
X1
X10
X100
图6-9　手轮

提示：

“旋钮”的旋向通过鼠标的左、右键来控制，单击左键，“旋钮”左旋；单击右键，“旋钮”右旋。“手轮”左旋为负方向，右旋为正方向。

三、安装工件

1）打开菜单“零件/定义毛坯”或在工具栏上单击按钮，在定义毛坯对话框（见图6-10）中将零件尺寸改为高25mm、长50mm、宽45mm，名字命名为“心”，并单击“确定”按钮。

2）打开菜单“零件/安装夹具”或者在工具栏上选择图标，弹出“选择夹具”对话框，如图6-11所示。在“选择零件”列表框中选择毛坯“心”，在“选择夹具”列表框中选

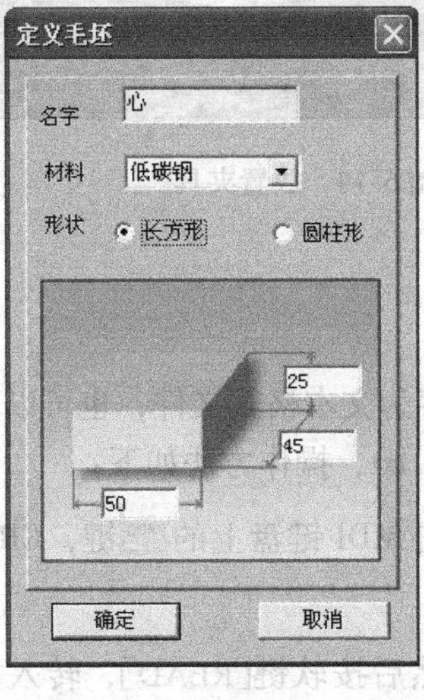
定义毛坯
名字
心
材料
低碳钢
形状
长方形
圆柱形
25
45
50
确定
取消
图6-10　“定义毛坯”对话框

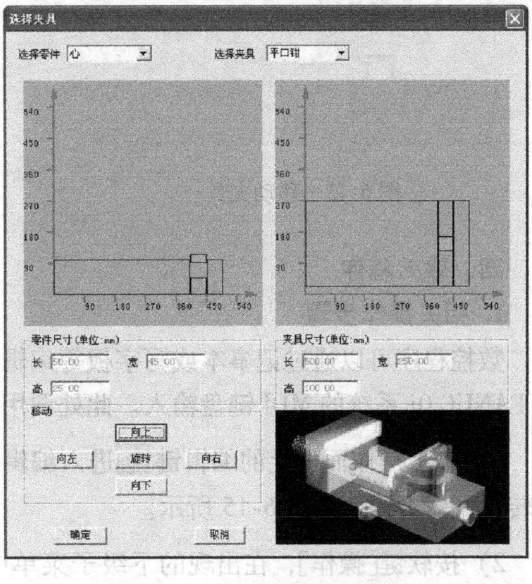
选择夹具
选择零件
心
选择夹具
平口钳
零件尺寸(单位:mm)
长
宽
高
夹具尺寸(单位:mm)
移动
向上
向左
旋转
向右
向下
确定
取消
图6-11　“选择夹具”对话框

择“平口钳”，按“移动”内的按钮调整毛坯在夹具上的位置。

3）打开菜单“零件/放置零件”或者在工具栏上选择图标，打开“选择零件”对话框，如图6-12所示。选取名称为“心”的零件，按下“确定”按钮，同时界面上出现一个小键盘（见图6-13），通过按动小键盘上的方向按钮，可以移动零件在工作台上的位置；退出该面板，零件和夹具已经被放到机床工作台上，如图6-14所示。

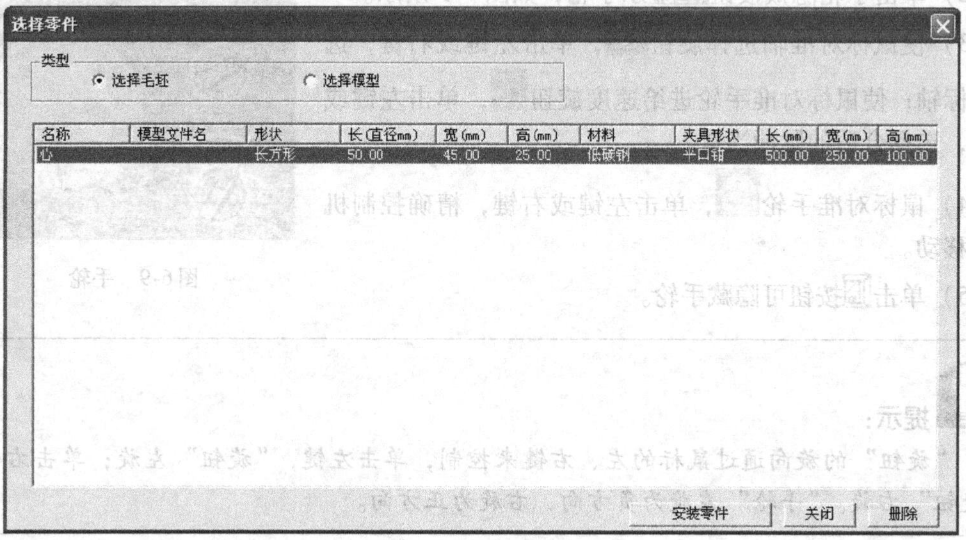
选择零件
类型
选择毛坯
选择模型
名称 模型文件名 形状 长(直径mm) 宽(mm) 高(mm) 材料 夹具形状 长(mm) 宽(mm) 高(mm)
心 长方形 50.00 45.00 25.00 低碳钢 平口钳 500.00 250.00 100.00
安装零件
关闭
删除

图6-12 “选择零件”对话框

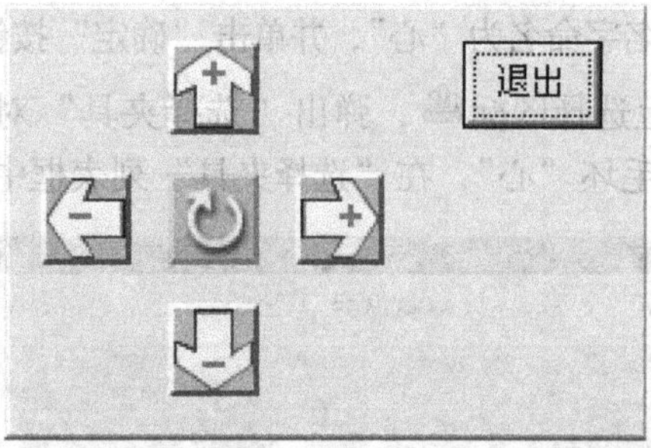
退出

图6-13 移动夹具

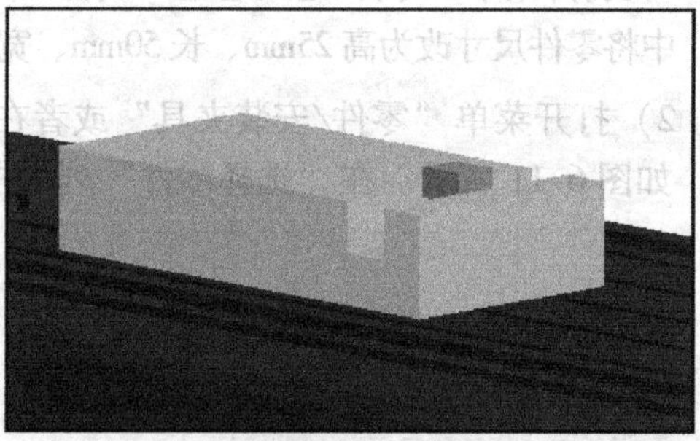

图6-14 放置夹具

四、输入程序

1. 相关操作步骤

数控程序可以通过记事本或写字板等编辑软件输入并保存为文本格式文件，也可以直接用FANUC 0i系统的MDI键盘输入。此处调用保存的文件601. txt，操作方法如下：

1）单击操作面板上的编辑键进入编辑状态，然后单击MDI键盘上的PROG键，CRT界面转入编辑页面，如图6-15所示。

2）按软键[操作]，在出现的下级子菜单中按软键▶，然后按软键[READ]，转入如图6-16所示界面。

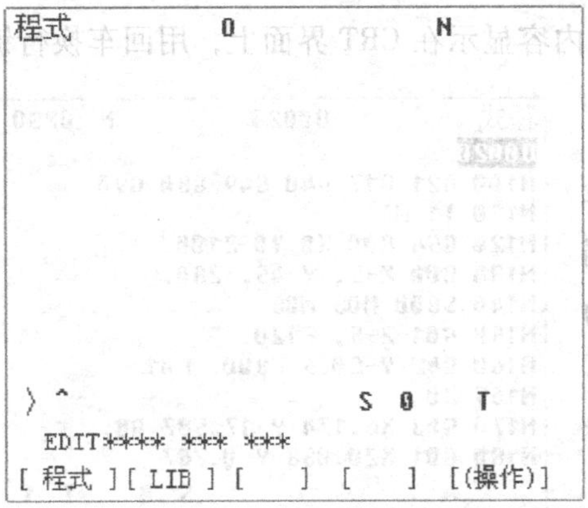
程式　O　N
〉^　S 0　T
EDIT**** *** ***
[程式][LIB][　][　][(操作)]

图 6-15　程序编辑界面

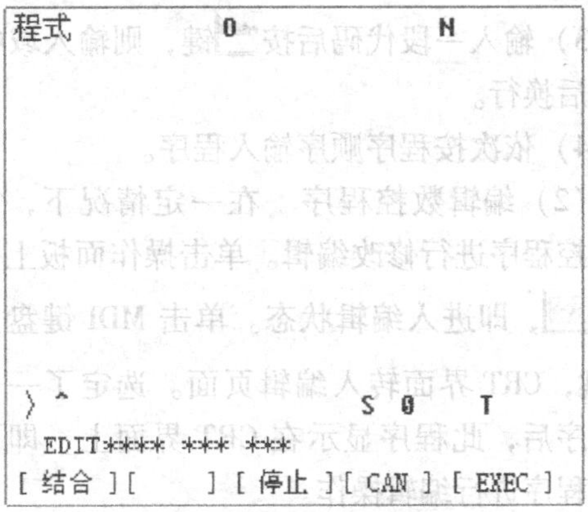
程式　O　N
〉^　S 0　T
EDIT**** *** ***
[结合][　][停止][CAN][EXEC]

图 6-16　传输程序操作

3）单击 MDI 键盘上的数字/字母键，输入“O0020”，按软键[EXEC]，此时 CRT 界面如图6-17所示。

4）选择菜单“机床/DNC 传送”或单击图标，在弹出的对话框中选择所需的 NC 程序，如图 6-18 所示。按“打开”键确认，则数控程序被导入并显示在 CRT 界面上，如图6-19所示。

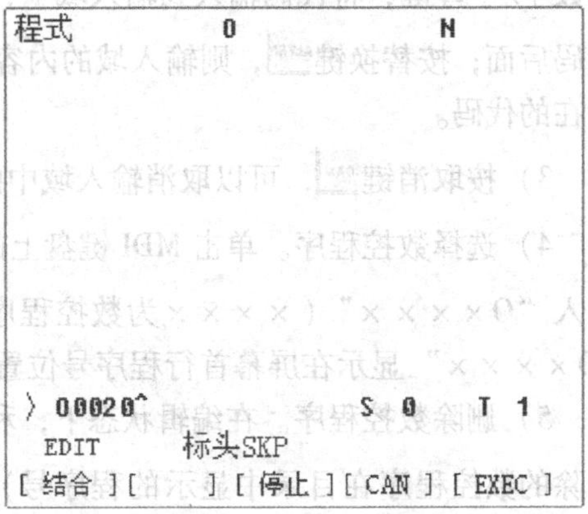
程式　O　N
〉O0020^　S 0　T 1
EDIT　标头SKP
[结合][　][停止][CAN][EXEC]

图 6-17　输入程序名

2. 程序处理

（1）新建数控程序　数控程序可以导入，也可以用键盘输入，操作方法如下：

1）单击操作面板上的编辑键进入编辑状态；单击 MDI 键盘上的PROG键，CRT 界面转入编辑页面。

2）利用 MDI 键盘输入“O××××”（××××为程序号，但不可以与已有程序号重复），按INSERT键，CRT 界面上显示一个空程序，按回车换行键EOB结束一行的输入。

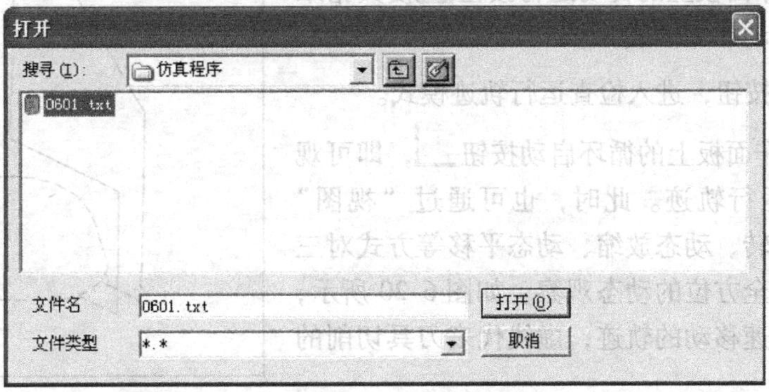
打开
搜寻(I)：
仿真程序
0601.txt
文件名
0601.txt
打开(O)
文件类型
.
取消

图 6-18　选择传输程序

3）输入一段代码后按INSERT键，则输入域中的内容显示在CRT界面上，用回车换行键EOB E输入后换行。

4）依次按程序顺序输入程序。

（2）编辑数控程序　在一定情况下，需要对数控程序进行修改编辑。单击操作面板上的编辑键，即进入编辑状态。单击MDI键盘上的PROG键，CRT界面转入编辑页面。选定了一个数控程序后，此程序显示在CRT界面上，即可对数控程序进行编辑操作。

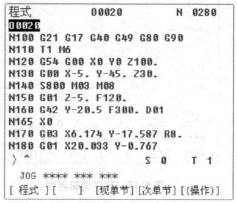

```
程式          O0020          N  0280
O0020
N100 G21 G17 G40 G49 G80 G90
N110 T1 M6
N120 G54 G00 X0 Y0 Z100.
N130 G00 X-5. Y-45. Z30.
N140 S800 M03 M08
N150 G01 Z-5. F120.
N160 G42 Y-20.5 F300. D01
N165 X0
N170 G03 X6.174 Y-17.587 R8.
N180 G01 X20.033 Y-0.767
> ^                    S 0    T 1
 JOG **** *** ***
[ 程式 ][    ] [现单节][次单节][(操作)]
```

图6-19　程序显示

1）按PAGE↑和PAGE↓键用于翻页，按方位键↑、↓、←、→移动光标。

2）将光标移到所需位置，单击MDI键盘上的数字/字母键，将代码输入到输入域中，按插入键INSERT，则把输入域的内容插入到光标所在代码后面；按替换键ALTER，则输入域的内容替代光标所在的代码；按删除键DELETE，则删除光标所在的代码。

3）按取消键CAN，可以取消输入域中的数据。

4）选择数控程序。单击MDI键盘上的PROG键，CRT界面转入编辑页面。利用MDI键盘输入“O××××”（××××为数控程序目录中显示的程序号），按↓键开始搜索，最后“O××××”显示在屏幕首行程序号位置，NC程序显示在屏幕上。

5）删除数控程序。在编辑状态下，利用MDI键盘输入“O××××”（××××为要删除的数控程序在目录中显示的程序号），按DELETE键，程序即被删除。输入“O-9999”，按DELETE键，则全部数控程序即被删除。

五、轨迹检查

数控程序输入后，可以检查运行轨迹是否正确。

1）单击操作面板上的自动运行按钮使其指示灯变亮，转入自动加工模式。

2）单击CUSTOM GRAPH按钮，进入检查运行轨迹模式。

3）单击操作面板上的循环启动按钮，即可观察数控程序的运行轨迹。此时，也可通过“视图”菜单中的动态旋转、动态放缩、动态平移等方式对三维运行轨迹进行全方位的动态观察。如图6-20所示，实线代表刀具快速移动的轨迹，虚线代表刀具切削的轨迹。

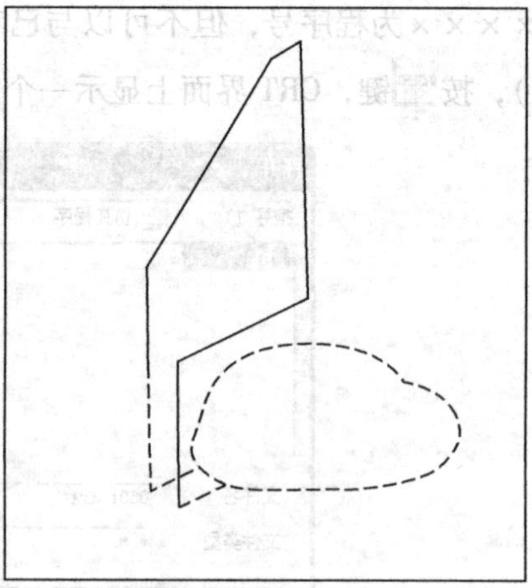

图6-20　仿真轨迹

4）再单击CUSTOM GRAPH按钮，退出轨迹模式。

六、对刀

1. 相关操作步骤

数控程序一般按工件坐标系编程，对刀的过程就是建立工件坐标系与机床坐标系之间关系的过程。数控铣床有三个轴，因此对刀也就分 X、Y、Z 三个方向对刀。下面将工件上表面中心点设为工件坐标系原点来介绍对刀的过程。

（1）X、Y 向对刀　铣床及加工中心在 X、Y 方向对刀时使用的基准工具包括刚性靠棒和寻边器两种，这里以常用的刚性靠棒为基准工具来介绍对刀方法及过程。

1）选择菜单“机床/基准工具…”或者在工具栏上选择图标，在弹出的“基准工具”对话框（见图 6-21）中，左边的是刚性靠棒基准工具，右边的是寻边器。这里，选择刚性靠棒，按“确定”按钮。

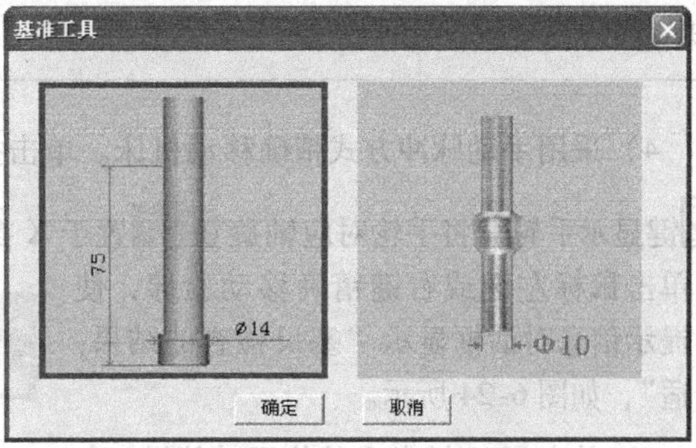

基准工具
75
Ø14
Φ10
确定
取消

图 6-21　“基准工具”对话框

注意：

刚性靠棒的直径为 ϕ14mm。

2）单击操作面板中的手动按钮进入“手动”方式；将机床移动到大致位置，单击 MDI 键盘上的 POS 键，使 CRT 界面上显示坐标值；借助“视图”菜单中的动态旋转、动态放缩、动态平移等工具，适当单击 X、Y、Z 按钮和 +、- 按钮，将机床移动到如图 6-22 所示的大致位置。

3）选择菜单“塞尺检查/1mm”，则基准工具和零件之间被插入塞尺。在机床下方显示局部放大图，紧贴零件的红色物件为塞尺，如图 6-23 所示。

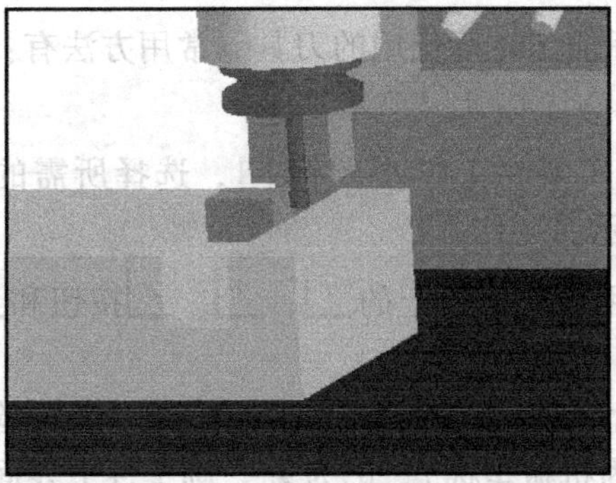
图 6-22　对刀过程

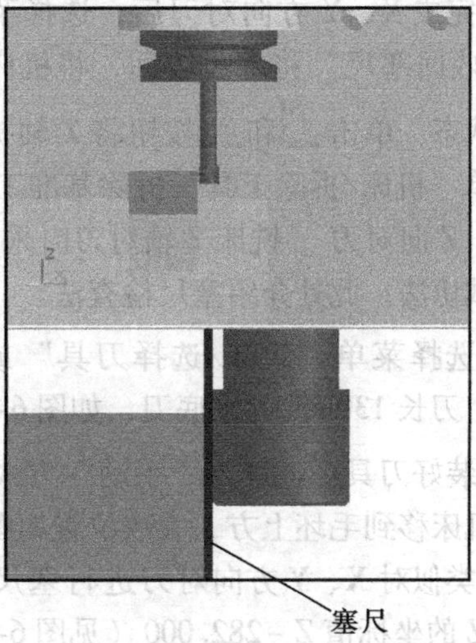

塞尺

图 6-23　塞尺检查

提示：

刚性靠棒采用检查塞尺松紧的方式对刀。塞尺有各种不同尺寸，可以根据需要调用。本系统提供的塞尺尺寸有 0.05mm、0.1mm、0.2mm、1mm、2mm、3mm、100mm（量块）。

4）采用手动脉冲方式精确移动机床。单击操作面板上的手动脉冲按钮或，单击键显示手轮，将手轮对应轴旋钮置于 X 挡，调节手轮进给速度旋钮，在手轮上单击鼠标左键或右键精确移动验棒，使得提示信息对话框显示“塞尺检查的结果：合适”，如图 6-24 所示。

提示信息
塞尺检查的结果：合适

图 6-24　检查结果提示

5）单击 MDI 键盘上的位置功能键，按软键[综合]，则 CRT 界面如图 6-25 所示。此时，X 的坐标值显示为：−467.000，此数值为基准工具中心的 X 坐标值，记为 X_1。

将定义毛坯数据时设定的零件长度记为 X_2；将塞尺厚度记为 X_3；将基准工件直径记为 X_4。则工件上表面中心 X 的坐标为：基准工具中心的坐标（X_1）减去零件长度的一半（$X_2/2$）减去塞尺厚度（X_3）减去基准工具半径（$X_4/2$），即

$X = X_1 - X_2/2 - X_3 - X_4/2 = -467.000 - 25.000 - 1.000 - 7.000 = -500.000$

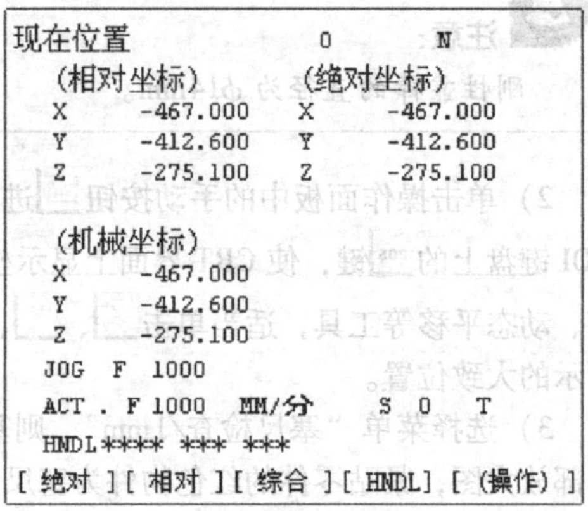
现在位置　O　N
(相对坐标)　(绝对坐标)
X　-467.000　X　-467.000
Y　-412.600　Y　-412.600
Z　-275.100　Z　-275.100
(机械坐标)
X　-467.000
Y　-412.600
Z　-275.100
JOG　F　1000
ACT . F 1000　MM/分　S　0　T
HNDL**** *** ***
[绝对][相对][综合][HNDL] [(操作)]

图 6-25　X 坐标值

6）同样的方法得到工件中心 Y 的坐标值，Y = −415.000。

7）完成 X、Y 方向对刀后，选择菜单“塞尺检查/收回塞尺”将塞尺收回，将机床转入手动操作状态，单击 Z 和 + 按钮将 Z 轴提起，再选择菜单“机床/拆除工具”拆除基准工具。

（2）Z 向对刀　铣床 Z 轴对刀时采用实际加工时所使用的刀具。常用方法有：塞尺检查法和试切法，此处介绍塞尺检查法。

1）选择菜单“机床/选择刀具”或单击工具栏上的小图标，选择所需的刀具为 ϕ20mm、刀长 130mm 的平底刀，如图 6-26 所示。

2）装好刀具后，进入“手动”方式，利用操作面板上的 X、Y、Z 按钮和 +、− 按钮将机床移到毛坯上方，大致位置如图 6-27 所示。

3）类似对 X、Y 方向对刀进行塞尺检查，使用手轮移动 Z 轴，得到“塞尺检查：合适”时 Z 的坐标值 Z −282.000（见图 6-28，为机械坐标），记为 Z_1。则工件上表面 Z 的坐标值为 Z_1 减去塞尺厚度，即 $Z = -282.000 - 1.000 = -283.000$。

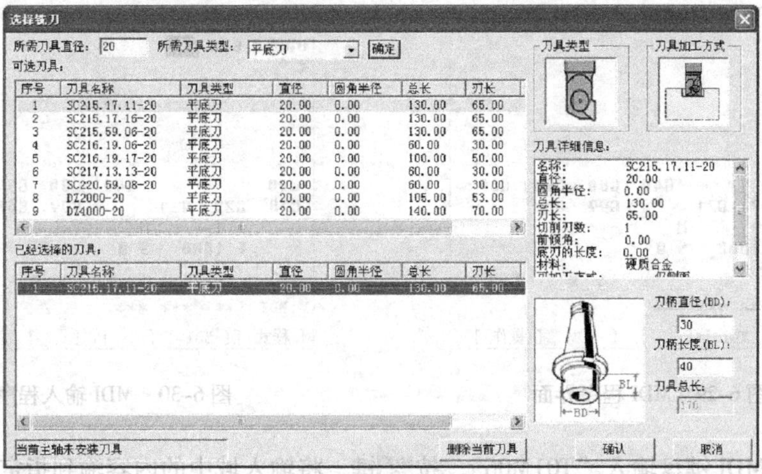
选择铣刀
所需刀具直径：20
所需刀具类型：平底刀
确定
可选刀具：
刀具类型
刀具加工方式
刀具详细信息：
已经选择的刀具：
刀柄直径(BD)：30
刀柄长度(BL)：40
刀具总长：
当前主轴未安装刀具
删除当前刀具
确认
取消

图 6-26　选择铣刀

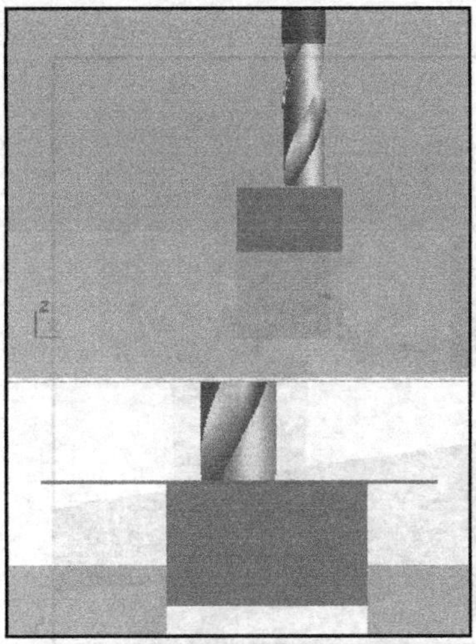

图 6-27　Z 向对刀

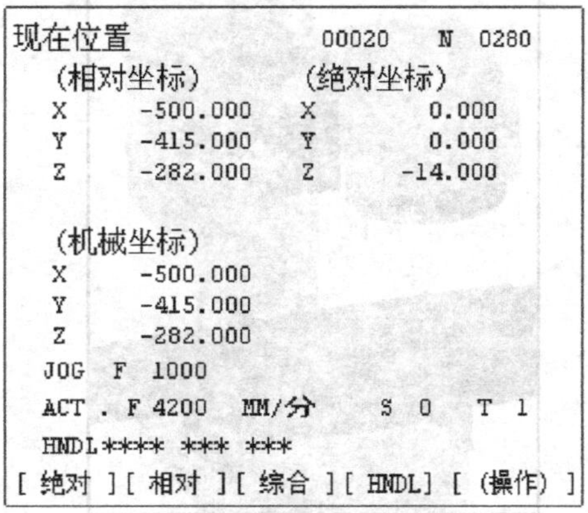
现在位置　O0020　N　0280
（相对坐标）　（绝对坐标）
X　-500.000　X　0.000
Y　-415.000　Y　0.000
Z　-282.000　Z　-14.000
（机械坐标）
X　-500.000
Y　-415.000
Z　-282.000
JOG　F　1000
ACT . F 4200　MM/分　S　0　T　1
HNDL****　***　***
[绝对] [相对] [综合] [HNDL] [(操作)]

图 6-28　Z 向坐标值

通过对刀得到的坐标值（X，Y，Z），即（－500.000，－415.000，－283.000），即为工件坐标系原点在机床坐标系中的坐标值。

2. 其他相关操作

（1）立式加工中心的装刀方法　立式加工中心装刀有两种方法：一是在“选择铣刀”对话框内将刀具添加到主轴；二是用 MDI 指令方式将刀具添加在主轴上。这里介绍使用 MDI 指令方式装刀。

1）单击操作面板上的 MDI 按钮，使系统进入 MDI 运行模式。

2）单击 MDI 键盘上的 PROG 键，CRT 界面如图 6-29 所示。利用 MDI 键盘输入“G28Z0.00”，按 INSERT 键，将输入域中的内容输到指定区域，CRT 界面如图 6-30 所示。

3）使光标返回到程序开始，单击循环启动按钮，主轴回到换刀点，机床如图 6-31 所示。

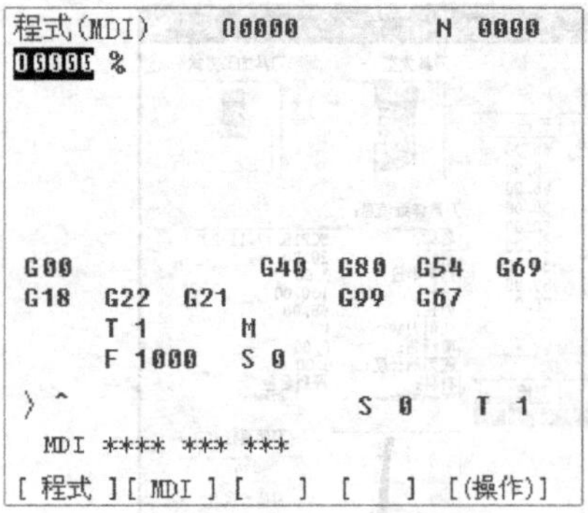
程式(MDI) O0000 N 0000
O0000 %
G00 G40 G80 G54 G69
G18 G22 G21 G99 G67
T 1 M
F 1000 S 0
> ^ S 0 T 1
MDI **** *** ***
[程式][MDI][ ] [ ] [(操作)]

图 6-29　MDI 程序界面

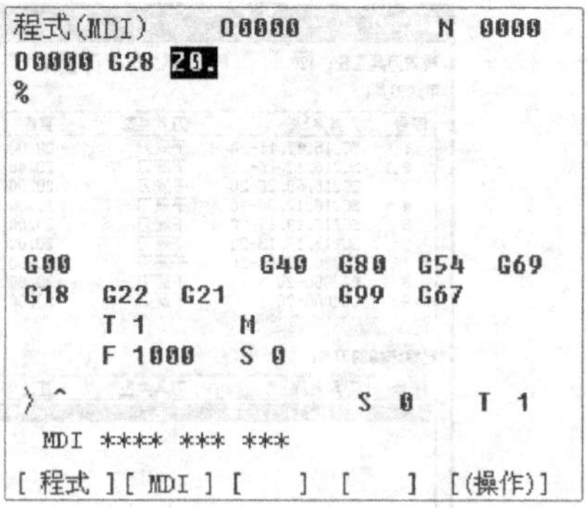
程式(MDI) O0000 N 0000
O0000 G28 Z0.
%
G00 G40 G80 G54 G69
G18 G22 G21 G99 G67
T 1 M
F 1000 S 0
> ^ S 0 T 1
MDI **** *** ***
[程式][MDI][ ] [ ] [(操作)]

图 6-30　MDI 输入程序

4）利用 MDI 键盘输入“T01M06”，按键，将输入域中的内容输到指定区域。

5）使光标返回到程序开始，单击循环启动按钮，一号刀具被装载在主轴上，如图6-32所示。

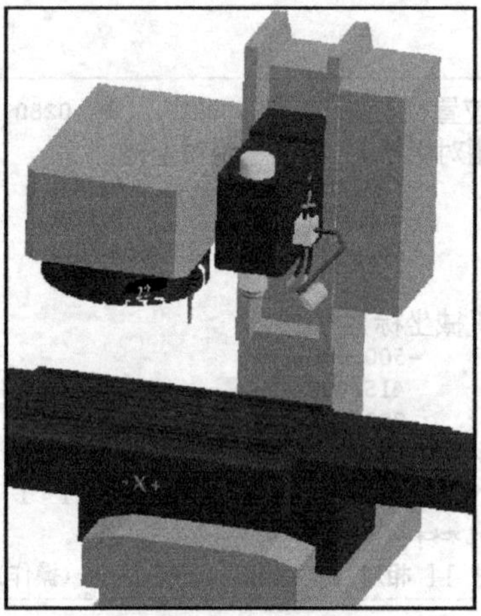

图 6-31　装刀前

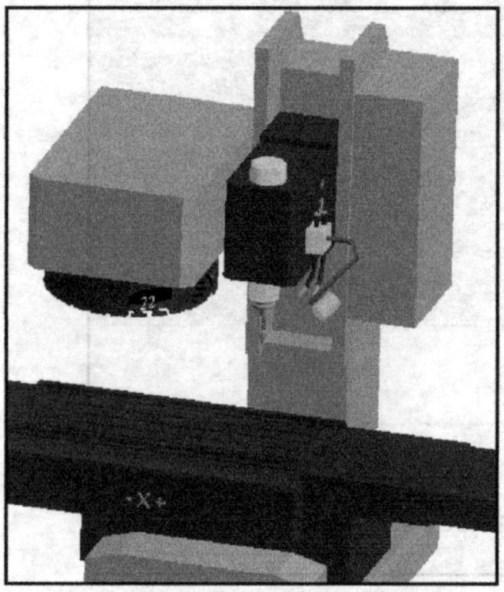

图 6-32　装刀后

（2）Z 向试切法对刀

1）选择菜单“机床/选择刀具”或单击工具栏上的小图标，选择所需刀具。

2）装好刀具后，利用操作面板上的X、Y、Z按钮和+、-按钮，将机床移到大致位置。

3）打开菜单“视图/选项…”中的“声音开”和“铁屑开”选项，如图 6-33 所示。

4）单击操作面板上的按钮使主轴转动；单击操作面板上的Z和-按钮，在切削零件的声音刚响起时停止，这时观察铁屑，使铣刀切削零件一小部分，记下此时 Z 的坐标值，记为 Z，此为工件上表面 Z 的坐标值。

七、参数设置

1. 相关操作步骤

（1）设置工件坐标系（G54）

1）在 MDI 键盘上单击 OFFSET SETTING 键，按软键[坐标系]进入坐标系参数设定界面。

2）输入“01”（01 表示 G54，02 表示 G55，以此类推），按软键[NO 检索]，光标停留在选定的坐标系参数设定区域；或用方位键↑、↓、←、→选择所需的坐标系和坐标轴，如图 6-34 所示。

3）利用 MDI 键盘输入坐标原点在机床坐标系中的坐标值。

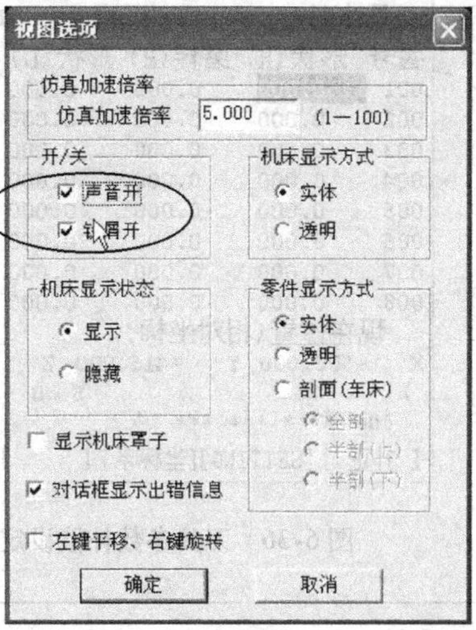

视图选项
仿真加速倍率
仿真加速倍率 5.000 (1—100)
开/关
声音开
铁屑开
机床显示方式
实体
透明
机床显示状态
显示
隐藏
零件显示方式
实体
透明
剖面(车床)
全剖
半剖(上)
半剖(下)
显示机床罩子
对话框显示出错信息
左键平移、右键旋转
确定
取消

图 6-33　“视图选项”对话框

本实例中工件坐标原点在机床坐标系中的坐标值为（-500.000，-415.000，-283.000），则首先将光标移到 G54 坐标系 X 的位置，如图 6-34 所示；在 MDI 键盘上输入“-500.000”，按 INPUT 键，参数 X 输入到指定区域；单击↓键，将光标移到 Y 的位置，输入“-415.000”，按 INPUT 键，参数 Y 输入到指定区域；单击↓键，将光标移到 Z 的位置，输入“-283.000”，按 INPUT 键，参数 Z 输入到指定区域，如图 6-35 所示。

WORK COONDATES 00000 N 0000
(G54)
番号 数据 番号 数据
00 X 0.000 02 X 0.000
(EXT) Y 0.000 (G55) Y 0.000
Z 0.000 Z 0.000
01 X 0.000 03 X 0.000
(G54) Y 0.000 (G56) Y 0.000
Z 0.000 Z 0.000
> ^
MDI **** *** ***
[补正][SETTING][坐标系][ ][(操作)]

图 6-34　选择坐标系

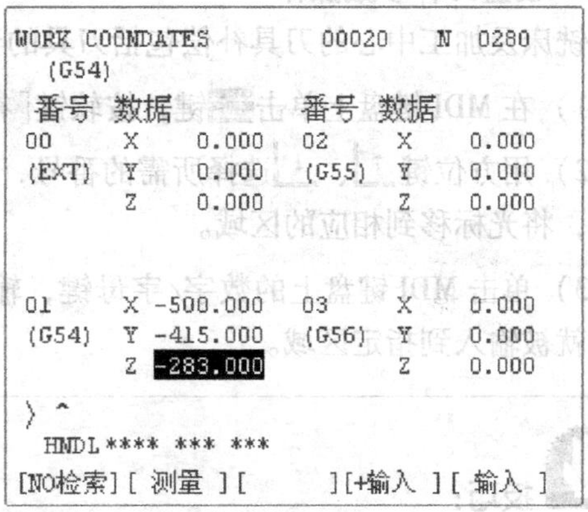

WORK COONDATES 00020 N 0280
(G54)
番号 数据 番号 数据
00 X 0.000 02 X 0.000
(EXT) Y 0.000 (G55) Y 0.000
Z 0.000 Z 0.000
01 X -500.000 03 X 0.000
(G54) Y -415.000 (G56) Y 0.000
Z -283.000 Z 0.000
> ^
HNDL **** *** ***
[NO检索][测量][ ][+输入][输入]

图 6-35　输入坐标原点值

（2）设置刀具补偿参数

1）在 MDI 键盘上单击 OFFSET SETTING 键，按软键[补正]进入刀具参数补偿设定界面，如图 6-36 所示。

2）用方位键↑、↓选择所需的番号 001，并用方位键←、→将光标移到形状（D）区域内。

3）在 MDI 键盘上单击 10.5（粗加工），按 INPUT 键，将刀具半径补偿参数输入到指定区域，如图 6-37 所示。

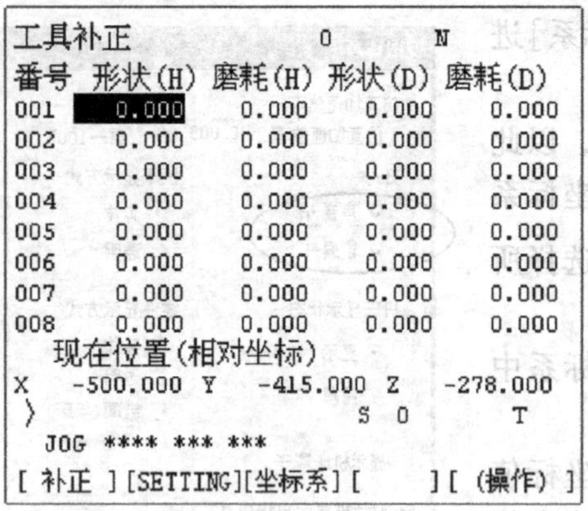
工具补正 0 N
番号 形状(H) 磨耗(H) 形状(D) 磨耗(D)
001 0.000 0.000 0.000 0.000
002 0.000 0.000 0.000 0.000
003 0.000 0.000 0.000 0.000
004 0.000 0.000 0.000 0.000
005 0.000 0.000 0.000 0.000
006 0.000 0.000 0.000 0.000
007 0.000 0.000 0.000 0.000
008 0.000 0.000 0.000 0.000
现在位置(相对坐标)
X -500.000 Y -415.000 Z -278.000
S 0 T
JOG **** *** ***
[补正] [SETTING] [坐标系] [ ] [(操作)]

图 6-36 刀具参数补偿设定界面

工具补正 00020 N 0280
番号 形状(H) 磨耗(H) 形状(D) 磨耗(D)
001 0.000 0.000 10.500 0.000
002 0.000 0.000 0.000 0.000
003 0.000 0.000 0.000 0.000
004 0.000 0.000 0.000 0.000
005 0.000 0.000 0.000 0.000
006 0.000 0.000 0.000 0.000
007 0.000 0.000 0.000 0.000
008 0.000 0.000 0.000 0.000
现在位置(相对坐标)
X -500.000 Y -415.000 Z -282.000
S 0 1
HNDL **** *** ***
[NO检索] [测量] [ ] [+输入] [输入]

图 6-37 刀具半径补偿

说明:

此时输入的刀具半径补偿值为粗加工刀具补偿值，留有 0.5mm 的加工余量；刀具补偿值输入的为半径值。

2. 设置刀补参数操作

铣床及加工中心的刀具补偿包括刀具的半径和长度补偿。

1）在 MDI 键盘上单击 OFFSET SETTING 键，按软键[补正]进入参数补偿设定界面。

2）用方位键 ↑、↓ 选择所需的番号，并用方位键 ←、→ 确定需要设定的补偿是何种补偿，将光标移到相应的区域。

3）单击 MDI 键盘上的数字/字母键，输入相应的补偿参数，按软键[输入]或按 INPUT 键，参数就被输入到指定区域。

技巧:

利用刀具半径补偿功能，可以使用同一个程序完成粗加工和精加工。

注意:

参数输入时，系统默认的单位是 μm。因此在输入如“400.00”时，应输入“400.00”，若输入“400”，则系统默认为“0.4”。

八、自动加工

1. 相关操作步骤

所有工作都准备好之后，要进行零件的自动加工。

1）单击操作面板上的自动运行按钮 使其指示灯变亮。

2）单击操作面板上的键，程序开始执行，机床就开始自动加工了，加工完毕就会出现如图6-38所示的结果。

> **注意：**
>
> 此时只完成了零件的粗加工，把刀补半径参数改写成10.0mm，再自动加工一遍，即完成零件的精加工。

2. 其他相关操作

（1）单段运行方式　为了防止程序输入错误和参数的不合理性，以确保安全，一般首件加工时采用单段加工方式。

1）单击操作面板上的自动运行按钮，使其指示灯变亮。

2）单击操作面板上的单节按钮。

3）单击操作面板上的按钮，程序开始执行。

4）单段方式执行每一行程序均需单击一次按钮，直至程序结束。

（2）自动加工中的几项操作

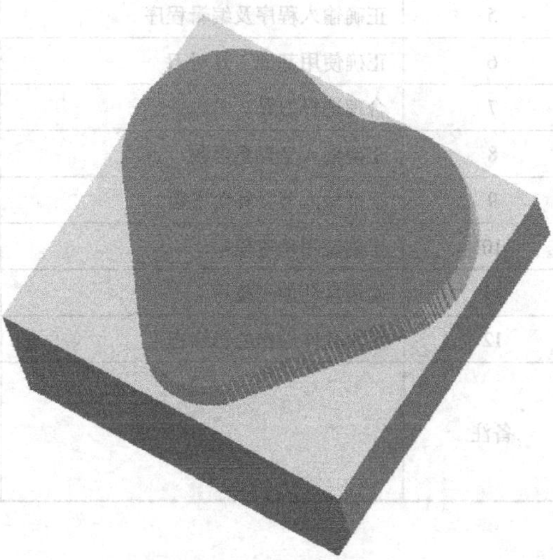

图6-38　加工结果

1）数控程序在运行时，按暂停键，程序停止执行；再单击键，程序从暂停位置开始执行。

2）数控程序在运行时，按停止键，程序停止执行；再单击键，程序从开头重新执行。

3）数控程序在运行时，按下急停按钮，数控程序中断运行；继续运行时，先将急停按钮松开，再按按钮，余下的数控程序从中断行开始作为一个独立的程序执行。

4）单击单节跳过按钮，则程序运行时跳过符号“/”有效，该行成为注释行，不执行。

5）单击选择性停止按钮，则程序中M01有效。

6）可以通过主轴倍率旋钮和进给倍率旋钮来调节主轴旋转的速度和移动的速度。

成绩评分标准（见表6-1）

表6-1 成绩评分标准

序号	考核内容	分值	得分
1	机床正确回零	5分	
2	合理使用机床手动方式	5分	
3	正确使用机床手轮操作	5分	
4	选择合适的毛坯及装夹方式	5分	
5	正确输入程序及编辑程序	20分	
6	正确使用基准工具对刀	15分	
7	合理选择刀具	5分	
8	正确输入坐标系参数	15分	
9	正确输入刀具补偿参数	5分	
10	正确使用轨迹模拟	5分	
11	使用自动加工技巧	10分	
12	应用软件操作的熟练程度	5分	
备注		合计得分	
		教师签名 年 月 日	

附：FANUC 0i 数控铣床常用 G 代码格式

代码	组别	意义	格式
G00	01	快速点定位	G00 X— Y— Z— X、Y、Z：快速定位终点在工件坐标系中的坐标
G01		直线插补	G01 X— Y— Z— F— X、Y、Z：终点在工件坐标系中的坐标 F：合成进给速度
G02		顺时针圆弧插补	XY平面内的圆弧： G17 {G02 / G03} X— Y— {R— / I— J—} ZX平面内的圆弧： G18 {G02 / G03} X— Z— {R— / I— K—} YZ平面内的圆弧： G19 {G02 / G03} Y— Z— {R— / J— K—} X、Y、Z：圆弧终点在工件坐标系中的坐标 R：圆弧半径 I、J、K：圆心相对于圆弧起点的增量
G03		逆时针圆弧插补	

（续）

代码	组别	意义	格　式
G04	00	暂停	G04［P| X］ 单位 s，增量状态单位 ms，无参数状态表示停止
G15	17	取消极坐标指令	G15 取消极坐标方式
G16		极坐标指令	Gxx　Gyy　G16 开始极坐标指令 G00 IP _　极坐标指令 Gxx：极坐标指令的平面选择（G17、G18、G19） Gyy：G90 指定工件坐标系的零点为极坐标的原点 　　G91 指定当前位置作为极坐标的原点 IP：指定极坐标系选择平面的轴地址及其值 第 1 轴：极坐标半径 第 2 轴：极角
G17	02	XY 平面	G17 选择 XY 平面
G18		ZX 平面	G18 选择 ZX 平面
G19		YZ 平面	G19 选择 YZ 平面
G20	06	英制输入	G20
G21		米制输入	G21
G28	00	回归参考点	G28　X—　Y—　Z— X、Y、Z：回参考点所经过的中间点坐标
G29		由参考点回归	G29　X—　Y—　Z— X、Y、Z：终点在工件坐标系中的坐标
G40	07	刀具半径补偿取消	G40
G41		左半径补偿	{G41 / G42}　Dnn
G42		右半径补偿	
G43	08	刀具长度补偿 +	{G43 / G44}　Hnn
G44		刀具长度补偿 -	
G49		刀具长度补偿取消	G49
G50	11	取消缩放	G50 缩放取消
G51		比例缩放	G51　X—　Y—　Z—　P— X、Y、Z：比例缩放中心坐标值 P：缩放比例 G51　X—　Y—　Z—　I—　J—　K— X、Y、Z：比例缩放中心坐标值 I、J、K：X、Y、Z 各轴对应的缩放比例
G50. 1	22	镜像取消	G50. 1　X—　Y—
G51. 1		镜像编程	G51. 1　X—　Y— X、Y：镜像对称轴或对称点
G52	00	设定局部坐标系	G52 IP _：设定局部坐标系 G52 IP0：取消局部坐标系 IP：局部坐标系原点
G54	14	选择工作坐标系 1	GXX

（续）

代码	组别	意义	格　式
G55	14	选择工作坐标系 2	GXX
G56		选择工作坐标系 3	
G57		选择工作坐标系 4	
G58		选择工作坐标系 5	
G59		选择工作坐标系 6	
G68	16	坐标系旋转	G17 G68 X— Y— R— X、Y：指定坐标系旋转中心 R：坐标系旋转角度
G69		取消坐标轴旋转	G69：坐标轴旋转取消指令
G73	09	深孔钻削固定循环	G73 X— Y— Z— R— Q— F—
G80		固定循环取消	
G90	03	绝对方式指定	GXX
G91		相对方式指定	
G92	00	工作坐标系的变更	G92 X— Y— Z—
G98	10	返回固定循环初始点	GXX
G99		返回固定循环 R 点	

模块七　数控铣床（华中数控）仿真操作

项目目的

利用上海宇龙数控加工仿真软件的数控铣床（华中数控）对一个零件进行加工，从而使用户通过具体的操作，掌握华中系统的基本操作方法及加工的基本步骤。

项目内容

如图 7-1 所示的零件，材料为 45 钢，毛坯为 100mm × 100mm × 20mm，已知毛坯外形已经加工到尺寸，要求对图中的台阶进行粗、精加工。

操作要求：

1）合理分析工艺过程并制定工艺路线。

2）编写加工程序。

3）完成仿真加工。

图 7-1　零件实例

相关知识点析

1. 确定工件坐标系

工件坐标系的建立保证了刀具在机床上的正确运动。选择工件坐标系原点的常用方法有：Z 方向的原点一般选取在工件的上表面。XY 平面原点的选择有两种情况：当工件对称时，一般以对称中心作为 XY 平面的原点；当工件不对称时，一般选工件其中的一个角作为工件原点。针对本实例，把工件坐标系原点定在工件上表面的中心处，如图 7-2 所示。

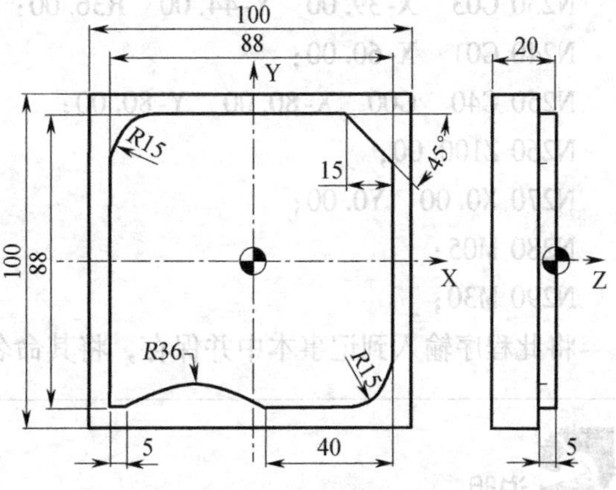

100
88
20
Y
R15
15
45°
100
88
X
Z
R36
R15
5
40
5

图 7-2　零件尺寸图

2. 加工方案

毛坯的外形为已加工表面，可以作为加工的基准面。根据毛坯的形状为规则长方体，尺寸较大，因此选择工艺板为装夹工具。

加工时采用粗加工和精加工两道工序，粗加工和精加工均采用顺铣加工，精加工时的径向切削余量为 0.5mm。为了实现粗加工和精加工同用一个程序，从而起到简化程序的目的，编程时采用刀具半径补偿对轮廓进行编程。在设置刀具半径补偿参数时，粗加工采用比实际刀具半径大的参数进行设置，具体数值等于刀具半径 + 精加工余量；精加工时再把刀具半径补偿值设置为实际的刀具半径。

采用 ϕ20mm 的立铣刀，粗加工时主轴转速为 600r/min，进给速度为 150mm/min；精加工时主轴转速为 800r/min，进给速度为 100mm/min。

操作准备

本实例采用 G54 定位坐标系，工件坐标系原点设在毛坯上表面中心处。

参考程序如下：

```
O701;
N100 G21   G40   G49   G80   G90   G94   G54;
N110 M03   S600;
N120 G00   X-80.00   Y-80.00;
N130 Z5.00;
N140 G01   Z-5.00   F150;
N150 G41   G01   X-44.00   Y-60.00   F150   D01;
N160 Y29.00;
N170 G02   X-29.00   Y44.00   R15.00;
N180 G01   X29.00;
N190 X44.00   Y29.00;
N200 Y-29.00;
N210 G02   X29.00   Y-44.00   R15.00;
N220 G01   X4.00;
N230 G03   X-39.00   Y-44.00   R36.00;
N240 G01   X-60.00;
N250 G40   G00   X-80.00   Y-80.00;
N260 Z100.00;
N270 X0.00   Y0.00;
N280 M05;
N290 M30;
```

将此程序输入到记事本中并保存，将其命名为 O701.txt，以便操作时调用程序。

> **说明：**
> 本书着重介绍机床的操作，具体程序的编制、基点的计算等请参考其他教材。

操作步骤

仿真操作的加工步骤为：选择机床、机床回零、安装工件、对刀、参数设置、输入程序、轨迹检查、自动加工。

一、选择机床

1. 相关操作步骤

打开菜单“机床/选择机床…”或者单击图标，弹出“选择机床”对话框，如图7-3所示。在其中选择控制系统为华中系统的数控铣床，按“确定”按钮，此时界面如图7-4所示。

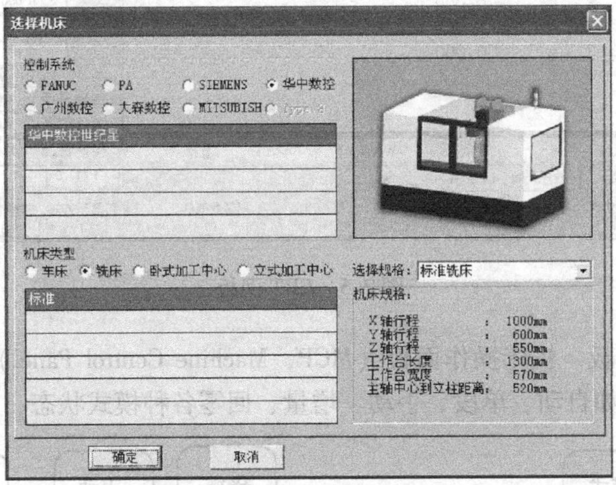
选择机床
控制系统
FANUC
PA
SIEMENS
华中数控
广州数控
大森数控
MITSUBISH
华中数控世纪星
机床类型
车床
铣床
卧式加工中心
立式加工中心
选择规格：标准铣床
标准
机床规格：
X轴行程　：　1000mm
Y轴行程　：　600mm
Z轴行程　：　550mm
工作台长度　：　1300mm
工作台宽度　：　670mm
主轴中心到立柱距离：　520mm
确定
取消

图7-3　“选择机床”对话框

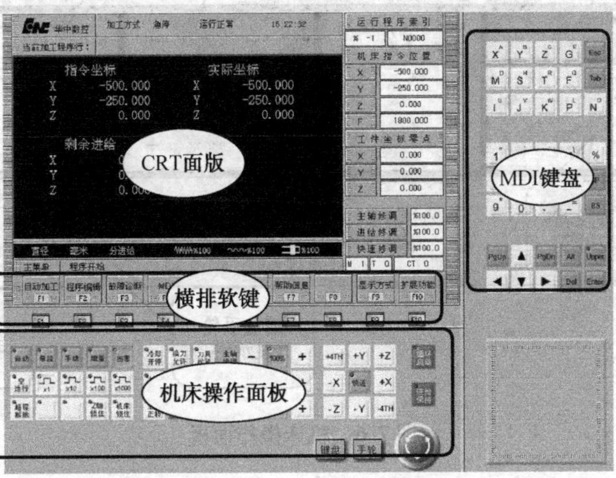
CRT面版
MDI键盘
横排软键
机床操作面板

图7-4　铣床仿真界面

2. 控制面板操作

华中系统的控制面板如图7-4所示，主要由CRT面板、横排软键、机床操作面板、MDI键盘构成。

（1）CRT面板　CRT面板主要用于菜单、系统状态、故障报警的显示和加工轨迹的图形仿真。根据数控系统所处的状态和操作命令的不同，显示的信息也不同，如图7-5所示。

（2）横排软键　横排软键配合机床操作面板上的模式按钮使用，主要用于设置系统参数、程序的编辑、MDI方式、显示方式等。

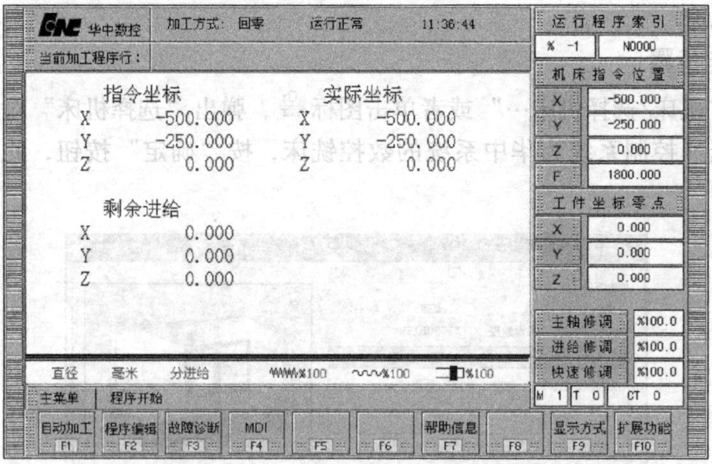
华中数控
加工方式：回零
运行正常
11:36:44
运行程序索引
% -1
N0000
当前加工程序行：
指令坐标
X -500.000
Y -250.000
Z 0.000
实际坐标
X -500.000
Y -250.000
Z 0.000
剩余进给
X 0.000
Y 0.000
Z 0.000
机床指令位置
X -500.000
Y -250.000
Z 0.000
F 1800.000
工件坐标零点
X 0.000
Y 0.000
Z 0.000
主轴修调 %100.0
进给修调 %100.0
快速修调 %100.0
直径 毫米 分进给
M 1 T 0 CT 0
主菜单 程序开始
自动加工 F1
程序编辑 F2
故障诊断 F3
MDI F4
F5
F6
帮助信息 F7
F8
显示方式 F9
扩展功能 F10

图 7-5 CRT 面板

（3）机床操作面板 机床操作面板（MCP，Machine Control Panel）用于直接控制机床的动作和加工过程，如自动、单段、手动、增量、回零各种模式状态，如图 7-6 所示。

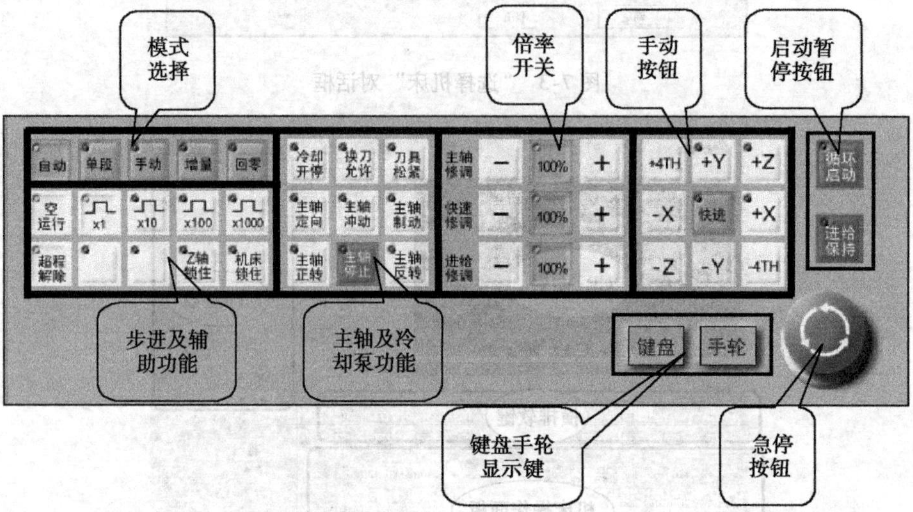
模式选择
倍率开关
手动按钮
启动暂停按钮
自动
单段
手动
增量
回零
空运行
x1
x10
x100
x1000
超程解除
Z轴锁住
机床锁住
冷却开停
换刀允许
刀具松紧
主轴定向
主轴冲动
主轴制动
主轴正转
主轴停止
主轴反转
主轴修调
快速修调
进给修调
100%
+4TH
+Y
+Z
-X
快进
+X
-Z
-Y
-4TH
循环启动
进给保持
键盘
手轮
步进及辅助功能
主轴及冷却泵功能
键盘手轮显示键
急停按钮

图 7-6 机床操作面板

（4）MDI 键盘 利用 MDI 键盘的相应按钮可以实现对程序、参数的输入。

二、机床回零

机床在开机后的第一项工作就是建立机床坐标系。建立机床坐标系的方法是：开机后使机床各坐标轴都回机床原点，在数控操作中通常称为“回零”，操作步骤如下：

1）检查急停按钮是否松开，如果未松开，单击按钮使其松开。

2）单击按钮使系统处在回零状态，分别单击 +Z、+X、+Y 按钮，此时机床各轴回原点，相应按钮 +Z、+X、+Y 左上方的指示灯变亮，CRT 显示各坐标轴的数值为零，如图 7-7 所示。

注意：

数控铣床回零时，一般Z轴先回零，然后X、Y轴回零；判断回零是否正确，观察机械坐标值是否为“0.000”即可。

三、安装工件

1. 相关操作步骤

1）打开菜单“零件/定义毛坯”或在工具栏上单击按钮，在“定义毛坯”对话框（见图7-8）中将零件尺寸改为高20mm、长100mm、宽100mm，命名为“毛坯1”，并单击“确定”按钮。

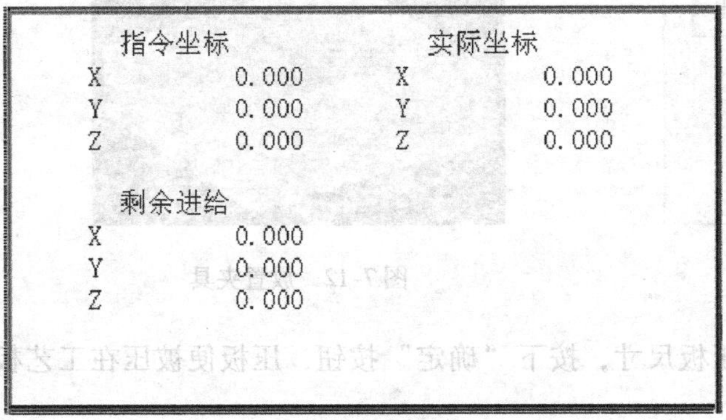
指令坐标
X 0.000
Y 0.000
Z 0.000
实际坐标
X 0.000
Y 0.000
Z 0.000
剩余进给
X 0.000
Y 0.000
Z 0.000

图7-7　铣床回零后的CRT界面

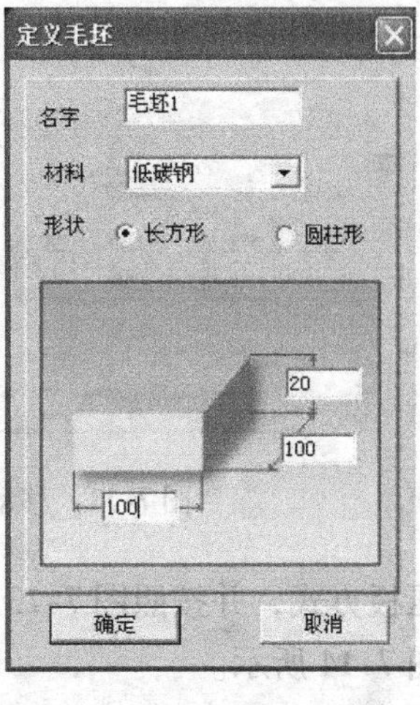
定义毛坯
名字
毛坯1
材料
低碳钢
形状
长方形
圆柱形
20
100
100
确定
取消

图7-8　“定义毛坯”对话框

2）打开菜单“零件/安装夹具”或者在工具栏上选择图标，弹出“选择夹具”对话框，如图7-9所示。在“选择零件”列表框中选择“毛坯1”，在“选择夹具”列表框中选择“工艺板”，按“移动”内的按钮调整毛坯在夹具上的位置。

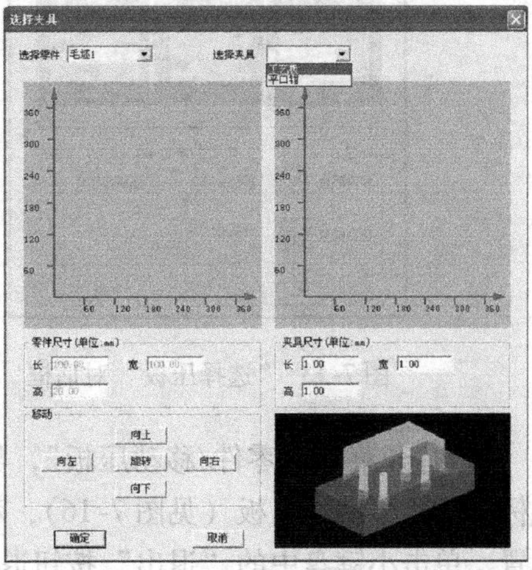
选择夹具
选择零件
毛坯1
选择夹具
零件尺寸(单位:mm)
夹具尺寸(单位:mm)
移动
向上
向左
旋转
向右
向下
确定
取消

图7-9　“选择夹具”对话框

3）打开菜单“零件/放置零件”或者在工具栏上选择图标，系统弹出“选择零件”对话框，如图7-10所示。选取名称为“毛坯1”的零件，按下“确定”按钮，同时界面上出现一个小键盘（见图7-11），通过按动小键盘上的方向按钮，可以移动零件在工作台上的位置；退出该面板，零件和夹具已经被放到机床工作台上，如图7-12所示。

4）打开菜单“零件/安装压板”，系统弹出“选择压板”对话框，如图7-13所示。选择第一

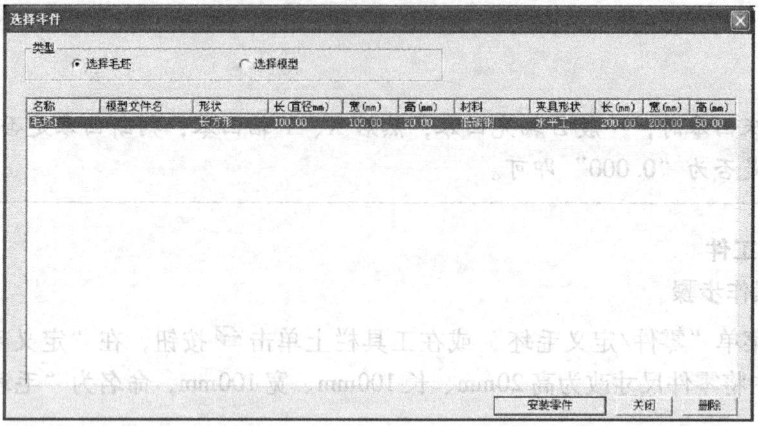
选择零件
类型
选择毛坯
选择模型
名称 模型文件名 形状 长(直径mm) 宽(mm) 高(mm) 材料 夹具形状 长(mm) 宽(mm) 高(mm)
毛坯1 长方形 100.00 100.00 20.00 低碳钢 水平工 200.00 200.00 50.00
安装零件
关闭
删除

图 7-10 “选择毛坯”对话框

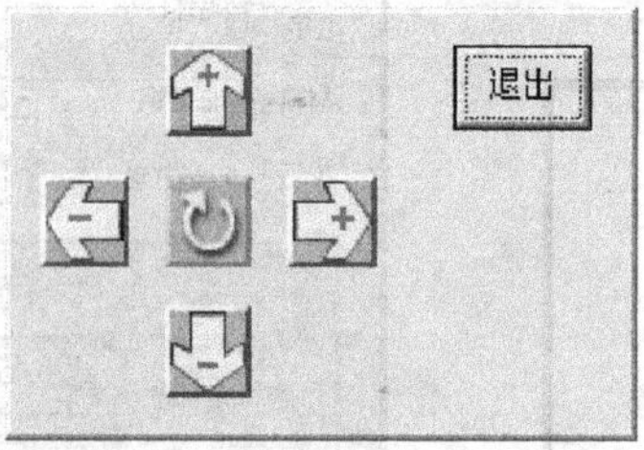
退出

图 7-11 移动夹具

图 7-12 放置夹具

种压板方式，并按照图 7-13 设置压板尺寸，按下“确定”按钮，压板便被压在工艺板上，如图 7-14 所示。

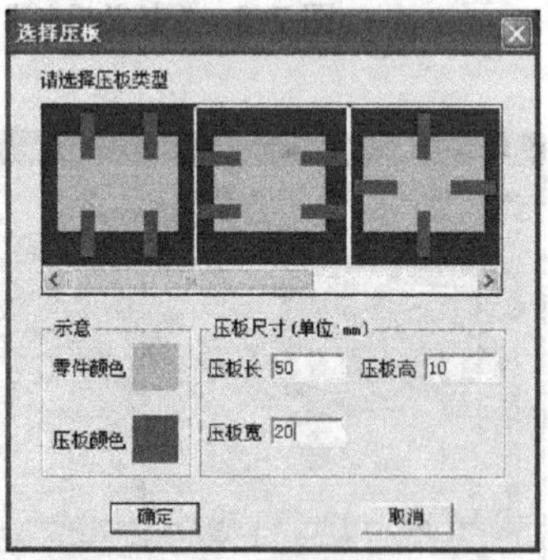
选择压板
请选择压板类型
示意
零件颜色
压板颜色
压板尺寸(单位:mm)
压板长 50
压板高 10
压板宽 20
确定
取消

图 7-13 “选择压板”对话框

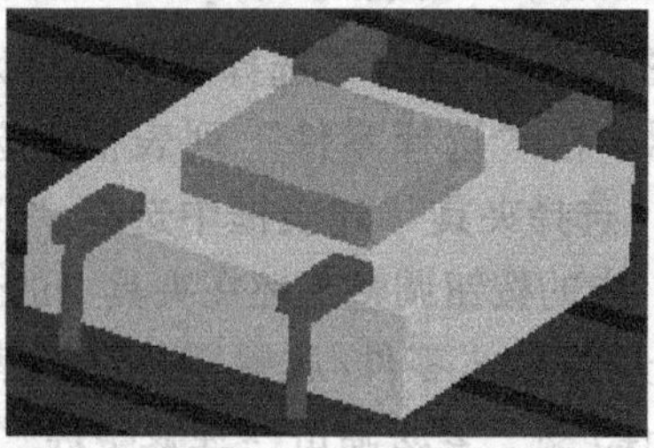

图 7-14 安装压板

5）打开菜单“零件/移动压板”，界面的右下角出现一个小键盘，如图 7-15 所示。用鼠标选择要移动的压板（见图 7-16），利用小键盘的方向按钮可以调整压板相对于工艺板的位置，单击小键盘中的“退出”按钮退出移动压板命令。

2. 手动操作

华中系统数控铣床的手动操作部分如图 7-17 所示，主要包括：手动移动坐标轴、手动控制主轴等。

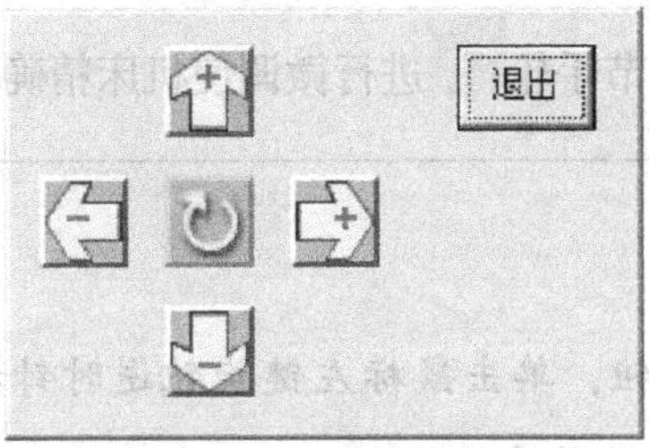
退出

图 7-15　移动压板

图 7-16　选择的移动压板

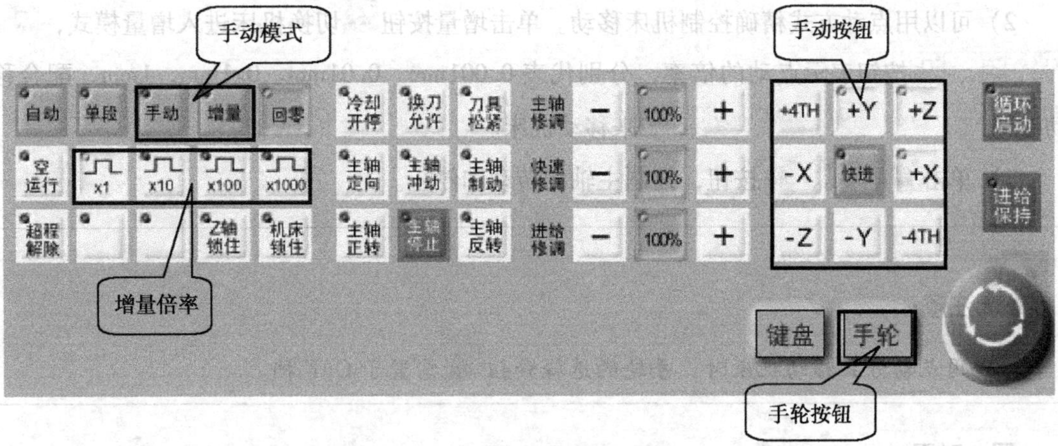
手动模式
手动按钮
自动
单段
手动
增量
回零
冷却开停
换刀允许
刀具松紧
主轴修调
100%
+4TH
+Y
+Z
循环启动
空运行
x1
x10
x100
x1000
主轴定向
主轴冲动
主轴制动
快速修调
-X
快进
+X
进给保持
超程解除
Z轴锁住
机床锁住
主轴正转
主轴停止
主轴反转
进给修调
-Z
-Y
-4TH
增量倍率
键盘
手轮
手轮按钮

图 7-17　华中系统铣床的手动操作部分

（1）手动　按下“手动”按钮（指示灯变亮），系统处于手动状态，利用手动按钮可以调整机床的各个坐标轴。按下 -X 或 +X 按钮，机床可沿着 X 轴的负方向和正方向连续移动。

用同样的方法可以调整机床的其他坐标轴。

单击 主轴正转、主轴停止、主轴反转 按钮，控制主轴的转动和停止。

注意：

刀具切削零件时，主轴需转动。加工过程中刀具与零件发生非正常碰撞（包括铣刀与夹具或工件发生碰撞等）后，系统弹出警告对话框，同时主轴自动停止转动，调整到适当位置，继续加工时需再次单击 主轴反转 或 主轴正转 按钮，使主轴重新转动。

（2）增量　在手动/连续加工或在对刀时，可用增量方式精确调节机床。按下 增量 按钮（指示灯变亮），系统处于手动增量方式。在增量方式下，系统有两种调整机床的方法。

1）采用手轮方式精确控制机床移动，单击 手轮 按钮显示手轮，如图 7-18 所示。选择旋钮确定要移动的坐标轴，

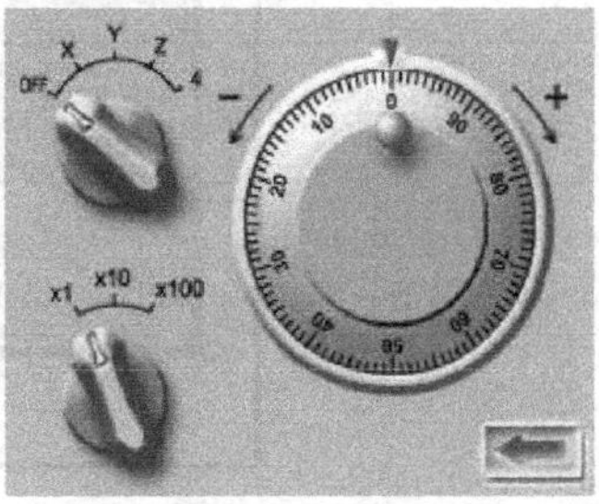
X
Y
Z
OFF
4
x1
x10
x100

图 7-18　手轮

选择手轮移动量旋钮确定精确移动的进给量，调节手轮进行微调使机床精确移动。

提示：

手轮旋钮的调整方法是鼠标指向要调整的旋钮，单击鼠标左键旋钮逆时针旋转，单击鼠标右键旋钮顺时针旋转，单击按钮可以隐藏手轮。

2）可以用点动方式精确控制机床移动。单击增量按钮切换机床进入增量模式，x1、x10、x100、x1000按钮表示点动的倍率，分别代表0.001mm、0.01mm、0.1mm、1mm，配合移动按钮-X、+X、-Y、+Y、-Z、+Z来移动机床。

3）单击主轴正转、主轴停止、主轴反转按钮，控制主轴的转动和停止。

注意：

使用点动方式移动机床时，手轮的选择旋钮需置于OFF挡。

四、对刀

1. 相关操作步骤

数控程序的编制一般是按照工件坐标系进行编程，在数控机床上对零件进行加工是相对于机床坐标系进行的。对刀的过程就是建立工件坐标系与机床坐标系之间关系的过程。

下面具体说明数控铣床对刀的方法，其中将工件上表面中心点设为工件坐标系原点。

（1）X、Y轴对刀　X、Y轴方向在数控铣床上的对刀方法一般包括两种：刚性靠棒和寻边器。

打开菜单“机床/基准工具”或者在工具栏上选择图标，弹出“基准工具”对话框（见图7-19），其左边是刚性靠棒基准工具，右边是寻边器。这里选取刚性靠棒，按“确定”按钮。

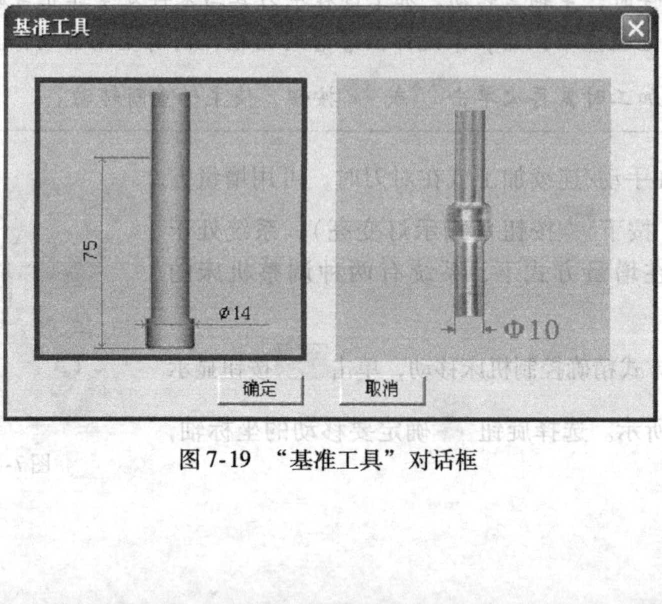
基准工具
75
⌀14
Φ10
确定
取消

图7-19　“基准工具”对话框

> **注意：**
>
> 刚性靠棒的直径为 ϕ14mm。

1）单击操作面板中的手动按钮 手动 进入“手动”方式；利用操作面板上的按钮 -X 、+X 、-Y 、+Y 、-Z 、+Z ，借助“视图”菜单中的动态旋转、动态放缩、动态平移等工具，将机床移动到如图 7-20 所示的大致位置。

图 7-20 对刀过程

2）单击软键 显示方式 F9 ，在弹出的下级子菜单中选择“显示模式 F6”，在接着弹出的下级子菜单中选择“大字符 F4”。此时，CRT 界面显示栏显示“实际位置”，如图 7-21 所示。

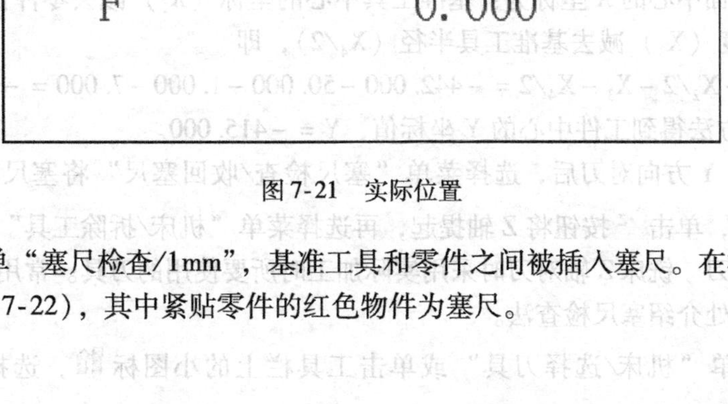
实际位置
X -436.467
Y -412.917
Z -426.016
F 0.000

图 7-21 实际位置

3）选择菜单“塞尺检查/1mm”，基准工具和零件之间被插入塞尺。在机床下方显示局部放大图（见图 7-22），其中紧贴零件的红色物件为塞尺。

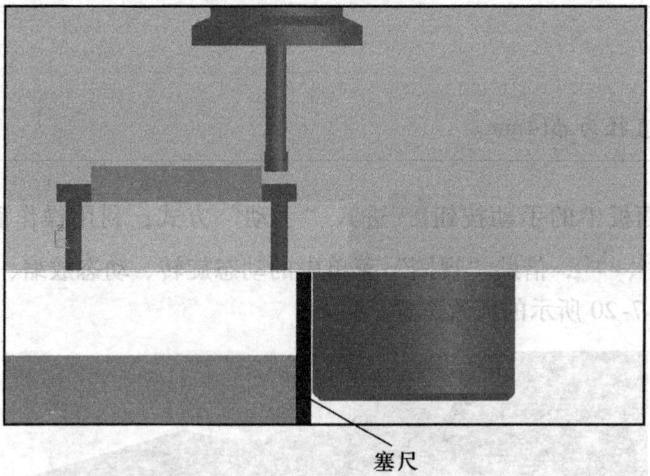
塞尺

图7-22 塞尺检查

提示：

刚性靠棒采用检查塞尺松紧的方式对刀。塞尺有各种不同尺寸，可以根据需要调用。本系统提供的塞尺尺寸有0.05mm、0.1mm、0.2mm、1mm、2mm、3mm、100mm（量块）。

4）采用手动脉冲方式精确移动机床。单击操作面板上的手动脉冲按钮，单击按钮显示手轮，将手轮对应轴旋钮置于X挡，调节手轮进给速度旋钮，在手轮上单击鼠标左键或右键精确移动验棒，使得提示信息对话框显示“塞尺检查的结果：合适”，如图7-23所示。

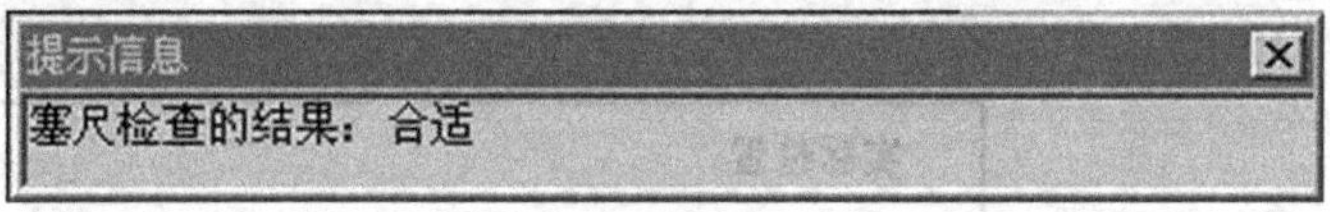
提示信息
塞尺检查的结果：合适

图7-23 检查结果提示

5）记下此时CRT界面中的坐标值X -442.000，此数值为基准工具中心的X坐标值，记为X_1。

将定义毛坯数据时设定的零件长度记为X_2；将塞尺厚度记为X_3；将基准工件直径记为X_4。则工件上表面中心的X坐标为：基准工具中心的坐标（X_1）减去零件长度的一半（$X_2/2$）减去塞尺厚度（X_3）减去基准工具半径（$X_4/2$），即

$$X = X_1 - X_2/2 - X_3 - X_4/2 = -442.000 - 50.000 - 1.000 - 7.000 = -500.000$$

6）同样的方法得到工件中心的Y坐标值，Y = -415.000。

7）完成X、Y方向对刀后，选择菜单“塞尺检查/收回塞尺”将塞尺收回，将机床转入手动操作状态，单击按钮将Z轴提起，再选择菜单“机床/拆除工具”拆除基准工具。

（2）Z向对刀 铣床Z轴对刀时采用实际加工时所要使用的刀具。常用方法有塞尺检查法和试切法，此处介绍塞尺检查法。

1）打开菜单“机床/选择刀具”或单击工具栏上的小图标，选择所需的刀具为

ϕ20mm、刀长 130mm 的平底刀。

2）装好刀具后，进入“手动”方式，利用操作面板上的 +X、-X、+Y、-Y、+Z、-Z 按钮将机床移到如图 7-24 所示的大致位置。

3）类似对 X、Y 方向对刀进行塞尺检查，得到“塞尺检查：合适”时 Z 的坐标值 Z -327.000（见图 7-24，为实际坐标），记为 Z_1，则工件上表面 Z 的坐标值为 Z_1 减去塞尺厚度，即 Z = -327.000 - 1.000 = -328.000。

Z
X

图 7-24　Z 向对刀

通过对刀得到的坐标值（X，Y，Z），即（-500.000，-415.000，-328.000），即为工件坐标系原点在机床坐标系中的坐标值。

2. 其他相关操作

立式加工中心装刀有两种方法：一是在“选择铣刀”对话框内将刀具添加到主轴；二是用 MDI 指令方式将刀具添加在主轴上。这里介绍使用 MDI 指令方式装刀。

1）打开菜单“机床/选择机床”，系统弹出“选择机床”对话框，选择控制系统为“华中数控”，机床类型为“立式加工中心”，然后单击“确定”按钮。

2）打开菜单“机床/选择刀具”，系统弹出“选择刀具”对话框，选取一号刀位如图 7-25 所示。然后从上面的刀具列表中选取一把刀具，单击“确定”按钮，此时刀具便被放在刀具库中的一号位置，如图 7-26 所示。

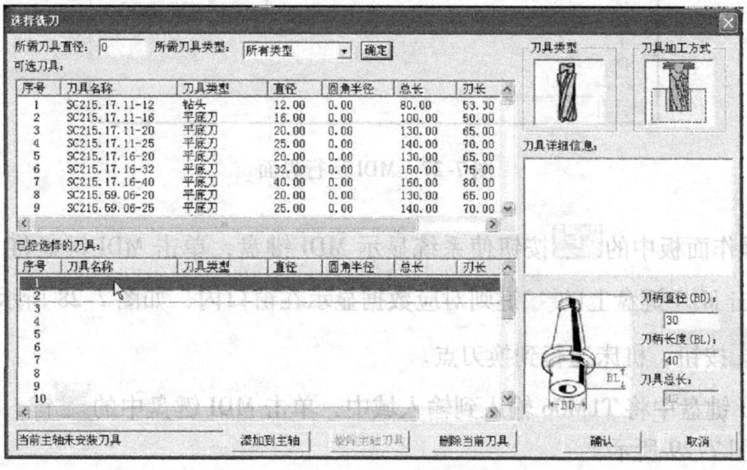
选择铣刀
所需刀具直径：0　所需刀具类型：所有类型　确定
可选刀具：
序号 刀具名称 刀具类型 直径 圆角半径 总长 刃长
1 SC215.17.11-12 钻头 12.00 0.00 80.00 53.30
2 SC215.17.11-16 平底刀 16.00 0.00 100.00 50.00
3 SC215.17.11-20 平底刀 20.00 0.00 130.00 65.00
4 SC215.17.11-25 平底刀 25.00 0.00 140.00 70.00
5 SC215.17.16-20 平底刀 20.00 0.00 130.00 65.00
6 SC215.17.16-32 平底刀 32.00 0.00 150.00 75.00
7 SC215.17.16-40 平底刀 40.00 0.00 160.00 80.00
8 SC215.59.06-20 平底刀 20.00 0.00 130.00 65.00
9 SC215.59.06-25 平底刀 25.00 0.00 140.00 70.00
已经选择的刀具：
序号 刀具名称 刀具类型 直径 圆角半径 总长 刃长
1
2
3
4
5
6
7
8
9
10
刀具类型
刀具加工方式
刀具详细信息：
刀柄直径(BD)：
30
刀柄长度(BL)：
40
刀具总长：
BL
BD
当前主轴未安装刀具
添加到主轴
卸下主轴刀具
删除当前刀具
确认
取消

图 7-25　选取刀具

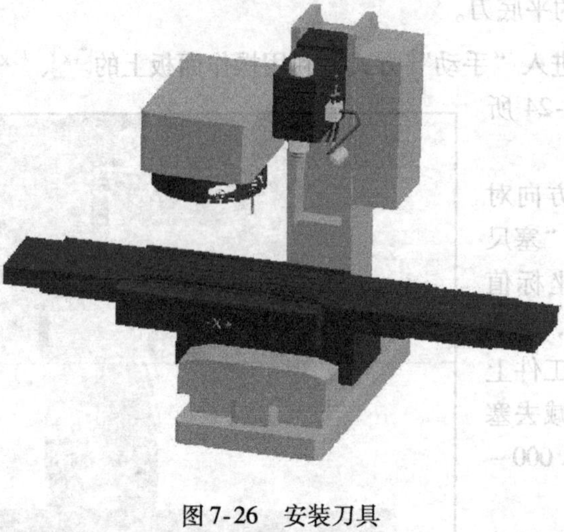

图 7-26　安装刀具

3）检查控制面板上自动按钮的指示灯是否变亮，若未变亮，单击自动按钮使其指示灯变亮，进入自动加工模式。

4）单击 CRT 下面的软键返回 F10 使系统回到起始状态，单击软键 MDI F4 进入 MDI 编辑界面，在下级菜单中单击软键 MDI运行 F6 进入 MDI 运行界面，如图 7-27 所示。

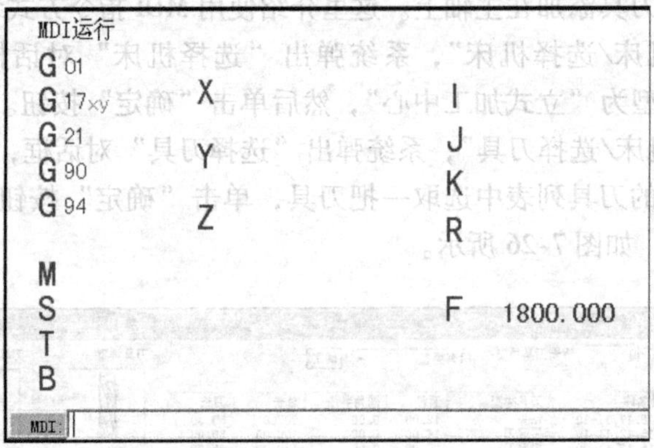
MDI运行
G01
G17xy　X　I
G21　J
G90　Y　K
G94　Z　R
M
S　F　1800.000
T
B
MDI:

图 7-27　MDI 运行界面

5）单击操作面板中的键盘按钮使系统显示 MDI 键盘，单击 MDI 键盘将 G28Z0 输入到输入域中，单击 MDI 键盘上的 Enter 键则对应数据显示在窗口内，如图 7-28 所示。

6）单击循环启动按钮，机床运行到换刀点。

7）从 MDI 键盘中将 T1M06 输入到输入域中，单击 MDI 键盘中的 Enter 键，对应数据显示在窗口内，如图 7-29 所示。

8）单击循环启动按键，系统开始运行输入的 MDI 指令，此时事先安装在 1 号刀具库中的刀具被安装在主轴上，如图 7-30 所示。

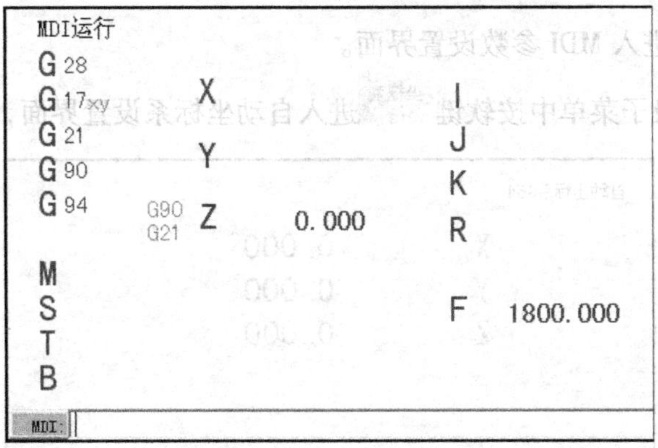
MDI运行
G 28
G 17xy
G 21
G 90
G 94
G90
G21
X
Y
Z
0.000
I
J
K
R
M
S
T
B
F
1800.000
MDI:

图 7-28　输入 G28Z0 参数

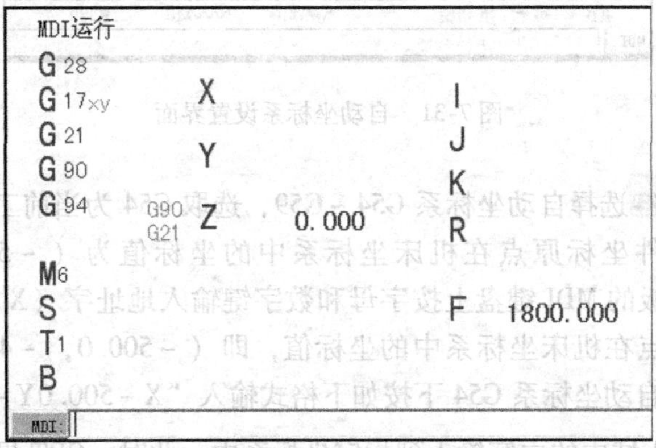
MDI运行
G 28
G 17xy
G 21
G 90
G 94
G90
G21
X
Y
Z
0.000
I
J
K
R
M6
S
T1
B
F
1800.000
MDI:

图 7-29　输入 T1M06 参数

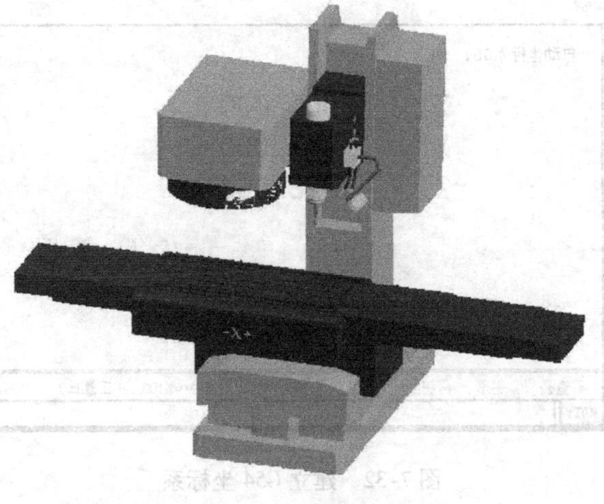
-X+

图 7-30　刀具安装在主轴上

五、参数设置

1. 坐标系参数设置

1）按软键 返回 F10 使系统回到最初界面。

2）按软键[MDI F4]进入 MDI 参数设置界面。

3）在弹出的下级子菜单中按软键[坐标系 F3]进入自动坐标系设置界面，如图 7-31 所示。

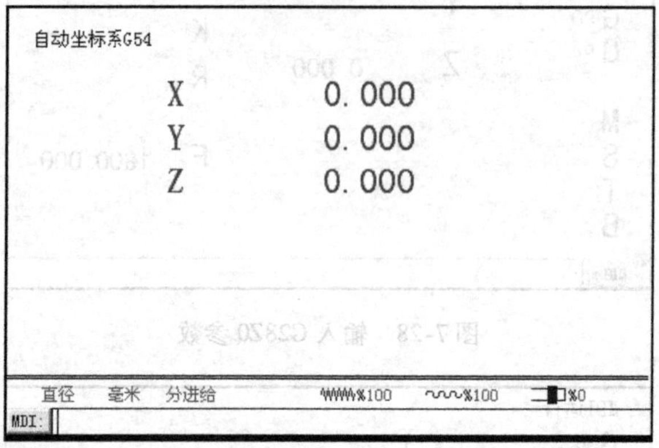
自动坐标系G54
X 0.000
Y 0.000
Z 0.000
直径 毫米 分进给
%100
%100
%0
MDI:

图 7-31 自动坐标系设置界面

4）用按键[PgUp]或[PgDn]选择自动坐标系 G54 ~ G59，选取 G54 为当前工件坐标系。

5）本实例中工件坐标原点在机床坐标系中的坐标值为（-500.000，-415.000，-328.00），在控制面板的 MDI 键盘上按字母和数字键输入地址字（X、Y、Z）和通过对刀得到的工件坐标系原点在机床坐标系中的坐标值，即（-500.0，-415.0，-328.0）。需采用 G54 编程，则在自动坐标系 G54 下按如下格式输入“X-500.0Y-415.0Z-328.0”。

6）按[Enter]键将输入域中的内容输入到指定坐标系中。此时，CRT 界面上的坐标值发生变化，对应显示输入域中的内容，如图 7-32 所示。按[BS]键可逐字删除输入域中的内容。

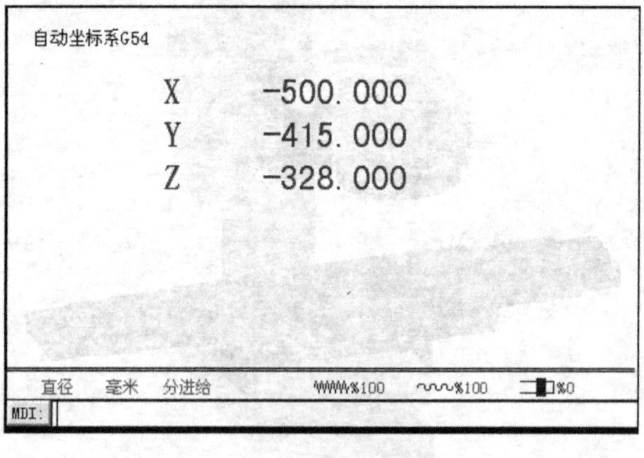
自动坐标系G54
X -500.000
Y -415.000
Z -328.000
直径 毫米 分进给
%100
%100
%0
MDI:

图 7-32 建立 G54 坐标系

2. 刀具半径补偿设置

铣床及加工中心的刀具半径补偿，可以在刀具补偿列表框中进行设定，在数控程序中调用。

1）在起始界面下按软键[MDI F4]进入 MDI 参数设置界面，此时在弹出的下级子菜单中按软键刀具表 F2进入参数设定页面，如图 7-33 所示。

刀具表：

刀号	组号	长度	半径	寿命	位置
#0000	-1	0.000	0.000	0	-1
#0001	-1	0.000	0.000	0	-1
#0002	-1	0.000	0.000	0	-1
#0003	-1	0.000	0.000	0	-1
#0004	-1	0.000	0.000	0	-1
#0005	-1	0.000	0.000	0	-1
#0006	-1	0.000	0.000	0	-1
#0007	-1	0.000	0.000	0	-1
#0008	-1	0.000	0.000	0	-1
#0009	-1	0.000	0.000	0	-1
#0010	-1	0.000	0.000	0	-1
#0011	-1	0.000	0.000	0	-1
#0012	-1	0.000	0.000	0	-1

直径　毫米　分进给　%100　%100　%0
命令行：

图 7-33　参数设定页面

2）用▲、▼、◀、▶按钮以及PgUp、PgDn按钮将光标移到 1 号刀具的半径栏中，按Enter键后此栏可以输入字符，可通过控制面板上的 MDI 键盘输入刀具半径补偿值“10.0”，按Enter键确认，如图 7-34 所示。

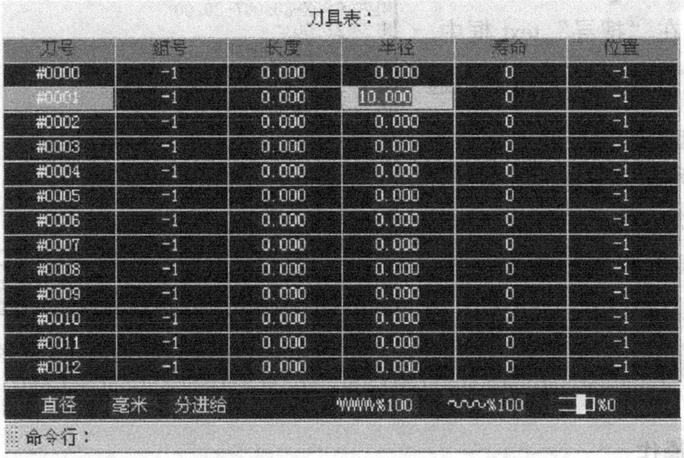
刀具表：

刀号	组号	长度	半径	寿命	位置
#0000	-1	0.000	0.000	0	-1
#0001	-1	0.000	10.000	0	-1
#0002	-1	0.000	0.000	0	-1
#0003	-1	0.000	0.000	0	-1
#0004	-1	0.000	0.000	0	-1
#0005	-1	0.000	0.000	0	-1
#0006	-1	0.000	0.000	0	-1
#0007	-1	0.000	0.000	0	-1
#0008	-1	0.000	0.000	0	-1
#0009	-1	0.000	0.000	0	-1
#0010	-1	0.000	0.000	0	-1
#0011	-1	0.000	0.000	0	-1
#0012	-1	0.000	0.000	0	-1

直径　毫米　分进给　%100　%100　%0
命令行：

图 7-34　输入半径补偿参数

六、输入程序

1. 相关操作步骤

1）按软键显示方式 F9，根据弹出的菜单按软键“F6”选择“显示模式 F6”，再根据弹出的下一级子菜单按软键“F3”选择“正文 F3”。

2）按软键程序编辑 F2进入程序编辑状态。在弹出的下级子菜单中，按软键选择编辑程序 F2弹出菜单“磁盘程序 F1；当前通道正在加工的程序 F2”，按软键“F1”或用方位键▲、▼将光标移到

“磁盘程序”上，再按Enter键确认，这时就选择了“磁盘程序”，弹出如图7-35所示的对话框。

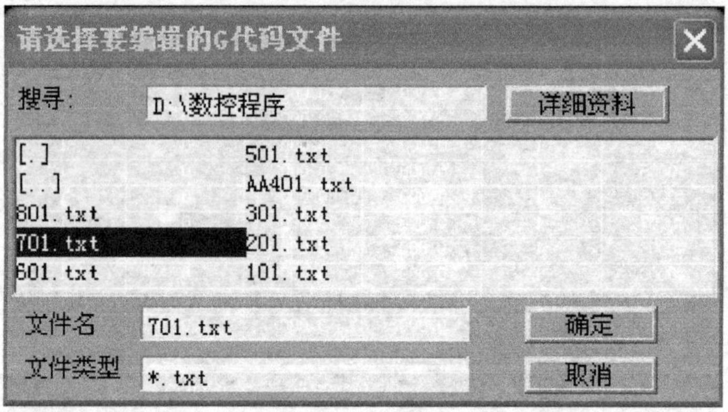
请选择要编辑的G代码文件
搜寻：
D:\数控程序
详细资料
[.]
[..]
801.txt
701.txt
601.txt
501.txt
AA401.txt
301.txt
201.txt
101.txt
文件名
701.txt
确定
文件类型
*.txt
取消

图7-35　选择程序

3）单击控制面板上的Tab键使光标在各text框和命令按钮间切换。

① 光标聚焦在“文件类型”text框中，单击▼按钮，可在弹出的下拉框中通过▲、▼按钮选择所需的文件类型“*.txt”，按Enter键确定。

② 光标聚焦在“搜寻”text框中，单击▼按钮，可在弹出的下拉框中通过▲、▼按钮选择所需搜寻的磁盘范围，此时文件名列表框中显示所有符合磁盘范围和文件类型的文件名。

③ 光标聚焦在文件名列表框中，可通过▲、▼、◄、►按钮选定所需程序，再按Enter键确认所选程序，如图7-36所示。

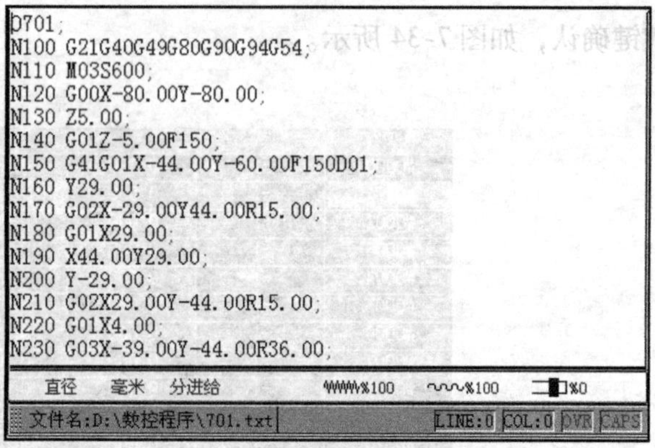
O701;
N100 G21G40G49G80G90G94G54;
N110 M03S600;
N120 G00X-80.00Y-80.00;
N130 Z5.00;
N140 G01Z-5.00F150;
N150 G41G01X-44.00Y-60.00F150D01;
N160 Y29.00;
N170 G02X-29.00Y44.00R15.00;
N180 G01X29.00;
N190 X44.00Y29.00;
N200 Y-29.00;
N210 G02X29.00Y-44.00R15.00;
N220 G01X4.00;
N230 G03X-39.00Y-44.00R36.00;
直径　毫米　分进给
%100
%100
%0
文件名:D:\数控程序\701.txt
LINE:0 COL:0 OVR CAPS

图7-36　调入数控程序

2. 程序处理操作

（1）新建数控程序　数控程序可以导入，也可以用键盘输入，操作方法如下：

1）按软键“程序编辑 F2”进入程序编辑状态。在弹出的下级子菜单中，按软键“选择编辑程序 F2”弹出菜单“磁盘程序F1；当前通道正在加工的程序F2”，按软键“F1”则选择“磁盘程序”。

2）按Tab键和▲、▼键，在文件名栏输入新程序名（不能与已有程序名重复），按Enter键即可。此时，CRT界面上显示一个空文件，可通过MDI键盘输入所需程序。

3）程序输入完毕后，按软键“保存文件 F4”将所输入的程序保存起来。

（2）程序编辑　选择了一个需要编辑的程序后，在“正文”显示模式下，可根据需要对程序进行插入、删除、查找、替换等编辑操作。

1）移动光标。选择需要编辑的程序，单击方位键▲、▼、◀、▶可使光标移动到所需的位置。

2）插入字符。将光标移到所需位置，单击控制面板上的 MDI 键盘可将所需的字符插在光标所在位置。

3）删除字符。在光标停留处，单击 BS 按钮可删除光标前的一个字符；单击 Del 按钮可删除光标后的一个字符；按软键 删除一行 F6 可删除当前光标所在行。

4）查找字符。按软键 查找 F7，在弹出的对话框中通过 MDI 键盘输入所需查找的字符，按 Enter 键确认，立即开始进行查找。

若找到所需查找的字符，则光标停留在找到的字符前面；若没有找到所需查找的字符串，则弹出“没有找到字符串 xx”的对话框，按 Y 键确认。

5）替换字符。按软键 替换 F9，在弹出的对话框中输入需要被替换的字符，按 Enter 键确认。在接着弹出的对话框中输入需要替换成的字符，按 Enter 键确认，弹出如图 7-37 所示的对话框，单击 Y 键则进行全文替换；单击 N 键则根据如图 7-38 所示的对话框选择是否进行光标所在处的替换。

> **提示：**
>
> 如果没有找到需要替换的字符串，将弹出“没有找到字符串 xx”的对话框，按 Y 确认。

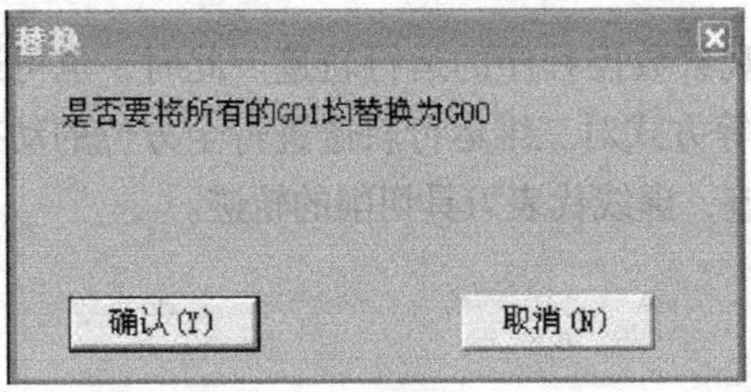
替换
是否要将所有的G01均替换为G00
确认(Y)
取消(N)

图 7-37　“替换”对话框

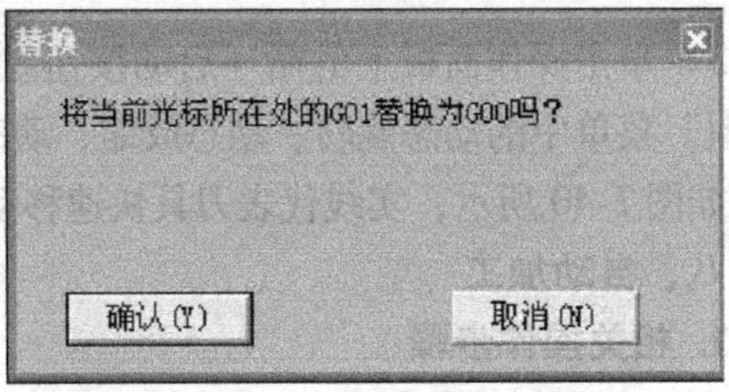
替换
将当前光标所在处的G01替换为G00吗？
确认(Y)
取消(N)

图 7-38　“替换”对话框

（3）保存程序　编辑好的程序需要进行保存或另存为操作，以便再次调用。

1）保存文件。数控程序修改后，应对文件重新进行保存。按软键 保存文件 F4，将对程序按原文件名、原文件类型、原路径进行保存。

2）另存为文件。按软键 文件另存为 F5，在弹出的如图 7-39 所示的对话框中保存文件。

单击控制面板上的 Tab 键，使光标在各 text 框和命令按钮间切换。

光标聚焦在“文件名”的 text 框中，按 Enter 键后，通过控制面板上的键盘输入另存为的文件名。

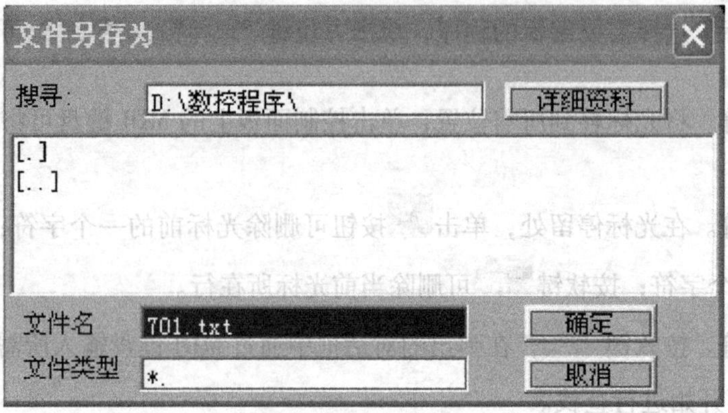
文件另存为
搜寻:
D:\数控程序\
详细资料
[.]
[..]
文件名
701.txt
确定
文件类型
*.
取消

图 7-39 保存文件

光标聚焦在“文件类型”的 text 框中，按Enter键后，通过控制面板上的键盘输入另存为的文件类型；或者单击▼按钮，可在弹出的下拉框中通过▲、▼按钮选择所需的文件类型。

光标聚焦在“搜寻”的 text 框中，单击▼按钮，可在弹出的下拉框中通过▲、▼按钮选择另存为的路径。

按Enter键确定后，此程序按输入的文件名、文件类型、路径进行保存。

七、轨迹检查

数控程序输入后，可以检查运行轨迹是否正确。

1）单击操作面板上的自动按钮，使其指示灯变亮，转入自动加工模式。

2）在自动加工模式下，单击软件返回F10使系统回到最初状态，单击软件程序选择F1选择了一个数控程序后，程序校验F3软键变亮，单击控制面板上的程序校验软键程序校验F3，进入检查运行轨迹模式。

3）单击操作面板上的循环启动按钮循环启动即可观察数控程序的运行轨迹。此时，也可通过“视图”菜单中的动态旋转、动态放缩、动态平移等方式对三维运行轨迹进行全方位的动态观察。如图 7-40 所示，实线代表刀具快速移动的轨迹，虚线代表刀具切削的轨迹。

八、自动加工

1. 相关操作步骤

所有工作都准备好之后，要进行零件的自动加工。

1）单击操作面板上的自动运行按钮自动使其指示灯变亮。

2）在自动加工模式下，单击软件返回F10使系统回到最初状态，单击软件程序选择F1选择一个数控程序。

3）单击操作面板上的循环启动按钮，程序开始执行，机床就开始自动加工了，加工完毕就会出现如图 7-41 所示的结果。

2. 单段运行操作

为了防止程序输入错误和参数的不合理性，以确保安全，一般首件加工时采用单段加工方式。

1）单击操作面板上的自动运行按钮自动使其指示灯变亮。

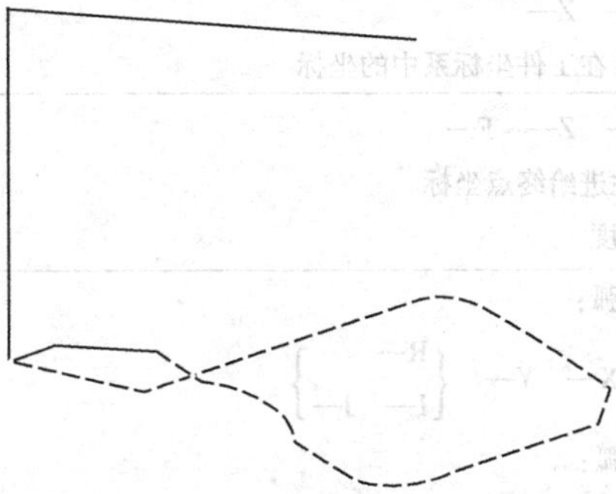

图 7-40　轨迹检查

图 7-41　加工结果

2）单击操作面板上的单段按钮。

3）单击操作面板上的循环启动按钮，程序开始执行。

4）单段方式执行每一行程序均需单击一次循环启动按钮，直至程序结束。

成绩评分标准（见表 7-1）

表 7-1　成绩评分标准

序　号	考 核 内 容	分　值	得　分
1	机床正确回零	5 分	
2	合理使用机床手动方式	5 分	
3	正确使用机床手轮	5 分	
4	选择合适的毛坯及装夹方式	5 分	
5	正确输入程序及编辑程序	20 分	
6	正确使用基准工具对刀	15 分	
7	合理选择刀具	5 分	
8	正确输入坐标系参数	15 分	
9	正确输入刀具补偿参数	5 分	
10	正确使用轨迹模拟	5 分	
11	使用自动加工技巧	10 分	
12	应用软件操作的熟练程度	5 分	
备　注		合计得分	
		教师签名	年　月　日

附：华中世纪星数控铣床常用 G 代码格式

代码	分组	意义	格式
G00	01	快速定位	G00 X— Y— Z— X、Y、Z：终点在工件坐标系中的坐标
√G01		直线插补	G01 X— Y— Z— F— X、Y、Z：线性进给终点坐标 F：合成进给速度
G02		顺圆插补	XY 平面内的圆弧： G17 {G02/G03} X— Y— {R—/I— J—} ZX 平面内的圆弧： G18 {G02/G03} X— Z— {R—/I— K—}
G03		逆圆插补	YZ 平面内的圆弧： G19 {G02/G03} Y— Z— {R—/J— K—} X、Y、Z：圆弧终点坐标 I、J、K：圆心相对于圆弧起点的偏移量 R：圆弧半径
G02/G03		螺旋进给	G17 G02（G03） X— Y— R（I— J—） — Z— F— G18 G02（G03） X— Z— R（I— K—） — Y— F— G19 G02（G03） Y— Z—R （J— K—） — X— F— X、Y、Z：由 G17/G18/G19 平面选定的两个坐标为螺旋线投影圆弧的终点，第三个坐标是与选定平面相垂直的轴的终点 其余参数的意义同圆弧进给
G04	00	暂停	G04 ［P｜X］ 单位 s，增量状态单位 ms
√G17	02	XY 平面	G17 选择 XY 平面
G18		ZX 平面	G18 选择 ZX 平面
G19		YZ 平面	G19 选择 YZ 平面
G20	06	英制输入	G20
√G21		米制输入	G21
G22		脉冲当量	G22
G24	03	镜像开	G24 X— Y— Z— X、Y、Z：镜像位置
G25		镜像关	指令格式和参数含义同上
G28	00	回归参考点	G28 X— Y— Z— X、Y、Z：回参考点时经过的中间点
G29		由参考点回归	G29 X— Y— Z— A— X、Y、Z：返回的定位终点
G40	09	刀具半径补偿取消	G40
G41		左半径补偿	{G41/G42} Dnn
G42		右半径补偿	

（续）

代　码	分　组	意　义	格　式
G43	10	刀具长度正向补偿	$\left\{\begin{matrix}G43\\G44\end{matrix}\right\}$ Hnn
G44		刀具长度负向补偿	
G49		刀具长度补偿取消	G49
G50	04	缩放关	G50
G51		缩放开	G51　X—　Y—　Z—　P— X、Y、Z：缩放中心的坐标值 P：缩放倍数
G52	00	局部坐标系设定	G52　X—　Y—　Z— X、Y、Z：局部坐标系原点在工件坐标系中的坐标值
G53		直接坐标系编程	机床坐标系编程
√G54	12	选择工作坐标系 1	GXX
G55		选择工作坐标系 2	
G56		选择工作坐标系 3	
G57		选择工作坐标系 4	
G58		选择工作坐标系 5	
G59		选择工作坐标系 6	
G68	05	旋转变换	G17　G68　X—　Y—　P— X、Y：旋转中心的坐标值 P：旋转角度
G69		旋转取消	G69
G73	06	高速深孔加工循环	G98　（G99）　G73　X—　Y—　Z—　R—　Q—　P—　K— F—　L—
G80		固定循环取消	G80
√G90	13	绝对值编程	GXX
G91		增量值编程	
G92	00	工作坐标系设定	G92　X—　Y—　Z—
G94	14	每分钟进给	G94
G95		每转进给	G95
√G98	15	固定循环返回起始点	G98：返回初始平面
G99		固定循环返回到 R 点	G99：返回 R 点平面

模块八　数控铣床（SIEMENS 802D）仿真操作

项目目的

SIEMENS 802D 是西门子公司的普及型数控系统，也是两届全国数控大赛的指定系统之一，具有一定的推广意义。希望通过本模块介绍的在数控仿真加工系统（SIEMENS 802D）铣床上加工的一个实例，使用户掌握该数控加工仿真系统铣床和加工中心面板的基本操作方法及加工的基本步骤。

项目内容

如图 8-1 所示的零件，材料为 45 钢，毛坯为 50mm×50mm×25mm，其中毛坯的六个面已经过粗、精加工，达到尺寸及形位公差要求，为非加工面。通过对该工件的工艺过程与工艺路线进行分析，编写加工程序，并完成仿真加工。

相关知识点析

1. 确定工件坐标系

工件坐标系的建立保证了刀具在机床上的正确运动。选择工件坐标系原点的常用方法有：Z 方向的原点一般选取在工件的上表面。XY 平面原点的选择有两种情况：当工件对称时，一般以对称中心作为 XY 平面的原点；当工件不对称时，一般选工件其中的一个角作为工件原点。由零件尺寸图可知，工件为对称形状，按照要求把工件坐标系原点定在工件上表面的中心处，如图 8-2 所示。

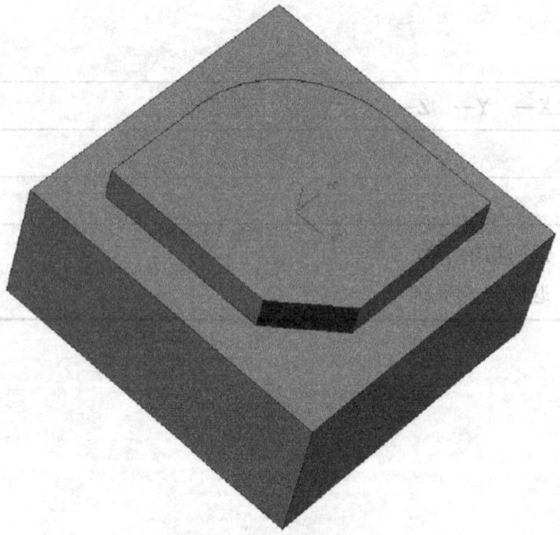

图 8-1　零件实例

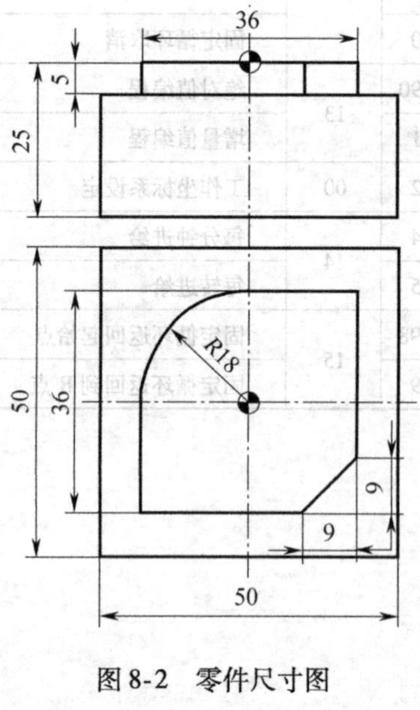

36
5
25
R18
50
36
9
9
50

图 8-2　零件尺寸图

2. 加工方案

毛坯的各表面已经进行相应加工，达到图样尺寸形状位置精度要求，可以作为加工的基准面。根据毛坯的形状为规则正方体，选择平口钳为装夹工具，把平口钳固定在工作台上。

加工时采用粗加工和精加工两道工序，粗加工后的轮廓外形方向留有切削余量0.5mm。编程时编写一个程序，通过加工时选用不同的刀补来完成对工件的粗、精加工。精加工时选用正常刀补，粗加工时的刀补数值为正常刀补加上切削余量值。

加工中采用顺铣的加工方法，采用 ϕ16mm 的立铣刀，粗加工时主轴转速为800r/min，进给速度为300mm/min；精加工时主轴转速为3000r/min，进给速度为200mm/min。

仿真操作准备

本实例采用G54定位坐标系，工件坐标系原点设在毛坯上表面中心处。

参考程序如下：

```
%_ N_ 801_ MPF
; $ PATH =/_ N_ MPF_ DIR
N0010   G17   G21   G40   G49   G54   G90;
N0020   G00   X-40.0   Y-40.0;
N0030   T1   D1;
N0040   M03   S800;
N0050   M8;
N0060   Z3.0;
N0070   G01   Z-5.0   F300;
N0080   G41   G01   X-18.0   Y-25.0;
N0090   G01   X-18.0   Y0.0;
N0100   G02   X0   Y18.0   CR=18.0;
N0110   G01   X18.0   Y18.0;
N0120   G01   X18.0   Y-9.0;
N0130   G01   X9.0   Y-18.0;
N0140   G01   X-25.0   Y-18.0;
N0150   G40   G01   X-40.0   Y-40.0;
N0160   M00;
N0170   D02   S3000;
N0180   G41   G01   X-18.0   Y-25.0   F200;
N0190   G01   X-18.0   Y0.0;
N0200   G02   X0   Y18.0   CR=18.0;
N0210   G01   X18.0   Y18.0;
N0220   G01   X18.0   Y-9.0;
N0230   G01   X9.0   Y-18.0;
N0240   G01   X-25.0   Y-18.0;
N0250   G40   G01   X-40.0   Y-40.0;
```

N0260 G01 Z3.0;

N0270 G00 Z100.0;

N0280 M05;

N0290 M02;

将此程序先在记事本中输入并保存，命名为 SL_ 801. txt，以便操作时调用程序。

> **说明：**
>
> 本书着重介绍机床的操作，具体程序的编制、基点的计算等请参考其他教材。

操作步骤

仿真操作的加工步骤为：选择机床、机床回零、安装工件、对刀、参数设置、输入程序、轨迹检查、自动加工。

一、选择机床

1. 相关操作步骤

打开菜单“机床/选择机床…”或者单击图标，弹出“选择机床”对话框，如图 8-3 所示。在对话框中选择控制系统为 SIEMENS 802D 的数控铣床，按“确定”按钮，此时界面如图 8-4 所示。

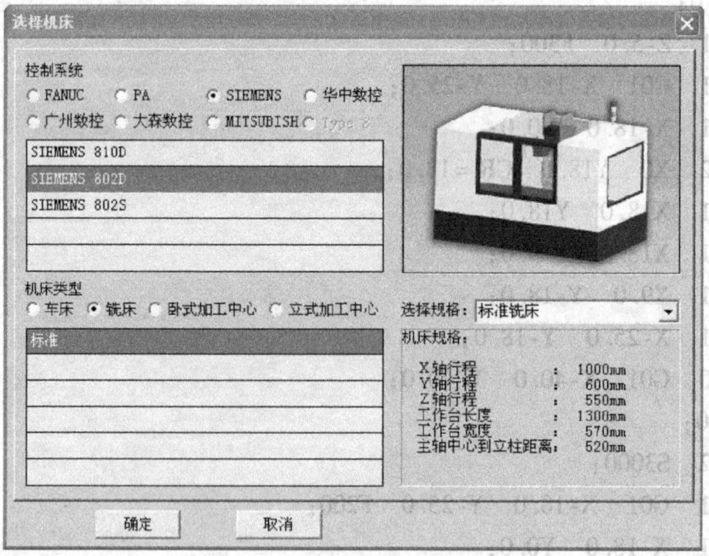
选择机床
控制系统
FANUC
PA
SIEMENS
华中数控
广州数控
大森数控
MITSUBISHI
SIEMENS 810D
SIEMENS 802D
SIEMENS 802S
机床类型
车床
铣床
卧式加工中心
立式加工中心
选择规格：标准铣床
标准
机床规格：
X轴行程 : 1000mm
Y轴行程 : 600mm
Z轴行程 : 550mm
工作台长度 : 1300mm
工作台宽度 : 570mm
主轴中心到立柱距离： 520mm
确定
取消

图 8-3 “选择机床”对话框

2. 控制面板

SIEMENS 802D 系统的控制面板如图 8-4 所示，主要分为系统面板、机床控制面板、CRT 面板三个部分。

（1）系统面板 系统面板主要用于程序的编辑和界面的切换，如图 8-5 所示。

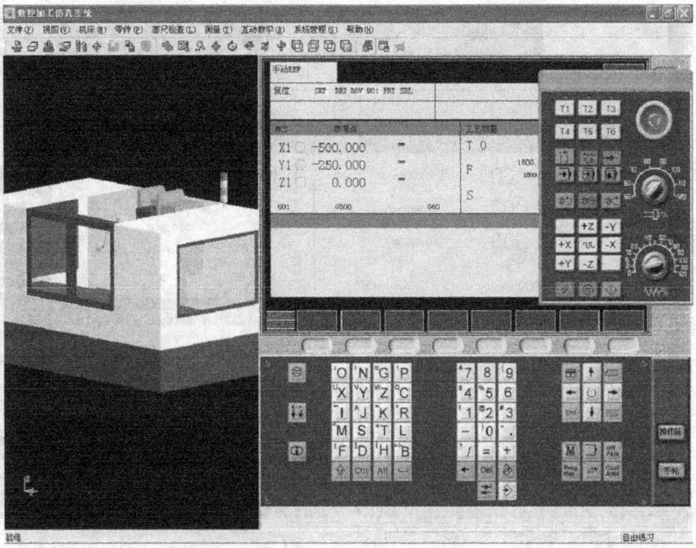

图 8-4　SIEMENS 802D 铣床仿真界面

（2）机床控制面板　通过单击系统面板上的“控制箱”按钮，打开或隐藏机床控制面板。机床控制面板用于直接控制机床的动作和加工过程，如回原点、手动、自动、MDA 等各种模式状态以及速度、主轴转速的修调，如图 8-6 所示。

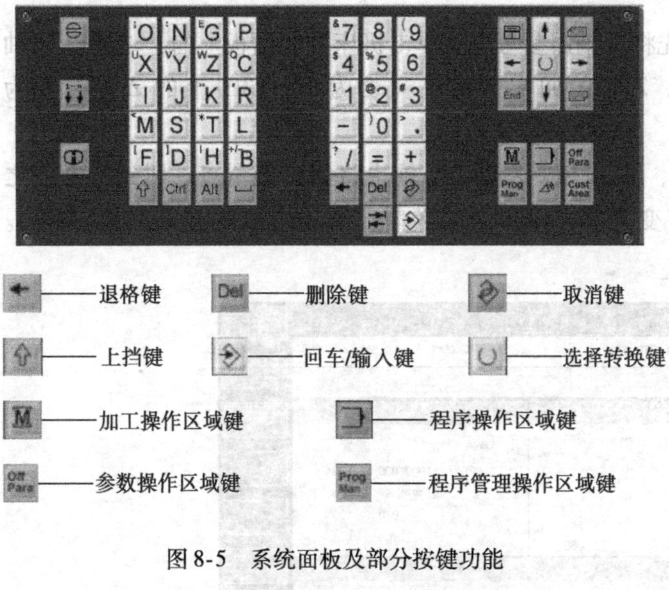

退格键
删除键
取消键
上挡键
回车/输入键
选择转换键
加工操作区域键
程序操作区域键
参数操作区域键
程序管理操作区域键

图 8-5　系统面板及部分按键功能

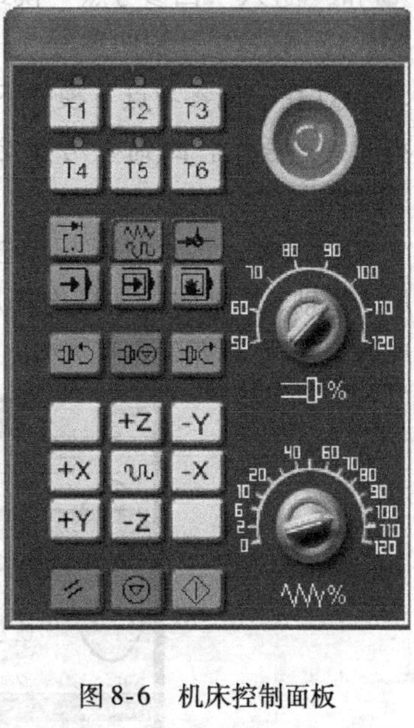

图 8-6　机床控制面板

（3）CRT 面板　CRT 面板主要用于菜单、系统状态、故障报警的显示和加工轨迹的图形仿真。根据数控系统所处的状态和操作命令的不同，显示的信息也不同。CRT 面板主要分为状态区，应用区和说明及软键区，如图 8-7 所示。

二、机床回零

1. 相关操作步骤

机床在开机后通常需要先回参考点，在数控操作中通常称为“回零”。

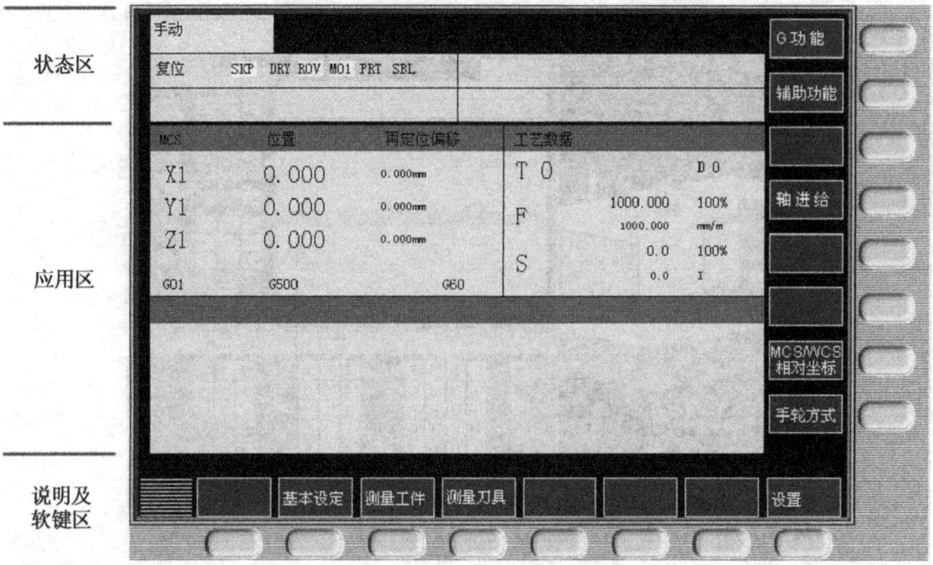
状态区
应用区
说明及
软键区
手动
复位 SKP DRY ROV M01 PRT SBL
MCS 位置 再定位偏移 工艺数据
X1 0.000 0.000mm
Y1 0.000 0.000mm
Z1 0.000 0.000mm
G01 G500 G60
T 0 D 0
F 1000.000 100% 1000.000 mm/m
S 0.0 100% 0.0 I
G功能
辅助功能
轴进给
MCS/WCS
相对坐标
手轮方式
基本设定
测量工件
测量刀具
设置

图 8-7 CRT 面板

1）检查急停按钮是否松开至状态；若未松开，单击急停按钮将其松开。

2）机床激活后，机床将自动处于“回参考点”模式；在其他模式下，依次单击按钮和进入“回参考点”模式。

3）X、Y、Z 轴回参考点。

① 在“回参考点”模式下，先将 Z 轴回参考点。单击机床控制面板上的+Z按钮，Z 轴将回到参考点。回到参考点之后，Z 轴的回零灯将从变为；CRT 上的 Z 坐标变为“0.000”。

② 同样，再分别单击+X按钮、+Y按钮，X 轴、Y 轴也将回到参考点。回到参考点之后，X 轴、Y 轴的回零灯均将从变为，CRT 上的 X 轴、Y 轴坐标数值变为“0.000”。此时 CRT 界面如图 8-8 所示。

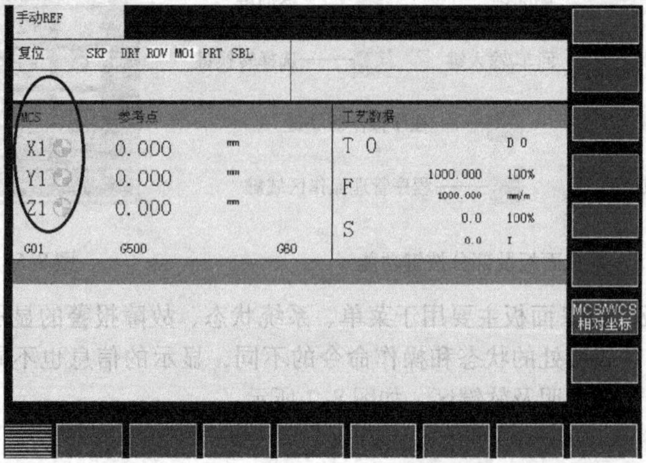
手动REF
复位 SKP DRY ROV M01 PRT SBL
MCS 参考点 工艺数据
X1 0.000 mm
Y1 0.000 mm
Z1 0.000 mm
G01 G500 G60
T 0 D 0
F 1000.000 100% 1000.000 mm/m
S 0.0 100% 0.0 I
MCS/WCS
相对坐标

图 8-8 铣床回零后的 CRT 界面

注意：

数控铣床回零时，一般 Z 轴先回零，然后 X 轴、Y 轴回零；判断是否正确回零，观察回零灯是否从变为即可。

2. 工作模式

（1）回参考点模式　此模式下机床为回参考点模式，可以对机床进行回参考点操作，CRT 状态区显示为“手动 REF”。机床必须首先执行回零操作，然后才可以运行。

（2）自动运行模式　所有工作都准备好之后，要进行零件的加工，就需要选择到自动加工模式。当指定此模式时，CRT 状态区显示为“自动”。

（3）MDA 模式　MDA 模式又称为“手动数据录入”模式，是指直接用按键方式将程序输入数控系统。此模式可以直接按“循环启动”键进行自动加工。当指定此模式时，CRT 状态区显示为“MDA”。

（4）手动模式　当需要手动对机床进行操纵时，选择手动模式。当指定此模式时，CRT 状态区显示为“手动”。在手动模式下，通过对外部机床控制面板上的移动按键进行操纵，从而实现对机床 X 轴、Y 轴、Z 轴运动的控制。手动操作的方法如下：

1）单击操作面板上的手动按钮，CRT 状态区显示为“手动”，机床进入手动加工模式。

2）分别单击外部机床控制面板上的移动按键 -X、+X，-Y、+Y，-Z、+Z，控制机床的移动方向。

3）在手动模式下，分别单击、、按钮控制主轴的正转、停止和反转。

（5）单段运行模式程序一段一段地运行，一般用于首件或试加工。

（6）手轮模式　在对刀操作时，可使用手轮模式来精确调节机床移动量。使用手轮的方法如下：

1）在手动模式下，单击手轮隐藏按钮 手轮 显示手轮，如图 8-9 所示。

2）使鼠标对准轴选择旋钮，单击左键或右键选择坐标轴；使鼠标对准手轮进给速度旋钮，单击左键或右键选择合适的脉冲当量。

3）鼠标对准手轮，单击左键或右键精确控制机床的移动。

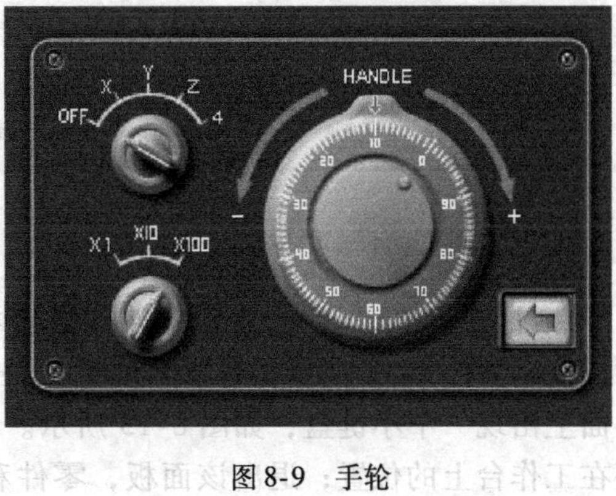
HANDLE
OFF
X
Y
Z
4
X1
X10
X100
-
+
图 8-9　手轮

4）单击键可隐藏手轮。

> **提示：**
>
> “旋钮”的旋向通过鼠标的左、右键来控制，单击左键，“旋钮”左旋；单击右键，“旋钮”右旋。“手轮”左旋为负方向，右旋为正方向。

三、安装工件

1）打开菜单“零件/定义毛坯”或在工具栏上单击按钮，在定义毛坯对话框（见图8-10）中将零件尺寸设置为高25mm、长50mm、宽50mm，命名为“外形铣削”，并单击“确定”按钮。

2）打开菜单“零件/安装夹具”或者在工具栏上选择图标，弹出“选择夹具”对话框，如图8-11所示。在“选择零件”列表框中选择毛坯“外形铣削”，在“选择夹具”列表框中选夹具“平口钳”，按“移动”内的按钮调整毛坯在夹具上的位置。

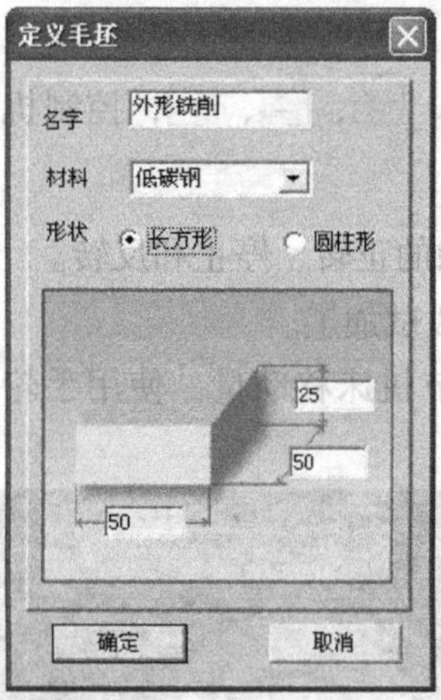
定义毛坯
名字
外形铣削
材料
低碳钢
形状
长方形
圆柱形
25
50
50
确定
取消

图8-10 “定义毛坯”对话框

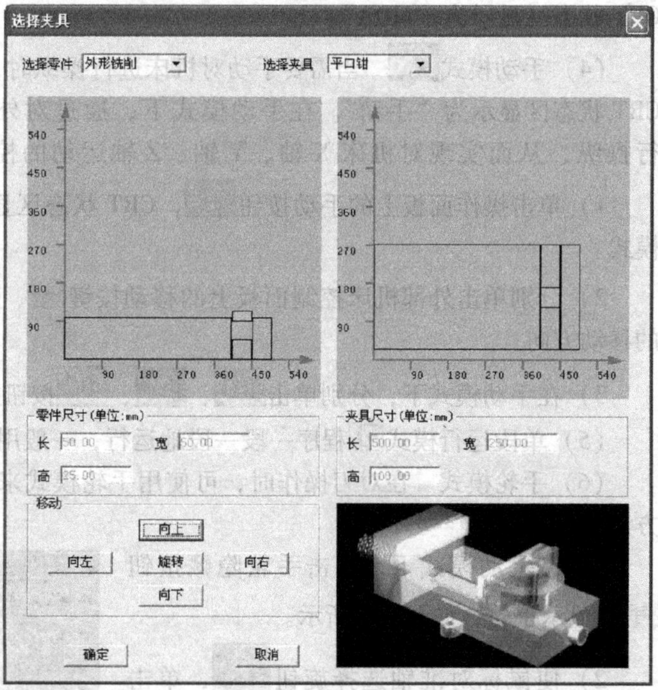
选择夹具
选择零件
外形铣削
选择夹具
平口钳
零件尺寸(单位:mm)
长 50.00
宽 50.00
高 25.00
夹具尺寸(单位:mm)
长 500.00
宽 250.00
高 100.00
移动
向上
向左
旋转
向右
向下
确定
取消

图8-11　选择夹具

3）打开菜单“零件/放置零件”或者在工具栏上选择图标，打开“选择零件”对话框，如图8-12所示。选取名称为“外形铣削”的零件，按下“确定”按钮，同时界面上出现一个小键盘，如图8-13所示。通过按动小键盘上的方向按钮，可以移动零件在工作台上的位置；退出该面板，零件和夹具已经被放到机床工作台上，如图8-14所示。

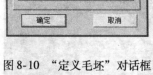

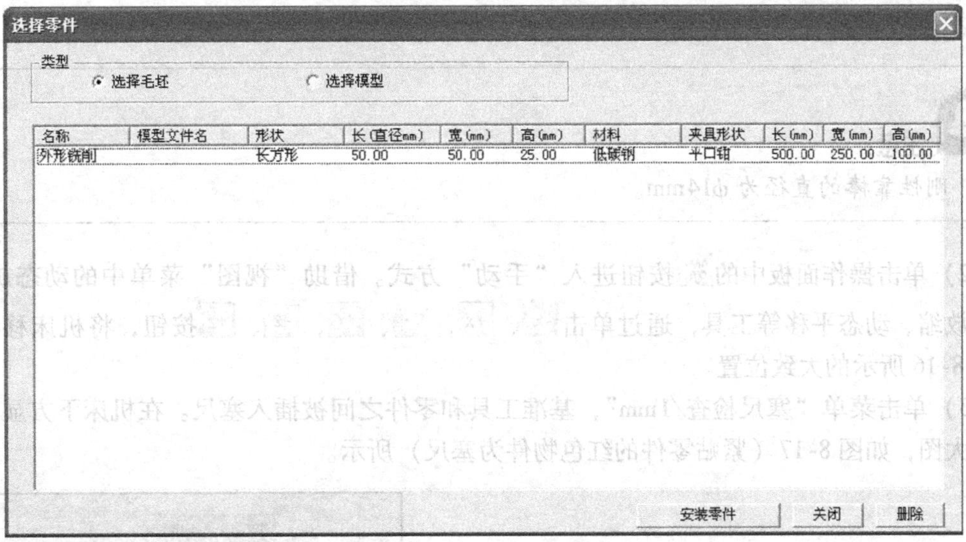
选择零件
类型
选择毛坯
选择模型
名称 | 模型文件名 | 形状 | 长(直径mm) | 宽(mm) | 高(mm) | 材料 | 夹具形状 | 长(mm) | 宽(mm) | 高(mm)
外形铣削 | 长方形 | 50.00 | 50.00 | 25.00 | 低碳钢 | 平口钳 | 500.00 | 250.00 | 100.00
安装零件
关闭
删除

图 8-12　“选择零件”对话框

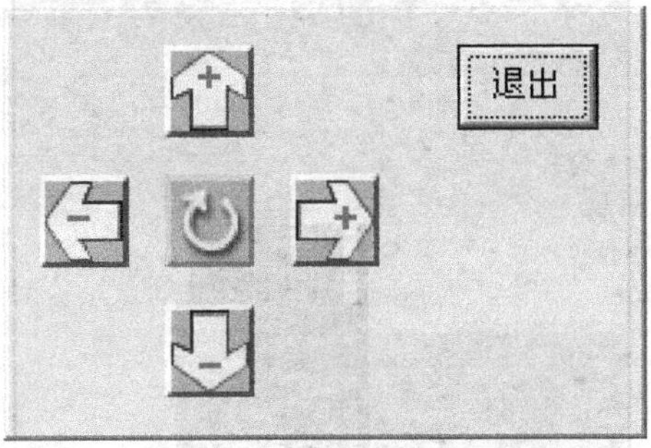
退出

图 8-13　移动夹具

图 8-14　放置夹具

四、对刀

1. 相关操作步骤

数控程序一般按工件坐标系编程，对刀的过程就是建立工件坐标系与机床坐标系之间关系的过程。数控铣床有三个轴，因此对刀也就分 X、Y、Z 三个方向对刀。下面将工件上表面中心点设为工件坐标系原点来介绍对刀的过程。

（1）X、Y 向对刀　铣床及加工中心在 X、Y 方向对刀时使用的基准工具包括刚性靠棒和寻边器两种，这里以常用的刚性靠棒为基准工具来介绍对刀方法及过程。

1）选择基准工具。单击菜单“机床/基准工具…”或者在工具栏上选择图标 。在弹出的基准工具对话框中，左边的是刚性靠棒基准工具，右边的是寻边器，如图 8-15 所示。选择刚性靠棒，然后按“确定”

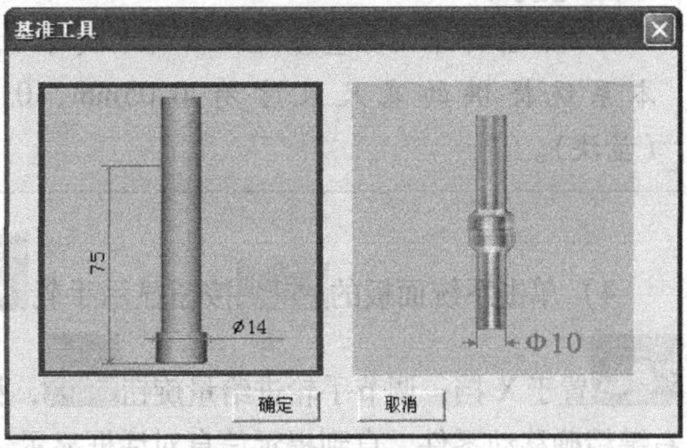
基准工具
75
ø14
Φ10
确定
取消

图 8-15　基准工具

按钮。

> **注意：**
> 刚性靠棒的直径为 ϕ14mm。

2）单击操作面板中的按钮进入“手动”方式。借助“视图”菜单中的动态旋转、动态放缩、动态平移等工具，通过单击 -X 、 +X ， -Y 、 +Y ， -Z 、 +Z 按钮，将机床移动到如图 8-16 所示的大致位置。

3）单击菜单“塞尺检查/1mm”，基准工具和零件之间被插入塞尺。在机床下方显示局部放大图，如图 8-17（紧贴零件的红色物件为塞尺）所示。

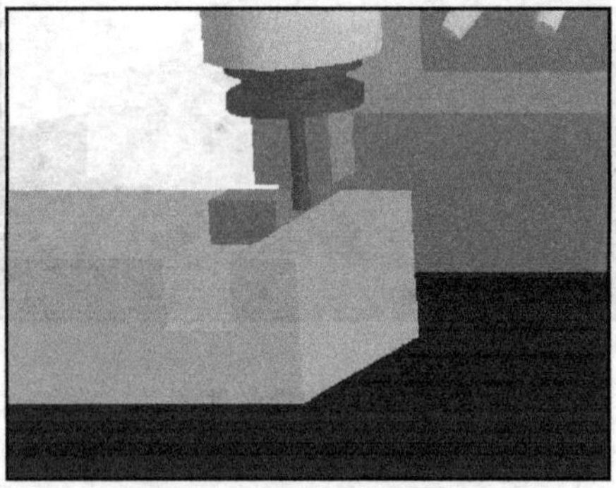

图 8-16　手动移动工件

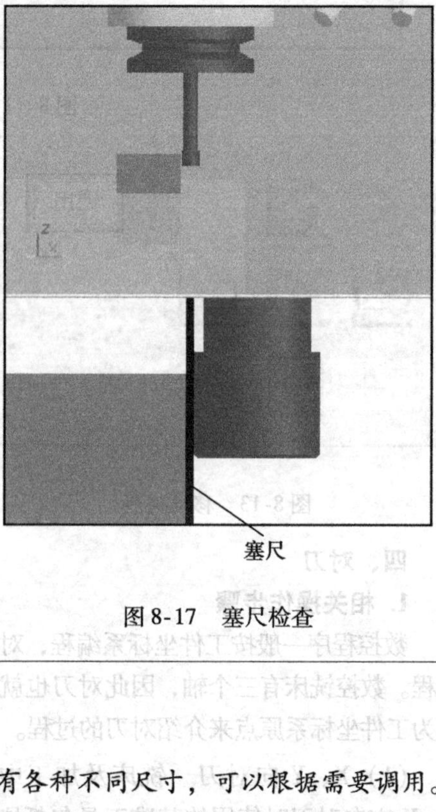
塞尺

图 8-17　塞尺检查

> **提示：**
> 刚性靠棒采用检查塞尺松紧的方式对刀。塞尺有各种不同尺寸，可以根据需要调用。本系统提供的塞尺尺寸有 0.05mm、0.1mm、0.2mm、1mm、2mm、3mm、100mm（量块）。

4）单击系统面板的 手轮 按钮显示手轮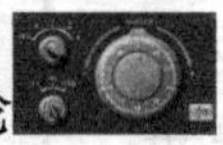，通过单击鼠标右键将手轮对应轴旋钮置于 X 挡；调节手轮进给量旋钮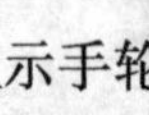，将鼠标置于手轮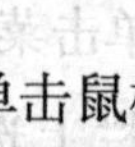上，通过单击鼠标左键或右键精确移动零件，直到提示信息对话框显示“塞尺检查的结果：合适”，如图 8-18 所示。

提示信息
塞尺检查的结果：合适

图 8-18　检查结果提示

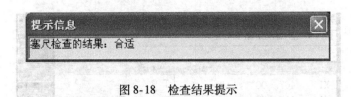

5）将工件坐标原点到 X 方向基准边的距离记为 X_1、塞尺厚度记为 X_2（此处为 1mm）、基准工具直径记为 X_3，将 $X_1+X_2+X_3/2$ 记为 DX，即

$$DX = X_1 + X_2 + X_3/2 = 25.000 + 1.000 + 7.000 = 33.000$$

6）设置 X 轴工件坐标系（G54）参数。单击软键“测量工件”进入“工件测量”界面，单击光标键↑、↓使光标在各个栏目之间移动。在“存储在”栏中，单击按钮，选择用来保存工件坐标系原点的位置（选择 G54）；在“方向”栏中，根据刀具与工件在坐标系中的实际位置，通过单击按钮选择方向（此处应该选择“－”）；在“设置位置 X0”栏中，输入 DX＝33.000，并按下键，如图 8-19 所示。

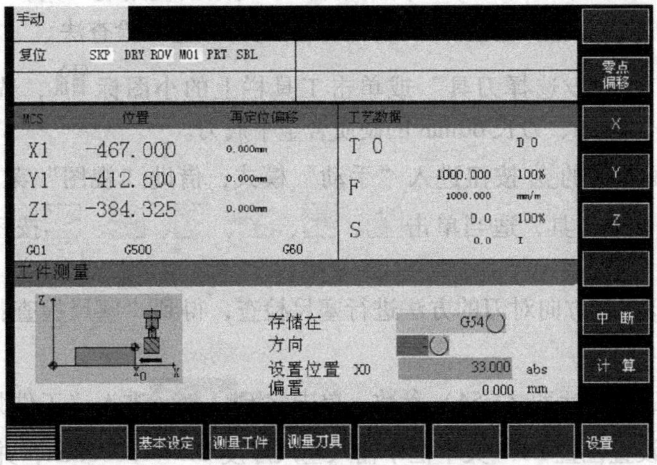
手动
复位
SKP DRY ROV M01 PRT SBL
零点偏移
MCS
位置
再定位偏移
工艺数据
X1 -467.000 0.000mm
Y1 -412.600 0.000mm
Z1 -384.325 0.000mm
T 0
D 0
F 1000.000 100%
S 0.0 100%
G01
G500
G60
X
Y
Z
工件测量
存储在 G54
方向
设置位置 X0 33.000 abs
偏置 0.000 mm
中断
计算
基本设定
测量工件
测量刀具
设置

图 8-19　“工件测量”界面

单击软键“计算”，系统将会计算出工件坐标系原点与机床坐标系原点的偏置值为－500.00mm，然后显示在偏置栏中，并将此数据保存到参数表中，如图 8-20 所示。

7）用同样的方法得到 DY 值，即 DY＝33.000，并获得 Y 轴的工件坐标系原点与机床坐标系原点的偏置值－415.000。

8）完成 X、Y 方向对刀后，单击菜单“塞尺检查/收回塞尺”将塞尺收回，将机床转入手动操作状态；单击“+Z”按钮将 Z 轴提起，再单击菜单“机床/拆除工具”拆除基准工具。

注意：

本软件中，基准工具的精度可以达到 1μm，所以如果想使塞尺检查的结果显示为“合适”，需要将进给量调到 1μm。

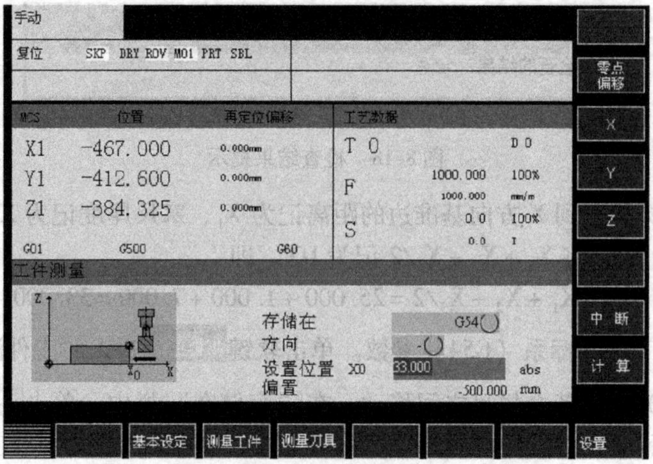
手动
复位 SKP DRY ROV M01 PRT SBL
零点偏移
MCS 位置 再定位偏移 工艺数据
X1 -467.000 0.000mm
Y1 -412.600 0.000mm
Z1 -384.325 0.000mm
T 0 D 0
F 1000.000 100%
1000.000 mm/m
S 0.0 100%
0.0 1
G01 G500 G60
X
Y
Z
工件测量
存储在 G54
方向 -
设置位置 X0 33.000 abs
偏置 -500.000 mm
中断
计算
基本设定
测量工件
测量刀具
设置

图 8-20 X 轴的零点偏置

（2）Z 向对刀 铣床 Z 向对刀时采用实际加工时所要使用的刀具，对刀前应将刀具安装到主轴上。常用方法有塞尺检查法和试切法，此处介绍塞尺检查法。

1）单击菜单“机床/选择刀具”或单击工具栏上的小图标，选择所需的刀具为 SC217.13.13-16，ϕ16mm、刀长 60mm 的硬质合金平底刀。

2）单击操作面板中的按钮进入“手动”模式；借助“视图”菜单中的动态旋转、动态放缩、动态平移等工具，适当单击 -X、+X、-Y、+Y、-Z、+Z 按钮，将刀具移动到工件上方附近。

3）用类似在 X、Y 方向对刀的方法进行塞尺检查，得到“塞尺检查：合适”时，记下塞尺的厚度 DZ = 1.000。

4）设置 Z 轴工件坐标系（G54）参数。单击软键 测量工件 进入“工件测量”界面；单击软键 Z，在“设置位置 Z0”文本框中输入塞尺厚度 DZ = 1.000mm，并按下键；单击软键 计算，在偏置栏中看到 Z 轴的工件坐标系原点与机床坐标系原点的偏置值 -353.000mm，如图 8-21 所示。

注意：

使用手动模式移动机床时，手轮的选择旋钮需置于“OFF 挡”，否则机床不会产生运动。

2. 其他相关操作

（1）立式加工中心的装刀方法 立式加工中心装刀有两种方法：一是在“选择铣刀”对话框内将刀具添加到主轴上，二是用 MDA 指令方式将刀具添加在主轴上。这里介绍使用 MDA 指令方式装刀。

1）单击外部机床控制面板上的 MDA 按钮，CRT 状态区显示为“MDA”，系统进入

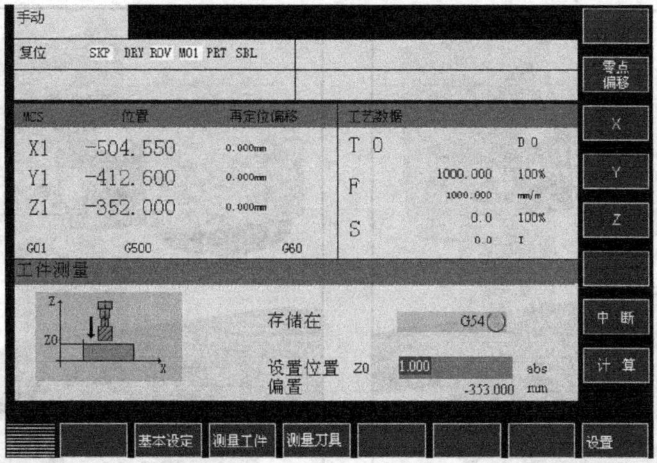
手动
复位　SKP DRY ROV M01 PRT SBL
MCS　位置　再定位偏移
X1　-504.550　0.000mm
Y1　-412.600　0.000mm
Z1　-352.000　0.000mm
G01　G500　G60
工艺数据
T 0　D 0
F　1000.000　100%
1000.000　mm/m
S　0.0　100%
0.0
工件测量
存储在　G54
设置位置　Z0　1.000　abs
偏置　-353.000　mm
零点偏移
X
Y
Z
中断
计算
基本设定
测量工件
测量刀具
设置

图 8-21　Z 轴的零点偏置

MDA 运行模式。利用系统面板键盘输入如下指令（CRT 应用区显示如图 8-22 所示）：

G90　G28　Z0.000；　　　　主轴回到换刀点

T01　M06；　　　　　　　换刀，刀位号为 01

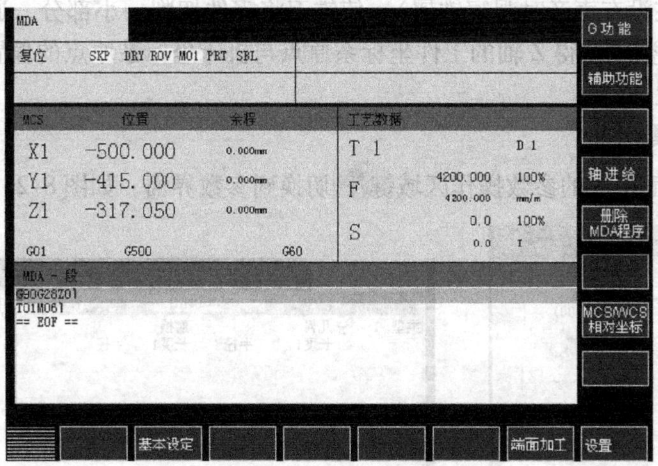
MDA
复位　SKP DRY ROV M01 PRT SBL
MCS　位置　余程
X1　-500.000　0.000mm
Y1　-415.000　0.000mm
Z1　-317.050　0.000mm
G01　G500　G60
工艺数据
T 1　D 1
F　4200.000　100%
4200.000　mm/m
S　0.0　100%
0.0
MDA - 段
G90G28Z0
T01M06
== EOF ==
G 功能
辅助功能
轴进给
删除 MDA 程序
MCS/WCS 相对坐标
基本设定
端面加工
设置

图 8-22　MDA 运行模式

2）使光标返回到程序开始，单击循环启动按钮，一号刀具被装载在主轴上。装刀前和装刀后的机床状态如图 8-23 所示。

（2）Z 向试切法对刀。

1）单击菜单“机床/选择刀具”或单击工具栏上的小图标，选择所需刀具。

2）装好刀具后，通过单击 -X、+X、-Y、+Y、-Z、+Z 按钮将机床移动到大致位置。

3）选择菜单“视图/选项…”中的“声音开”和“铁屑开”选项，如图 8-24 所示。

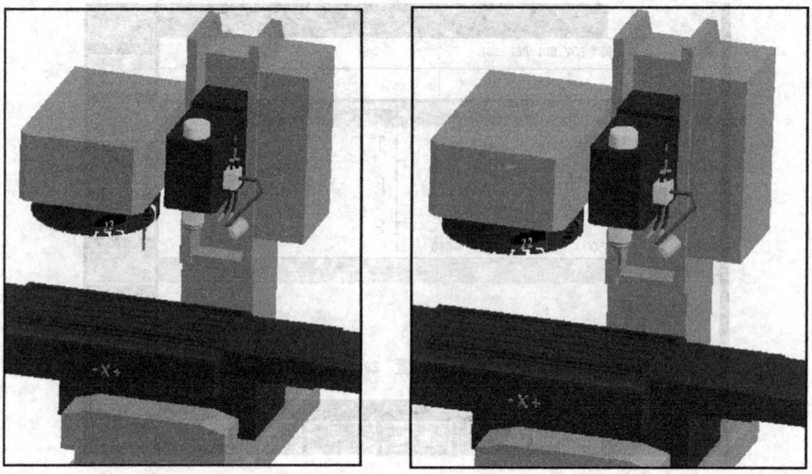

a)　　　　　　　　b)

图 8-23　装刀前和装刀后的机床状态
a）装刀前　b）装刀后

4）单击操作面板上按钮使主轴转动；单击操作面板上的 -Z 按钮，切削零件的声音刚响起便停止（在没有声音时观察铁屑），使铣刀将零件切削一小部分，通过设置 Z 轴工件坐标系（G54）参数，获得 Z 轴的工件坐标系原点与机床坐标系原点的偏置值。

五、参数设置

1. 建立新刀具

1）单击系统面板上的参数操作区域键 Off Para 切换到参数界面，如图 8-25 所示。

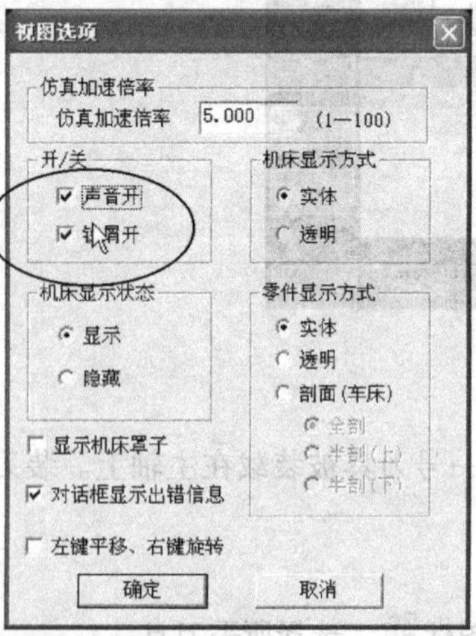
视图选项
仿真加速倍率
仿真加速倍率 5.000 (1—100)
开/关
声音开
铁屑开
机床显示方式
实体
透明
机床显示状态
显示
隐藏
零件显示方式
实体
透明
剖面(车床)
全剖
半剖(上)
半剖(下)
显示机床罩子
对话框显示出错信息
左键平移、右键旋转
确定
取消

图 8-24 “视图选项”对话框

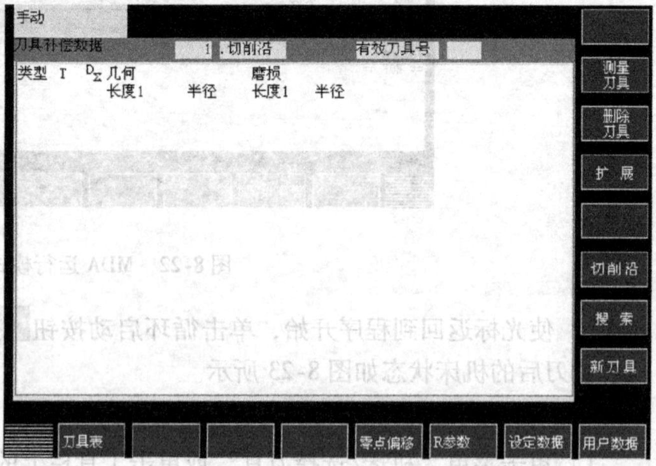
手动
刀具补偿数据
1. 切削沿
有效刀具号
类型 T D 几何 磨损
长度1 半径 长度1 半径
测量刀具
删除刀具
扩 展
切削沿
搜 索
新刀具
刀具表
零点偏移
R参数
设定数据
用户数据

图 8-25 界面参数

2）按软键 刀具表，然后单击软键 新刀具，再单击软键 铣 刀，弹出“新刀具”对话框，如图8-26所示。

3）在“新刀具”对话框中输入要创建的刀具数据的刀具号“1”。按软键 确 认 创建对

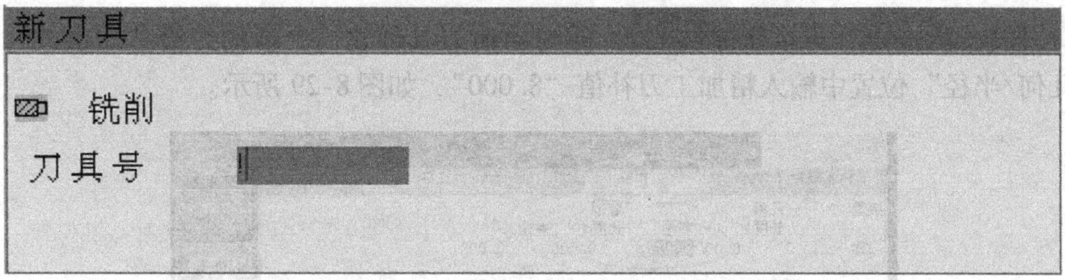
新刀具
铣削
刀具号

图 8-26　“新刀具”对话框

应刀具；按软键中断不创建任何刀具。结果如图 8-27 所示。

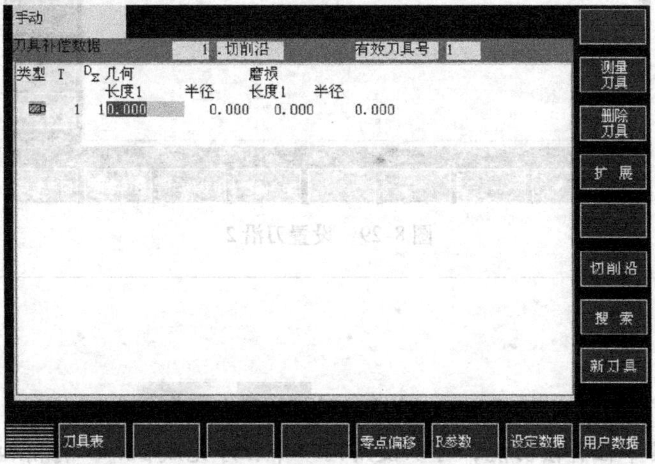
手动
刀具补偿数据
1 . 切削沿
有效刀具号 1
类型 T D 几何 磨损
长度1 半径 长度1 半径
1 1 0.000 0.000 0.000 0.000
测量刀具
删除刀具
扩 展
切削沿
搜 索
新刀具
刀具表
零点偏移
R参数
设定数据
用户数据

图 8-27　建立新刀具

2. 设置刀具半径补偿参数

1）建立新刀具后，在参数操作区的刀具表界面中，移动光标、选中相应刀具号，移动光标、到“几何/半径”位置，使用系统面板的按键输入粗加工刀补值“8.5”，注意此时的刀沿号为 1，如图 8-28 所示。

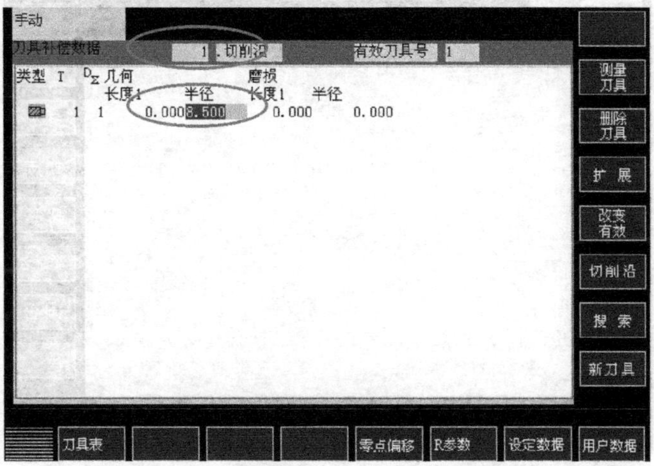
手动
刀具补偿数据
1 . 切削沿
有效刀具号 1
类型 T D 几何 磨损
长度1 半径 长度1 半径
1 1 0.000 8.500 0.000 0.000
测量刀具
删除刀具
扩 展
改变有效
切削沿
搜 索
新刀具
刀具表
零点偏移
R参数
设定数据
用户数据

图 8-28　设置刀沿 1

2）按软键 切削沿 ，再按软键 新刀沿 ，即为当前刀具创建一个新的刀沿“刀沿2”，并在其“几何/半径”位置中输入精加工刀补值“8.000”，如图8-29所示。

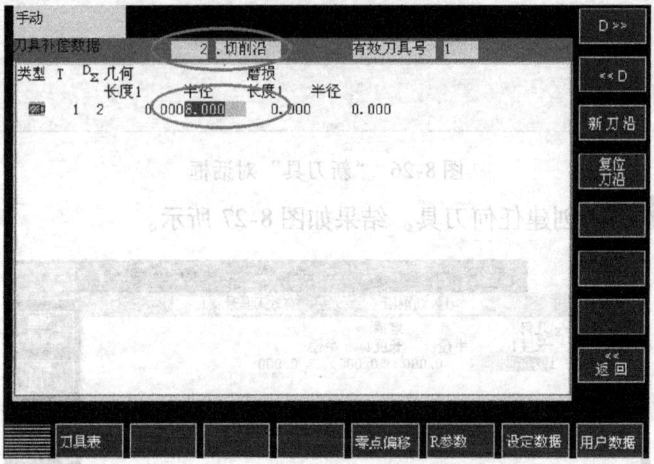
手动
刀具补偿数据
2 . 切削沿
有效刀具号 1
类型 T D几何
长度1 半径
磨损
长度1 半径
1 2 0.000 8.000 0.000 0.000
D >>
<< D
新刀沿
复位刀沿
返回
刀具表
零点偏移
R参数
设定数据
用户数据

图8-29　设置刀沿2

提示：

1）“刀沿1”和“刀沿2”可以通过软键 D>> 和 <<D 进行选择。

2）利用刀具半径补偿功能，可以使用同一个程序完成粗加工和精加工。

六、输入程序

1. 相关操作步骤

数控程序可以通过记事本或写字板等编辑软件输入并保存为文本格式文件，也可以直接用SIEMENS 802D系统的MDI键盘输入。此处调用所保存的文件SL_ 801. txt，操作方法如下：

1）单击系统面板上的程序管理操作区域键 Prog Man 进入程序管理界面，如图8-30所示。

程序管理
名称
类型
长度
执行
新程序
复制
打开
删除
重命名
读出
读入
程序
循环

图8-30　程序管理界面

2）单击软键读入。

3）在菜单栏中选择“机床/DNC 传送”或单击图标，在弹出的对话框中选择所需的 NC 程序，按“打开”确认，则此程序将被自动复制进数控系统。

4）单击软键打开数控程序被显示在 CRT 界面上，如图 8-31 所示。

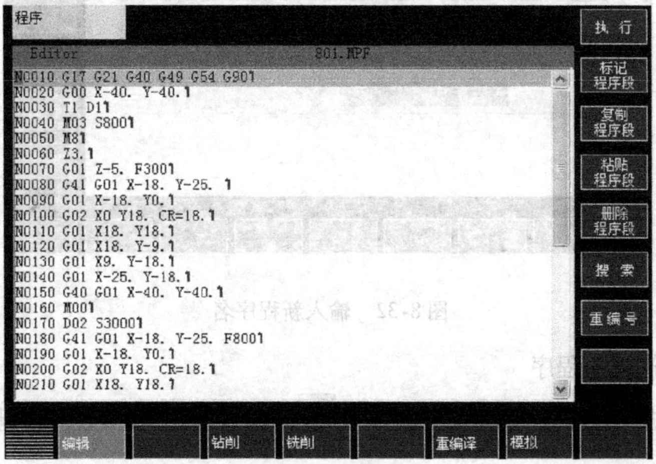
程序
Editor
801.MPF
N0010 G17 G21 G40 G49 G54 G90
N0020 G00 X-40. Y-40.
N0030 T1 D1
N0040 M03 S800
N0050 M8
N0060 Z3.
N0070 G01 Z-5. F300
N0080 G41 G01 X-18. Y-25.
N0090 G01 X-18. Y0.
N0100 G02 X0 Y18. CR=18.
N0110 G01 X18. Y18.
N0120 G01 X18. Y-9.
N0130 G01 X9. Y-18.
N0140 G01 X-25. Y-18.
N0150 G40 G01 X-40. Y-40.
N0160 M00
N0170 D02 S3000
N0180 G41 G01 X-18. Y-25. F800
N0190 G01 X-18. Y0.
N0200 G02 X0 Y18. CR=18.
N0210 G01 X18. Y18.
执行
标记程序段
复制程序段
粘贴程序段
删除程序段
搜索
重编号
编辑
钻削
铣削
重编译
模拟
图 8-31　程序显示

注意：

先利用记事本或写字板方式编缉好加工程序并保存为文本格式文件，文本文件的头两行必须是如下的内容：

%_ N_ 复制进数控系统之后的文件名_ MPF

; $ PATH =/_ N_ MPF_ DIR

2. 其他相关操作

（1）新建数控程序　数控程序可以导入，也可以用键盘输入，操作方法如下：

1）按程序管理操作区域键 Prog Man，然后在程序管理界面按软键新程序，则弹出“新程序”对话框，如图 8-32 所示。

2）在输入框内输入程序名“LX802”，按软键确认，则生成新程序文件，并进入到编辑界面。

3）单击 MDI 键盘上的相应字母，依次把程序输入，按回车键换行。

注意：

1）输入新程序名时，开始的两个符号必须是字母，其后的符号可以是字母、数字或下划线，最多为 16 个字符，不得使用分隔符。

2）若输入的程序没有扩展名，则自动添加“. MPF”为扩展名，而子程序扩展名“. SPF”需随文件名一起输入。

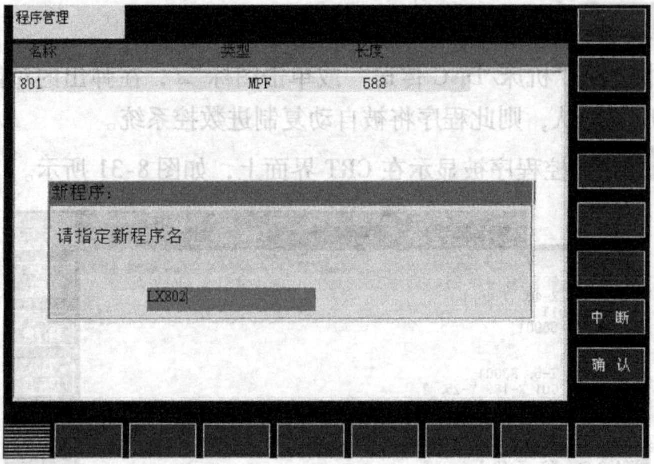
程序管理
名称 类型 长度
801 MPF 588
新程序:
请指定新程序名
LX802
中 断
确 认

图 8-32 输入新程序名

（2）选择待执行的程序

1）在系统面板上按程序管理操作区域键，系统将进入“程序管理”界面，显示已有程序列表。

2）在列表中用光标键、选择要执行的程序，然后按软键 执 行，则所选择的程序将被作为运行程序，在 POSITION 域中右上角显示此程序的名称，如图 8-33 所示。

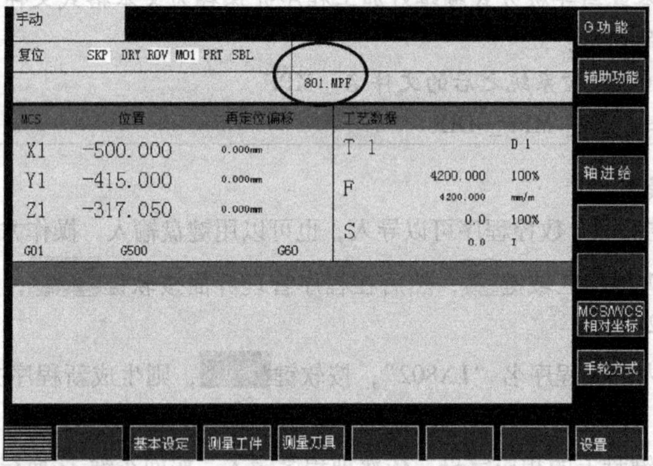
手动
复位 SKP DRY ROV M01 PRT SBL
801.MPF
MCS 位置 再定位偏移 工艺数据
X1 -500.000 0.000mm
Y1 -415.000 0.000mm
Z1 -317.050 0.000mm
G01 G500 G60
T 1 D 1
F 4200.000 100% 4200.000 mm/m
S 0.0 100% 0.0 1
G 功能
辅助功能
轴进给
MCS/WCS 相对坐标
手轮方式
基本设定
测量工件
测量刀具
设置

图 8-33 当前执行程序

七、轨迹检查

数控程序输入后，通过检查刀具运行轨迹来确定其编写是否正确。

1）在“程序管理”界面内把程序“801. MPF”设置为当前运行程序。

2）单击控制面板上的自动运行按钮，CRT 状态区显示为“自动”并转入自动加工模式。

3）按软键模拟系统进入“模拟”模式，检查程序运行轨迹。

4）单击操作面板上的循环启动按钮，即可观察数控程序的运行轨迹。此时也可通过“视图”菜单中的动态旋转、动态放缩、动态平移等方式对三维运行轨迹进行全方位的动态观察，如图8-34所示。图中实线代表刀具快速移动的轨迹，虚线代表刀具切削的轨迹。

5）“模拟”完毕后，再次按软键模拟退出“模拟”模式。

八、自动加工

1. 相关操作步骤

所有工作都准备好之后，要进行零件的自动加工。

1）按下控制面板上的自动方式键，若CRT当前界面为加工操作区，则CRT状态区显示为“自动”。

2）按启动键开始执行程序。加工完毕就会出现如图8-35所示的结果。

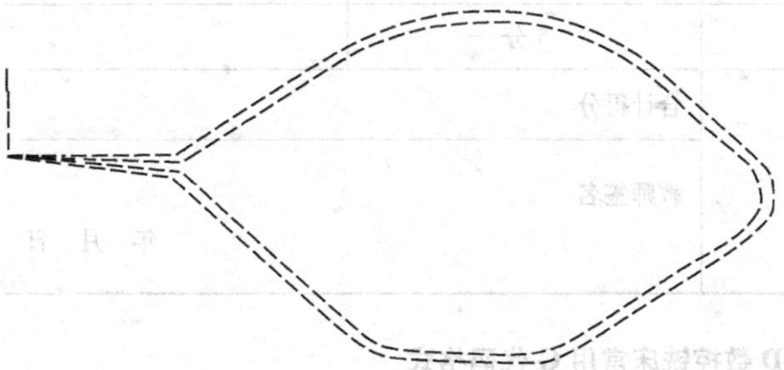

图8-34　仿真轨迹

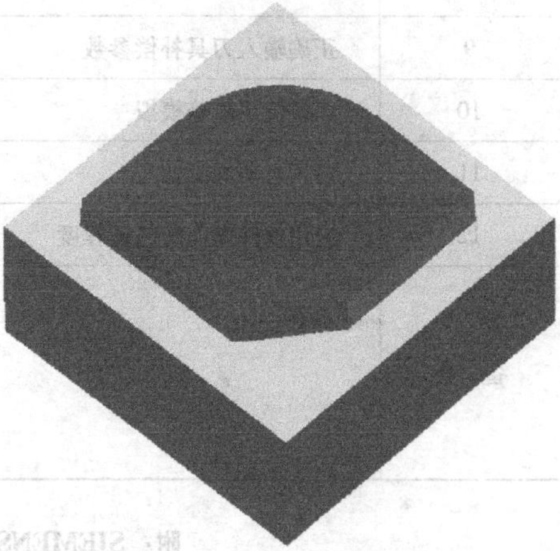

图8-35　加工结果

2. 操作技巧

1）单击操作面板上的单节按钮，程序以单段方式运行，运行每一行程序均需单击一次按钮。中途如关闭“单节”功能，单击按钮，则下一个程序段后即可连续加工。

2）数控程序在运行时，按循环保持键，程序停止执行；再单击键，程序从暂停位置开始执行；按复位键，机床和程序停止；再单击键，程序从开头重新执行。

3）数控程序在运行时，按下急停按钮，数控程序中断运行；继续运行时，先将急停按钮松开，机床需要回参考点后才能重新加工。

4）通过主轴倍率旋钮和进给倍率旋钮来调节主轴旋转的速度和移动的速度。

成绩评分标准（见表8-1）

表8-1 成绩评分标准

序号	考核内容	分值	得分
1	机床正确回零	5分	
2	合理使用机床手动方式	5分	
3	正确完成机床手轮操作	5分	
4	选择合适的毛坯及装夹方式	5分	
5	正确输入程序及编辑程序	20分	
6	正确使用基准工具对刀	15分	
7	合理选择刀具	5分	
8	正确输入坐标系参数	15分	
9	正确输入刀具补偿参数	5分	
10	正确使用轨迹模拟	5分	
11	使用自动加工技巧	10分	
12	应用软件操作的熟练程度	5分	
备注		合计得分	
		教师签名 年 月 日	

附：SIEMENS 802D数控铣床常用G代码格式

分类	分组	代码	意义	格式
插补	1	G0	快速插补	G0 X— Y— Z— X、Y、Z：终点在工件坐标系中的坐标
		G1 *	直线插补	G1 X— Y— Z— F— X、Y、Z：终点在工件坐标系中的坐标 F：合成进给速度
		G2	顺时针圆弧 （终点＋圆心）	G2 X— Y— I— J— F— X、Y：圆弧终点在工件坐标系中的坐标 I、J：圆心相对于圆弧起点的增量 F：编程的两个轴的合成进给速度
			顺时针圆弧 （终点＋半径）	G2 X— Y— CR＝— F— X、Y：圆弧终点在工件坐标系中的坐标 CR：圆弧半径 F：编程的两个轴的合成进给速度

（续）

分　类	分　组	代　码	意　义	格　式
插补	1	G3	逆时针圆弧 （终点＋圆心）	G3　X—　Y—　I—　J—　F— X、Y：圆弧终点在工件坐标系中的坐标 I、J：圆心相对于圆弧起点的增量 F：编程的两个轴的合成进给速度
			逆时针圆弧 （终点＋半径）	G3　X—　Y—　CR＝—　F— X、Y：圆弧终点在工件坐标系中的坐标 CR：圆弧半径 F：编程的两个轴的合成进给速度
暂停	2	G4	暂停时间	G4
平面	6	G17＊	指定 X/Y 平面	G17
		G18	指定 Z/X 平面	G18
		G19	指定 Y/Z 平面	G19
增量设置	14	G90＊	绝对尺寸	G90
		G91	增量尺寸	G91
单位	13	G70	英制尺寸	G70
		G71＊	米制尺寸	G71
零点偏置	9	G53	取消可设定零点偏值	G53
工件坐标	8	G54	第一可设定零点偏值	G54
		G55	第二可设定零点偏值	G55
		G56	第三可设定零点偏值	G56
		G57	第四可设定零点偏值	G57
		G58	第五可设定零点偏值	G58
		G59	第六可设定零点偏值	G59
复位	2	G74	回参考点（原点）	G74　X1＝__　Y1＝__　Z1＝__
刀具补偿	7	G40＊	取消刀尖半径补偿	G40
		G41	刀尖半径左补偿	G41
		G42	刀尖半径右补偿	G42

模块九　CAXA 制造工程师的界面介绍与基本操作

项目目的

让操作者熟悉 CAXA 制造工程师 2006 的界面，并掌握一些常用键的操作方法。

项目内容

CAXA 制造工程师 2006 是在 Windows 环境下运行的 CAD/CAM 一体化的数控加工编程软件。软件集成了数据接口、几何造型、加工轨迹生成、加工过程仿真检验、数控加工代码生成、加工工艺单生成等一整套面向复杂零件和模具的数控编程功能。

CAXA 制造工程师 2006 的操作界面如图 9-1 所示。

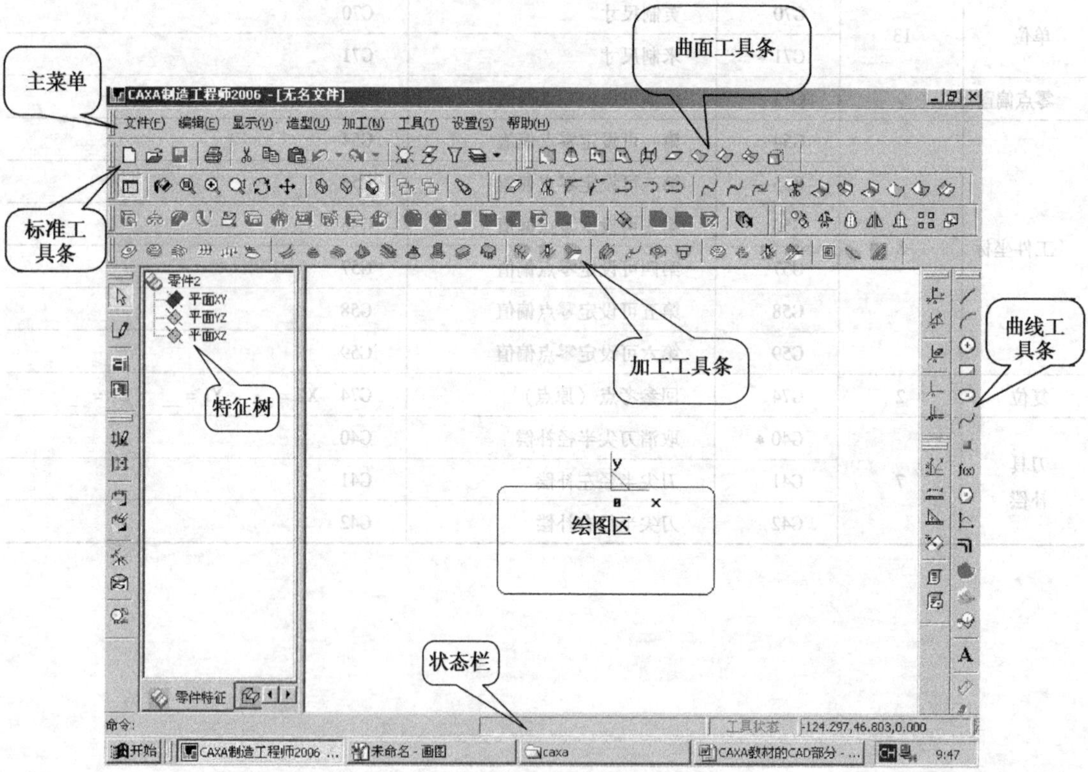
主菜单
曲面工具条
标准工具条
曲线工具条
加工工具条
特征树
绘图区
状态栏

图 9-1　操作界面

相关知识点析

1. CAXA 制造工程师 2006 的启动方法

1）开机后双击操作系统桌面上的“CAXA 制造工程师”图标。

2）单击“开始”按钮后，依次将光标指向“程序”、“CAXA 制造工程师”，再单击“CAXA 制造工程师”即可以进入工作界面。

2. 界面组成

（1）绘图区　绘图区是操作者进行绘图设计的工作区域，即图 9-1 所示的空白区域。在绘图区的中央设置了一个三维直角坐标系，称为世界坐标系。它的坐标系原点为（0.0000，0.0000，0.0000）。在操作过程中的所有坐标系均以此坐标系的原点为基准。

（2）主菜单　主菜单是界面最上方的菜单条。单击菜单条中的任意一个菜单项，都会弹出一个下拉式菜单，指向某一个菜单项会弹出其子菜单。主菜单包括文件、编辑、显示、造型、加工、工具、设置和帮助。每个部分都含有若干个下拉菜单。

（3）立即菜单　立即菜单描述了该项命令执行的各种情况和使用条件。操作者根据当前的作图要求，正确地选择某一选项，即可得到准确的响应。

（4）快捷菜单　光标处于不同的位置，单击鼠标右键会弹出不同的快捷菜单。熟练使用快捷菜单可以提高绘图速度。

（5）对话框　某些菜单选项要求操作者以对话的形式予以回答。单击这些菜单时，系统会弹出一个对话框，操作者可以根据当前操作做出响应。

（6）工具条　在工具条中，可以通过鼠标左键单击相应的按钮进行操作。工具条可以自定义，界面上的工具条包括：标准工具、显示工具、状态工具、曲线工具、几何变换、线面编辑、曲面工具和特征工具。

（7）点工具菜单　工具点就是在操作过程中具有几何特征的点，如圆心点、切点等。

点工具菜单就是用来捕捉工具点的菜单。操作者进入操作命令，需要输入特征点时，只要按下空格键，即在屏幕上弹出点工具菜单，如图 9-2 所示。

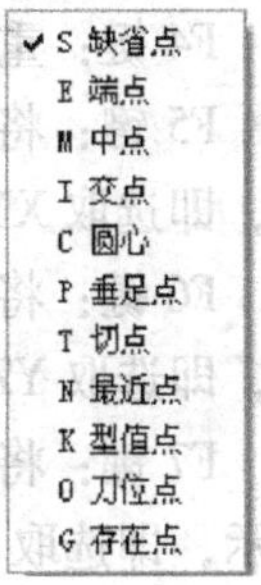
S 缺省点
E 端点
M 中点
I 交点
C 圆心
P 垂足点
T 切点
N 最近点
K 型值点
O 刀位点
G 存在点

图 9-2　点工具菜单

缺省点（S）：屏幕上的任意位置点。

端点（E）：曲线的端点。

中点（M）：曲线的中点。

交点（I）：两曲线的交点。

圆心（C）：圆或圆弧的圆心。

切点（T）：曲线的切点。

垂足点（P）：曲线的垂足点。

最近点（N）：曲线上距离捕捉光标最近的点。

型值点（K）：样条特征点。

刀位点（O）：刀具轨迹上的点。

存在点（G）：用曲线生成中的点工具生成的点。

（8）矢量工具　矢量工具主要用来选择方向，在曲面生成时经常要用到。

（9）选择集拾取工具　选择集拾取工具就是用来方便地拾取需要的元素的工具。拾取元素的操作是经常要用到的，应熟练掌握。

已选中的元素集合称为选择集。当交互操作处于拾取状态时，操作者可通过选择集拾取工具菜单来改变拾取的特征。

3. 常用键的功能

（1）鼠标按键　左键的功能为激活菜单、确定位置点、拾取元素。右键的功能为确认拾取、结束操作、终止当前命令。

（2）回车键和数值键　回车键和数值键在系统要求输入点时，可以激活一个坐标输入条，在输入条中可以输入坐标系值。如果坐标值以@开始，表示是相对于前一个输入点的相对坐标；在某些情况下也可以输入字符串。

（3）空格键　空格键的功能如下：

1）弹出“点工具”菜单。

2）弹出“矢量工具”菜单。

3）进行拾取方式的选择。

4）弹出“选择集拾取工具”菜单。

（4）功能热键

F1 键：请求系统帮助。

F2 键：草图器。用于“草图绘制”模式与“非草图绘制”模式的切换。

F3 键：显示全部图形。

F4 键：重画图形。

F5 键：将当前平面切换至 XY 平面，同时显示 XY 面，并将图形投影到 XY 面内进行显示，即选取 XY 平面为视图平面和作图平面。

F6 键：将当前平面切换至 YZ 平面，同时显示 YZ 面，并将图形投影到 YZ 面内进行显示，即选取 YZ 平面为视图平面和作图平面。

F7 键：将当前平面切换至 XOZ 平面，同时显示 XZ 面，并将图形投影到 XOZ 面内进行显示，即选取 XZ 平面为视图平面和作图平面。

F8 键：显示轴测图。

F9 键：切换作图平面（XY、XZ、YZ）。重复按 F9 键，可以在三个平面中相互转换。

方向键（→、←、↑、↓）：显示平移，可以使图形在屏幕上前后左右移动。

Shift + 方向键（→、←、↑、↓）：显示旋转。

Ctrl + ↑：显示放大。

Ctrl + ↓：显示缩小。

Shift + 鼠标左键：显示旋转。

Shift + 鼠标右键：显示缩放。

Shift + 鼠标（左键 + 右键）：显示平移。

操作步骤

（1）取消上次操作　该操作用于取消最近一次发生的编辑动作。

具体操作：单击“编辑”下拉菜单中的“取消上次操作”，或者直接单击按钮。

（2）恢复已取消的操作　该操作是取消操作的逆过程，只有与取消操作相配合使用才有效。

具体操作：单击“编辑”下拉菜单中的“取消上次操作”，或者直接单击按钮。

注意：

恢复已取消的操作命令时，不能恢复取消的草图和实体特征命令。

（3）删除 删除拾取的元素。

具体操作：

1）单击“编辑”下拉菜单中的“删除”，或者直接单击按钮。

2）拾取要删除的元素，按右键确认。

（4）剪切 将选中的图形存入剪贴板中，以供图形粘贴时使用。

具体操作：

1）单击“编辑”下拉菜单中的“剪切”，或者直接单击按钮。

2）拾取要剪切的元素，按右键确认。

（5）复制 它相当于一个临时存储区，可将选中的图形存储，以供粘贴使用。

具体操作：

1）单击“编辑”下拉菜单中的“拷贝”，或者直接单击按钮。

2）拾取要复制的元素，按右键确认。

（6）粘贴 将剪切板中存储的图形粘贴到用户所指定的位置，也就是将临时存储区中的图形粘贴到当前文件或新打开的其他文件中。

具体操作：单击“编辑”下拉菜单中的“粘贴”，或者直接单击按钮。

（7）线面不可见 隐藏指定曲线或曲面。

具体操作：

1）单击“编辑”下拉菜单中的“线面不可见”。

2）拾取元素，按右键确认。

（8）线面可见 使隐藏的元素可见。

具体操作：

1）单击“编辑”下拉菜单中的“线面可见”，或者直接单击按钮。

2）拾取元素，按右键确认。

（9）线面层修改 修改曲线和曲面的层。

具体操作：

1）使用层设置功能建立新的图层。

2）单击“编辑”下拉菜单中的“线面层修改”。

3）拾取元素，按右键确认。

4）弹出图层管理对话框，单击新建图层，按“确定”按钮，则线面层修改完成。

（10）元素颜色修改 修改元素的颜色。

具体操作：

1）单击“编辑”下拉菜单中的“元素颜色修改”。

2）拾取元素，按右键确认。

3）弹出颜色管理对话框，选择颜色，按确定按钮，则元素修改完成。

（11）编辑草图　编辑修改已有的草图。

具体操作：

1）单击特征树中的草图，该草图变为红色。

2）单击“编辑”下拉菜单中的“编辑草图”，进入草图状态进行编辑。

3）或者单击特征树中的草图名后，直接按右键，在快捷菜单中选择编辑草图，进入草图状态进行编辑。

（12）修改特征　修改特征实体的特征参数。

具体操作：

1）单击特征树中的特征，该特征的线架变为红色。

2）单击“编辑”下拉菜单中的“修改特征”，进入该特征对话框，修改参数，按确定按钮，则特征修改完成。

3）或者单击特征树中的特征名后，直接按右键，在快捷菜单中选择修改特征，进入该特征对话框，修改参数，按确定按钮，则特征修改完成。

（13）终止当前命令　使当前命令终止。

具体操作：单击“编辑”下拉菜单中的“终止当前命令”，或者直接单击按钮，则当前命令终止。

模块十　线架造型——箱体

项目目的

通过本项目，使学生熟悉线架造型的方法，能够熟练掌握等距线、平移等命令的操作步骤。

项目内容

如图 10-1 所示为完成的箱体造型。

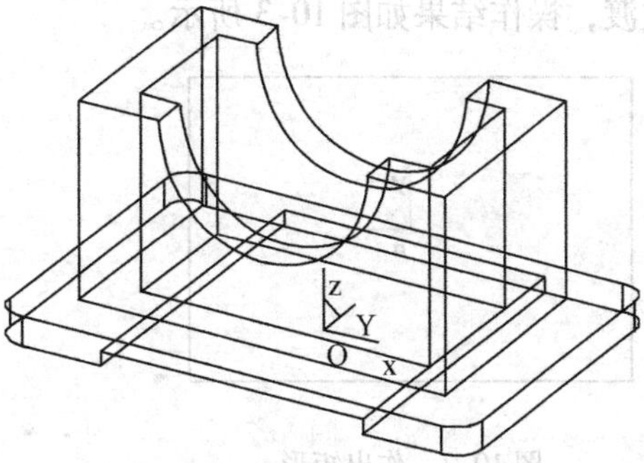
Z
Y
O
X

图 10-1　箱体

相关知识点析

1. 等距线

绘制给定曲线的等距线，用鼠标单击带方向的箭头可以确定等距线位置。

（1）操作方法

1）单击主菜单中的“造型”，指向“曲线生成”，再单击“等距线”；或者直接单击按钮。

2）选取画等距线方式，根据提示，完成操作。

（2）参数含义

1）等距：按照给定的距离作曲线的等距线。

2）变等距：按照给定的起始和终止距离，作沿给定方向变化距离的曲线的变等距线。

（3）注意事项　使用“直线”命令中“平行线”的“等距”方式，可以作多条等距直线。

2. 平移

对拾取到的曲线或曲面进行平移或复制。平移有两种方式：两点或偏移量。

（1）操作方法

1）单击主菜单中的“造型”，指向下拉菜单“几何变换”，再单击“平移”；或者直接单击按钮。

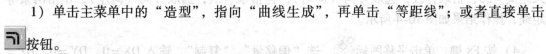

2）按状态栏提示操作。

（2）参数含义

1）两点方式：两点方式就是给定平移元素的基点和目标点，实现曲线或曲面的平移或复制。

2）偏移量方式：偏移量方式就是给出在 X、Y、Z 三轴上的偏移量，实现曲线或曲面的平移或复制。

操作步骤

1）按 F5 键，选取 XOY 为视图平面和作图平面。单击矩形图标，选“中心-长-宽”，输入长度 = 180mm、宽度 = 120mm，拾取中心点（坐标原点），如图 10-2 所示。

2）单击曲线过渡图标，选“圆弧过渡”，输入半径 = 10，分别拾取矩形的边作圆弧过渡，操作结果如图 10-3 所示。

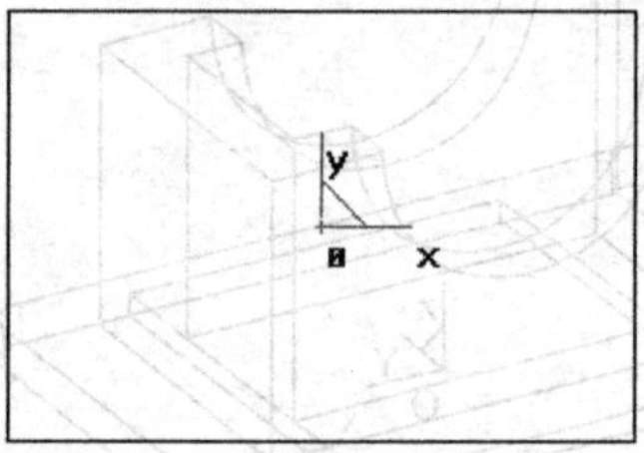
y
x

图 10-2 作出矩形

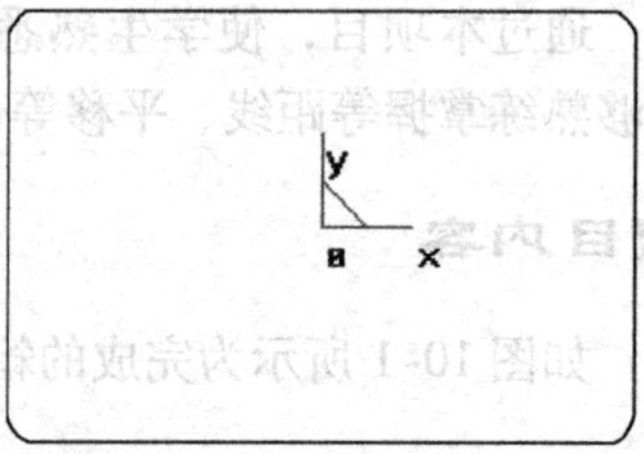
y
x

图 10-3 圆弧过渡

3）单击直线图标，选“两点线”、“单个”、“正交”、“点方式”；按空格键，选取“中点”，拾取矩形长边的中点作直线；单击等距线图标，选“单根曲线”、“等距”，输入距离 = 50；拾取直线，选取方向（向右），再拾取直线，选取方向（向左），作出两条等距线，操作结果如图 10-4 所示。

4）按 F8 键，单击平移图标，选“偏移量”、“复制”，输入 DX = 0、DY = 0、DZ = 5，拾取两条等距线，单击鼠标右键。单击直线图标，按空格键，选端点，拾取两条平移线的各端点并连成直线，按 F3 键显示全部，操作结果如图 10-5 所示。

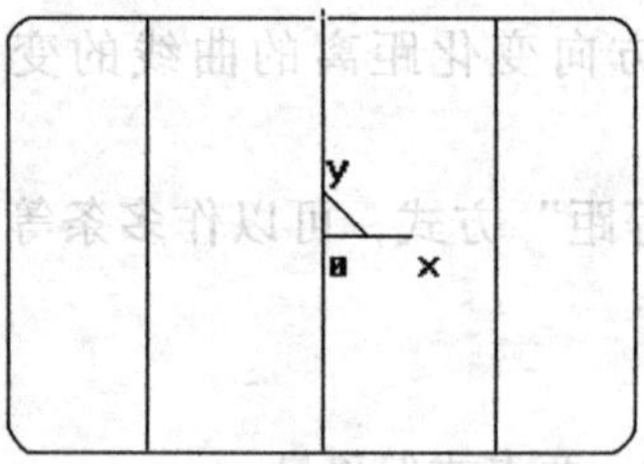
y
x

图 10-4 作等距线(一)

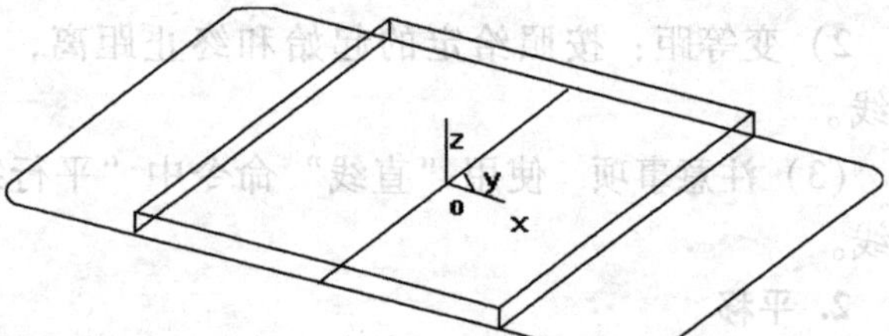
z
y
o
x

图 10-5 作平移线

5）单击平移图标，选“偏移量”、“复制”，输入 DX = 0、DY = 0、DZ = 10，拾取 XOY 平面上的各条线，操作结果如图 10-6 所示。

6）单击等距线图标，选取“单根曲线”、“等距”，输入距离 = 70；拾取中线，分别作两条等距线，输入距离 = 20；拾取两条长边，分别作两条等距线，裁减掉不需要的部分，操作结果如图 10-7 所示。

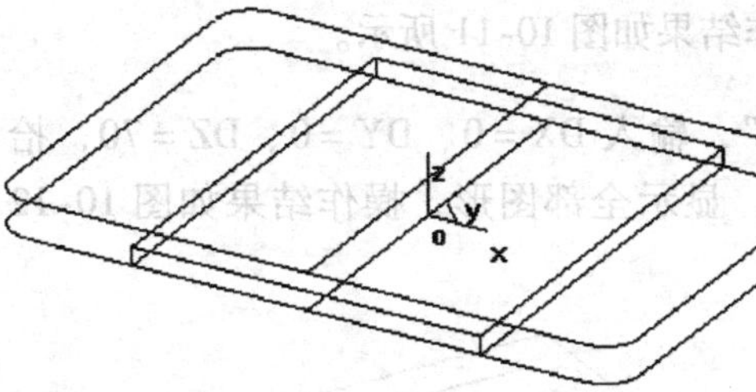
z
y
o
x

图 10-6　作一个平移面

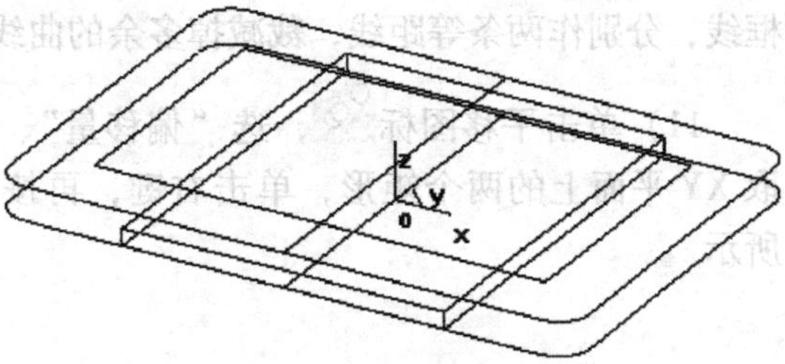
z
y
o
x

图 10-7　作一矩形

7）单击主菜单中的“设置”，选“层设置”，弹出“图层管理”对话框；单击“新建图层”，即增加了新图层；双击“名称”，输入“底”；双击“颜色”，弹出“颜色管理”对话框，选颜色，按“确定”按钮，双击“状态”，改为“锁定”，双击“可见性”，改为“隐藏”，按“确定”按钮，操作结果如图 10-8 所示。

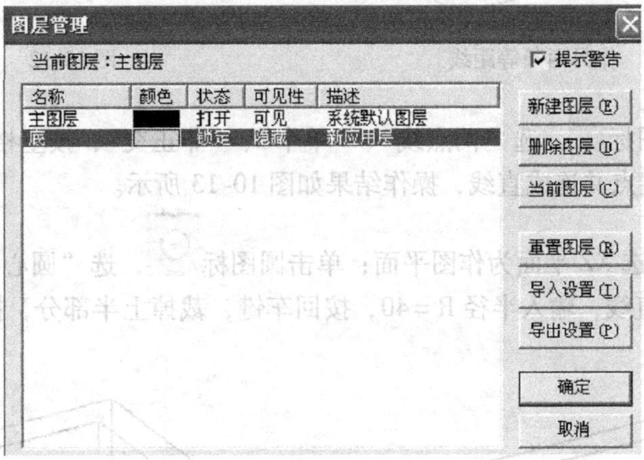
图层管理
当前图层：主图层
提示警告
名称 颜色 状态 可见性 描述
主图层 打开 可见 系统默认图层
底 锁定 隐藏 新应用层
新建图层(E)
删除图层(D)
当前图层(C)
重置图层(R)
导入设置(I)
导出设置(P)
确定
取消

图 10-8　图层管理对话框

8）单击主菜单中的“编辑”，选“层修改”，拾取底层的所有图形，单击右键弹出“图层管理”对话框；单击层底的任意点，按“确定”按钮，操作结果如图 10-9 所示。

9）单击等距线图标，选“单根曲线”、“等距”，输入距离 =55，拾取中线，分别作两条等距线，操作结果如图 10-10 所示。

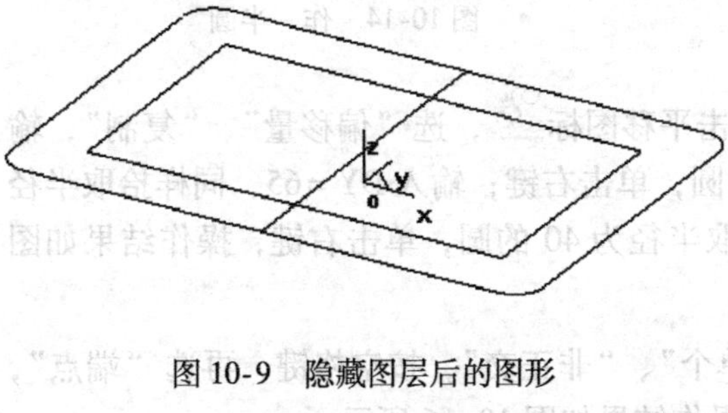
z
y
o
x

图 10-9　隐藏图层后的图形

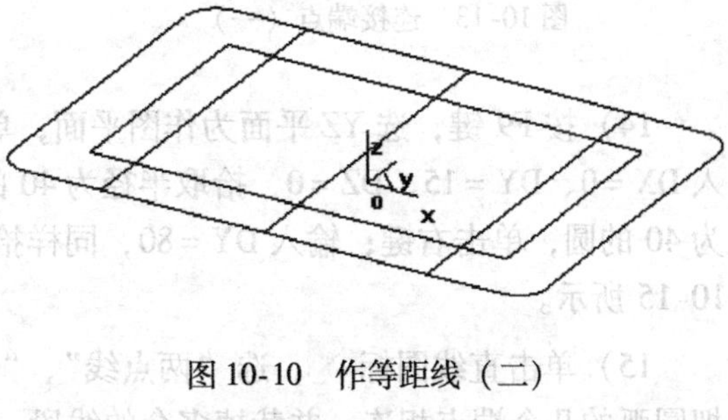
z
y
o
x

图 10-10　作等距线（二）

10）单击等距线图标，选“单根曲线”、“等距”，输入距离 =15，拾取前后两条边框线，分别作两条等距线，裁减掉多余的曲线，操作结果如图 10-11 所示。

11）单击平移图标，选“偏移量”、“拷贝”，输入 DX = 0、DY = 0、DZ = 70，拾取 XY 平面上的两个矩形，单击右键，再按 F3 键，显示全部图形，操作结果如图 10-12 所示。

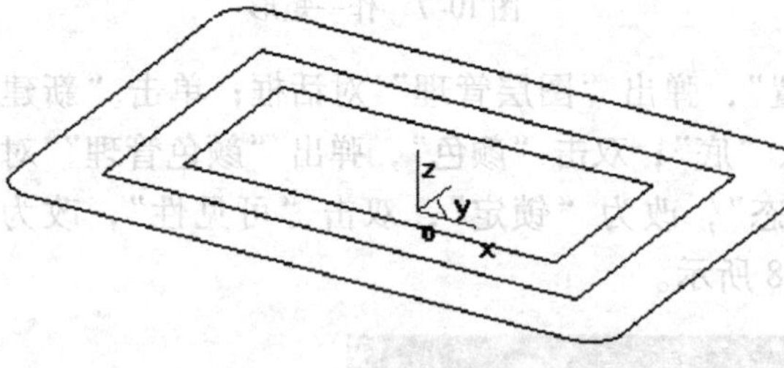
z
y
0
x

图 10-11 作另两条等距线

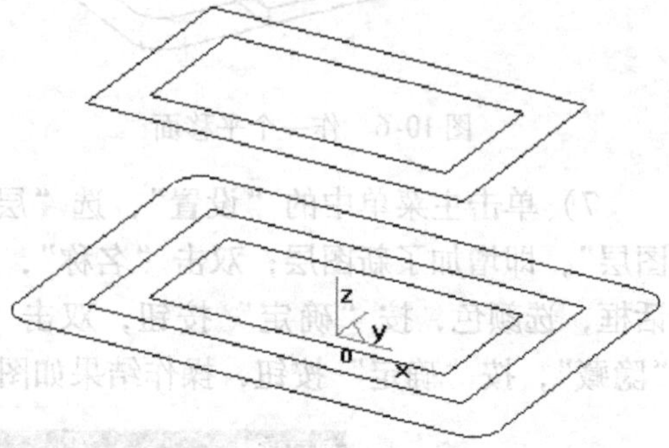
z
y
0
x

图 10-12 平移图形

12）单击直线图标，选“两点线”、“单个”、“非正交”，按空格键，再选“端点”，拾取多个平移线的端点并连成直线，操作结果如图 10-13 所示。

13）按 F9 键，选 XZ 平面为作图平面；单击圆图标，选“圆心-半径”，按空格键，再选“中点”拾取直线，输入半径 R = 40，按回车键，裁掉上半部分，操作结果如图 10-14 所示。

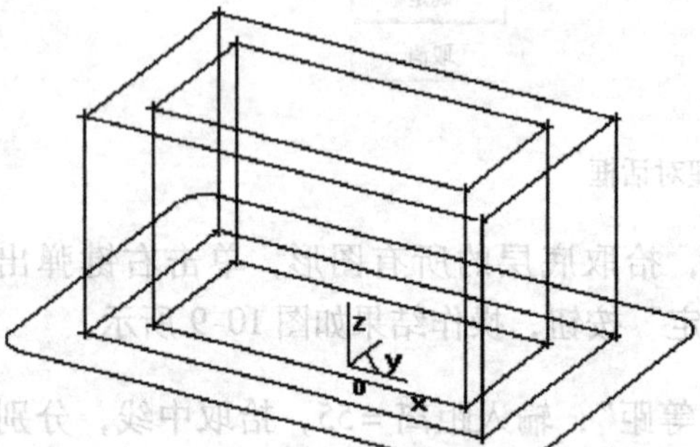
z
y
0
x

图 10-13 连接端点（一）

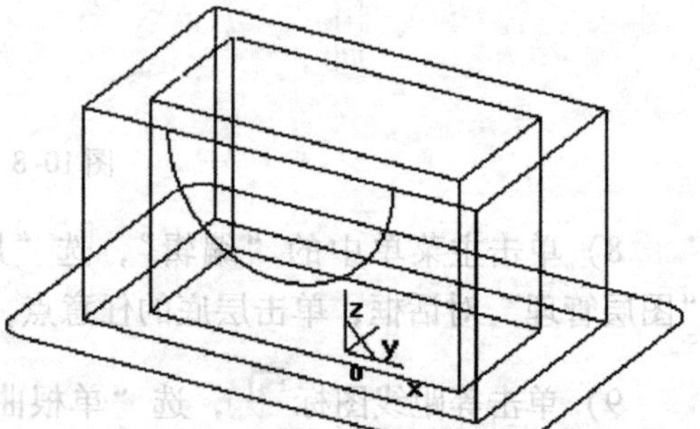
z
y
0
x

图 10-14 作一半圆

14）按 F9 键，选 YZ 平面为作图平面；单击平移图标，选“偏移量”、“复制”，输入 DX = 0、DY = 15、DZ = 0，拾取半径为 40 的圆，单击右键；输入 DY = 65，同样拾取半径为 40 的圆，单击右键；输入 DY = 80，同样拾取半径为 40 的圆，单击右键，操作结果如图 10-15 所示。

15）单击直线图标，选“两点线”、“单个”、“非正交”，按空格键，再选“端点”，把圆弧的几个端点相连，并裁掉多余的线段，操作结果如图 10-16 所示。

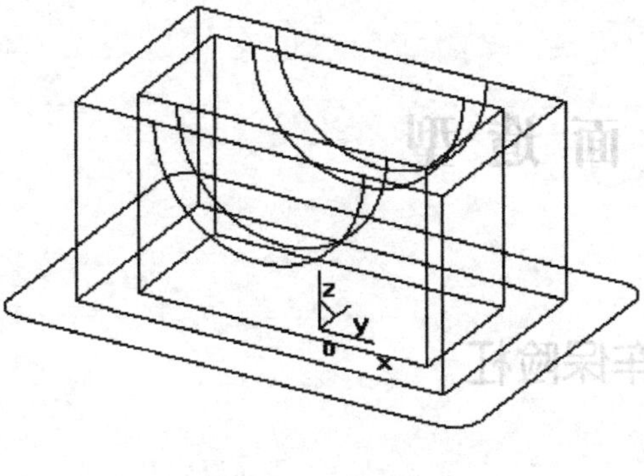
z
y
0
x

图 10-15　平移半圆

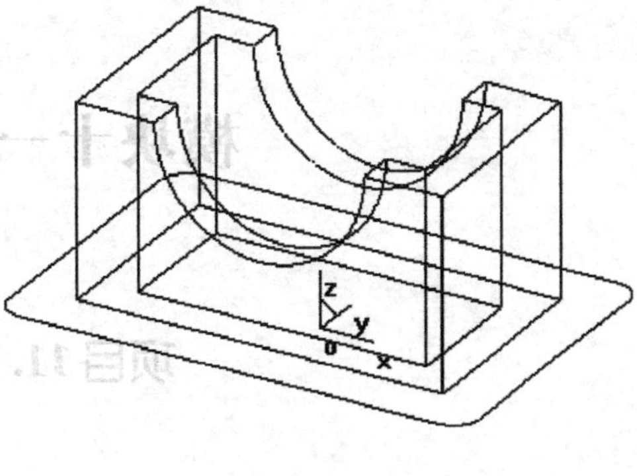
z
y
0
x

图 10-16　连接端点（二）

16）单击主菜单中的“设置”，选“层设置”，弹出“图层管理”对话框；双击层“底”，将“锁定”改为“打开”，双击“隐藏”将其改为“可见”，按“确定”按钮，再按 F3 键，显示全部图形，操作结果如图 10-17 所示。

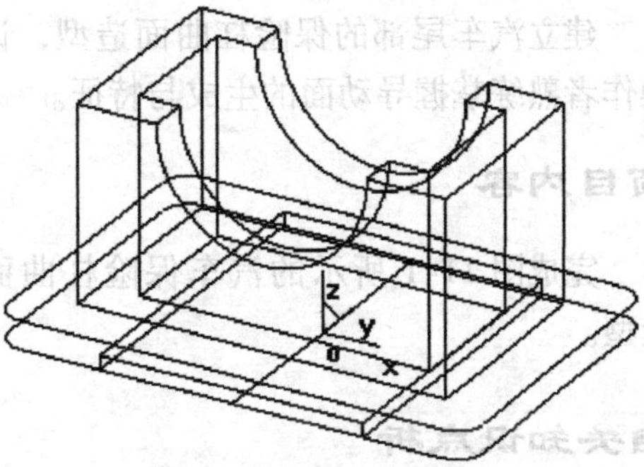
z
y
0
x

图 10-17　显示全部图形

17）单击直线图标，选“两点线”、“单个”、“非正交”，按空格键，再选“端点”，连接直线与直线及圆弧与直线，裁减、删除多余曲线，构成线架三维图形。

成绩评分标准（见表 10-1）

表 10-1　成绩评分标准

序　号	考核内容	分　值	得　分
1	底座造型	25 分	
2	正确平移矩形	10 分	
3	正确隐藏底边	10 分	
4	正确连接各端点	5 分	
5	画出半圆并且平移	20 分	
6	显示隐藏的底边	10 分	
7	删除多余线段	10 分	
8	应用软件操作的熟练程度	10 分	
备注		合计得分 教师签名 年　月　日	

模块十一　曲面造型

项目 11.1　汽车保险杠

项目目的

建立汽车尾部的保险杠曲面造型，让操作者熟练掌握导动面的生成与特征。

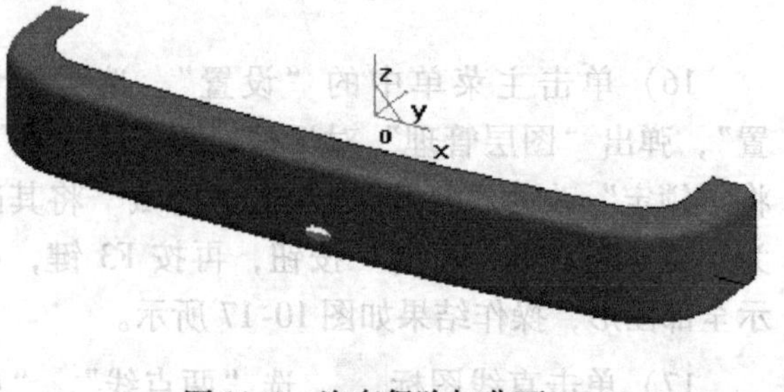

z
y
0
x

图 11-1　汽车保险杠曲面

项目内容

完成图 11-1 所示的汽车保险杠曲面造型。

相关知识点析

导动面是让特征截面线沿着特征轨迹线的某一方向扫动生成的曲面。导动面生成有六种方式：平行导动、固接导动、导动线 & 平面、导动线 & 边界线、双导动线和管道曲面。

（1）操作方法

1）单击“造型”，并指向“曲面生成”，然后单击“导动面”；或者直接单击按钮。

2）选择导动方式。

3）根据不同的导动方式下的提示完成操作。

（2）参数含义

1）平行导动：平行导动是指截面线沿导动线（且平行它自身）移动而成生成曲面，截面线在运动过程中没有任何旋转。

2）固接导动：固接导动是指在导动过程中，截面线和导动线保持固接关系，即让截面线平面与导动线的切矢方向保持相对角度不变，而且截面线在自身相对坐标架中的位置关系保持不变，截面线沿导动线变化的趋势导动生成曲面。固接导动有单截面线和双截面线两种，也就是说截面线可以是一条或两条。

3）导动线 & 平面：截面线按以下规则沿一个平面或空间导动线（脊线）扫动生成曲面。

规则一：截面线平面的方向与导动线上每一点的切矢方向之间的相对夹角始终保持不变。

规则二：截面线平面的方向与所定义的平面法矢方向始终保持不变。这种导动方式尤其适用于导动线是空间曲线的情形，截面线可以是一条或两条。

4）导动线 & 边界线：截面线按以下规则沿一条导动线扫动生成曲面。

规则一：运动过程中截面线平面始终与导动线垂直。

规则二：运动过程中截面线平面与两边界线需要有两个交点。

规则三：对截面线进行放缩，将截面线横跨于两个交点上。截面线沿导动线如此运动时，就与两条边界线一起扫动生成曲面。

5）双导动线：将一条或两条截面线沿着两条导动线匀速地扫动生成曲面。双导动线导动支持等高导动和变高导动。

6）管道曲面：给定起始半径和终止半径的圆形截面沿指定的中心线扫动生成曲面。

（3）注意事项

1）导动曲线、截面曲线应当是光滑曲线。

2）在两根截面线之间进行导动时，拾取两根截面线时应使得它们方向一致，否则曲面将发生扭曲，形状不可预料。

3）导动线 & 平面中给定的平面法矢尽量不要和导动线的切矢方向相同。

操作步骤

1. 先在平面上画出导动线与截面线

1）按 F5 键，在 XY 工作平面内画线。单击图标，选“中心-长-宽”，输入“长度 = 1500”、“宽度 = 210”为矩形中心点并定位在坐标原点，如图 11-2 所示。

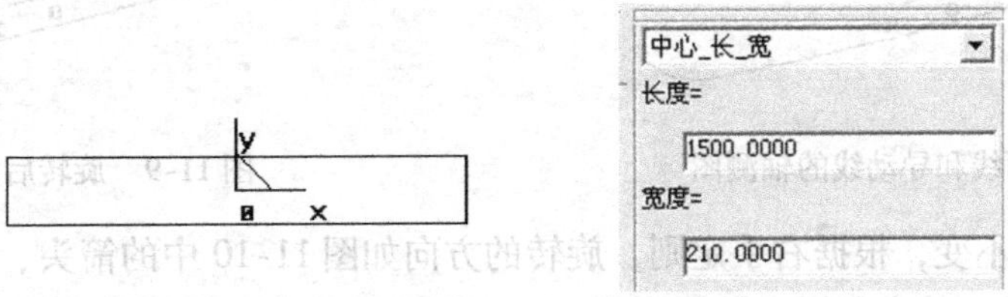
y
x
中心_长_宽
长度=
1500.0000
宽度=
210.0000

图 11-2　作一矩形

2）单击按钮，选“圆弧过渡”、裁剪曲线 1、裁剪曲线 2，输入“半径 = 100”，如图 11-3 所示。拾取曲线后得到的结果如图 11-4 所示。

3）删去上、下两条直线，结果如图 11-5 所示。

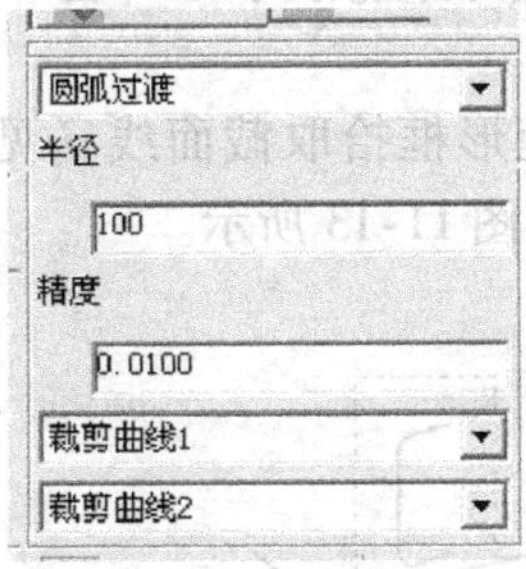
圆弧过渡
半径
100
精度
0.0100
裁剪曲线1
裁剪曲线2

图 11-3　圆弧过渡的选项

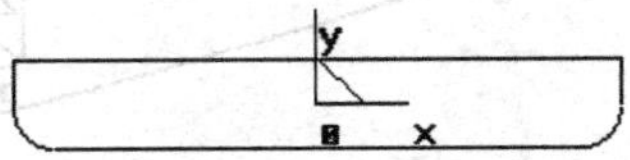
y
x

图 11-4　圆弧过渡的结果

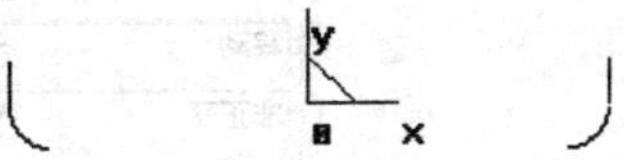
y
x

图 11-5　裁剪后的结果

4）单击按钮，选“两点-半径”，单击空格键弹出工具点菜单，选“切点”，按提示拾取左右两条圆弧，输入半径 R = 7000，回车后得到如图 11-6 所示的导动线。

5）单击按钮，输入“长度＝220”、“宽度＝100”，中心点定位选缺省点，单击按钮，选“半径＝30”，就在同一平面上画出截面线，如图 11-7 所示。

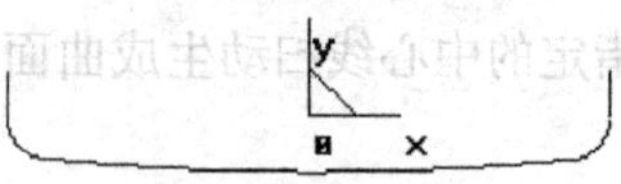

图 11-6　导动线

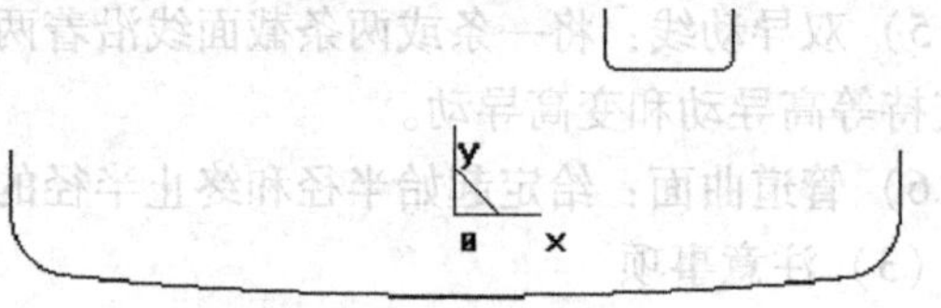

图 11-7　画出截面线

6）按图样裁掉多余线段，按 F8 键转到轴测图，如图 11-8 所示。

2. 对截面线进行空间几何变换（将 XY 平面内的截面线变换到 XZ 的平行平面上来）

1）单击按钮，选“移动”、“角度＝90”，根据右手定则旋转轴的起点和终点，用矩形框拾取全部的截面线，单击鼠标右键得到图 11-9 所示的结果，即截面线平面由 XY 平面转换到了 YZ 平面。

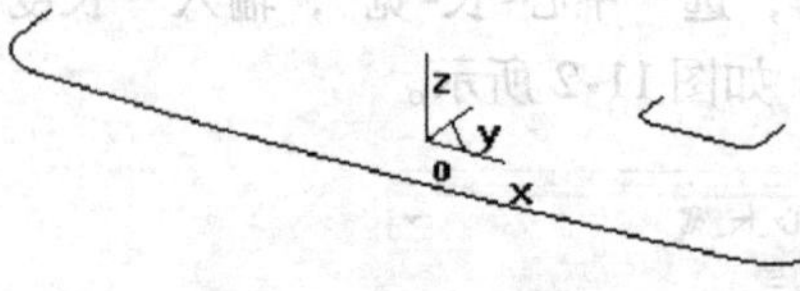

图 11-8　截面线和导动线的轴测图

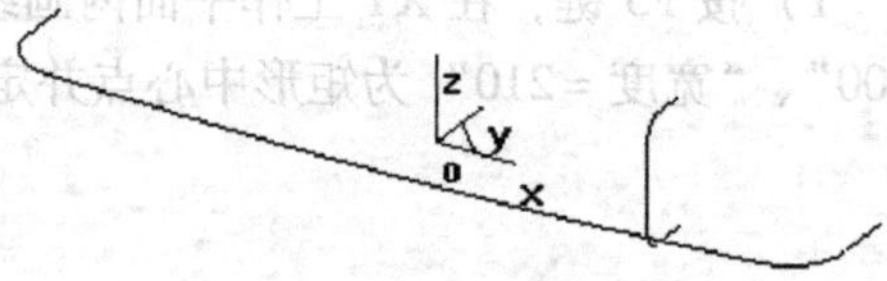

图 11-9　旋转后的截面线

2）保持命令不变，根据右手定则，旋转的方向如图 11-10 中的箭头、起点、终点拾取，拾取全部的截面线，单击鼠标右键得到图 11-11 所示的结果（截面线变换到了 XZ 平面）。

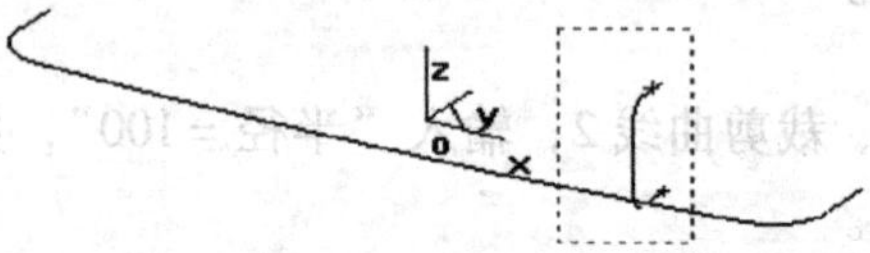

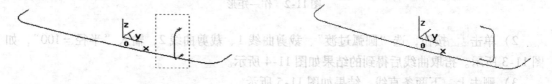

图 11-10　选旋转轴的起终点

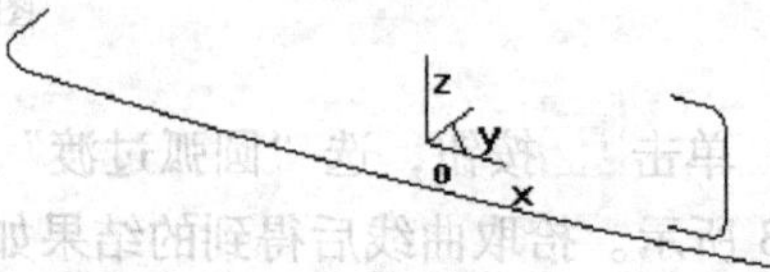

图 11-11　截面线变换到了 XZ 平面

3）单击按钮，选“两点”、“移动”、“非正交”，用矩形框拾取截面线（见图 11-12），选取基点后用鼠标拖动截面线到达目标点，得到的结果如图 11-13 所示。

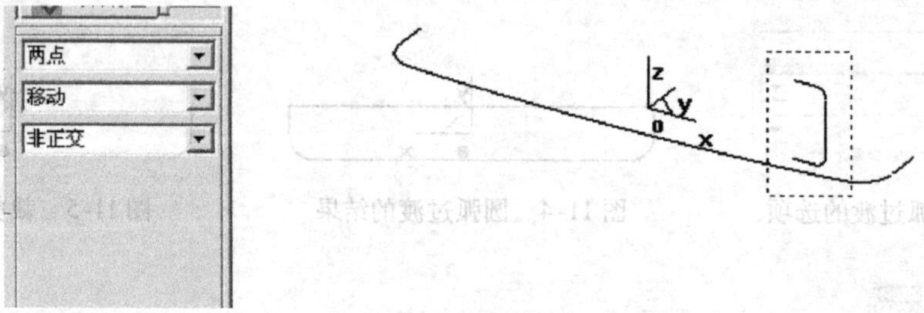
两点
移动
非正交

图 11-12　选取基点和目标点

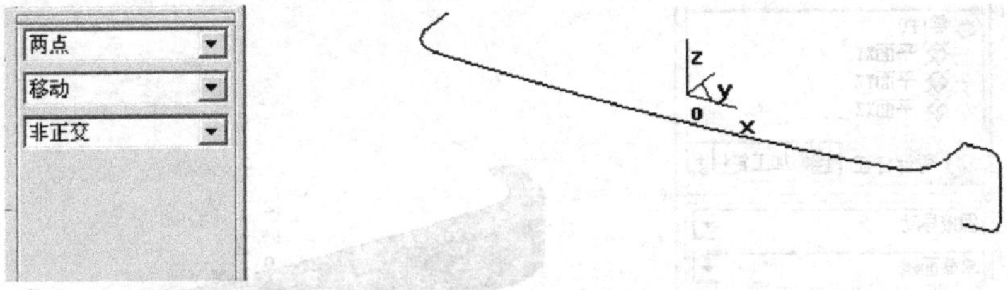
两点
移动
非正交
z
y
o
x

图 11-13　移动的结果

3. 将原来分段的导动线和截面线变成组合曲线

1）单击组合曲线按钮，选“删除原曲线”，拾取曲线后选图 11-14 中箭头所指的轮廓走向，单击鼠标右键后得到组合的导动线（相当于一根样条线）。

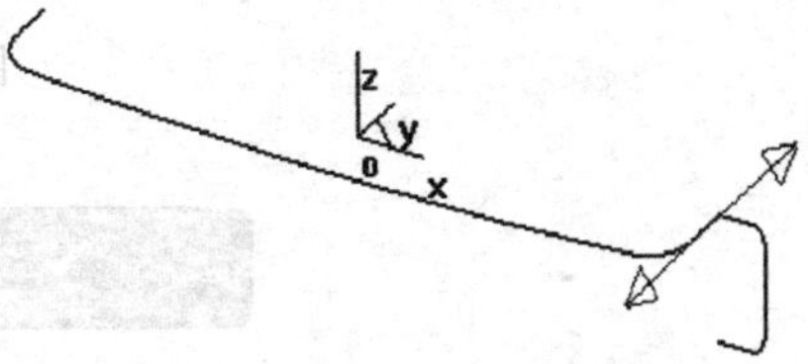
z
y
o
x

图 11-14　选组合曲线的方向

2）用同样的命令再处理截面线一次，得到的结果如图 11-15 所示，图中光标接近曲线时会在箭头旁边出现样条线图标，而不是原来的直线或圆弧图标。

删除原曲线
z
y
o
x

图 11-15　生成组合曲线

4. 生成导动面

1）单击曲面工具导动面按钮，选“固接导动”、“单截面线”，按提示拾取导动线，选图 11-16 中箭头指的方向。

固接导动
单截面线
精度
0.0100
z
y
o

图 11-16　选导动方向

2）拾取截面线，确定后可以得到保险杠的导动曲面，如图 11-17 所示。

5. 在曲面上打孔

1）按 F7 键，将工作平面转到 XZ 平面，如图 11-18 所示。

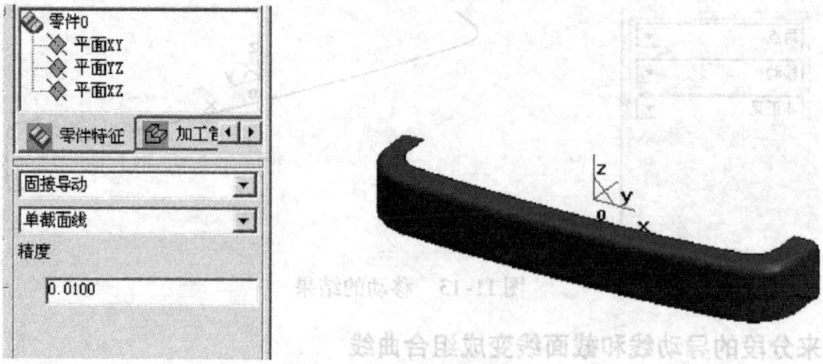
零件0
平面XY
平面YZ
平面XZ
零件特征
加工管
固接导动
单截面线
精度
0.0100
z
y
o
x

图 11-17　生成导动面

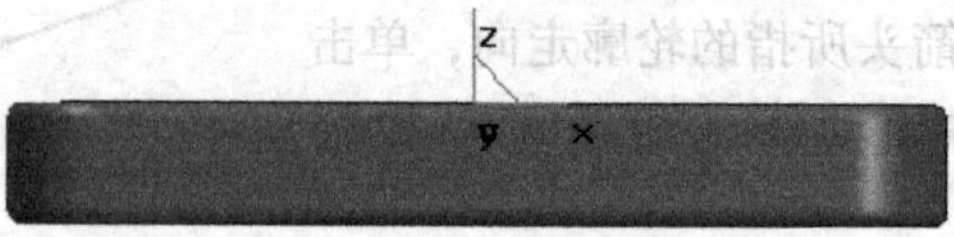
z
y
x

图 11-18　将工作平面转到 XZ 平面

2）光标指向曲面后单击鼠标左键（拾取保险杠），单击鼠标右键后弹出立即菜单，选“隐藏”（见图 11-19），图样即从屏幕上消失（只剩空间线），如图 11-20 所示。

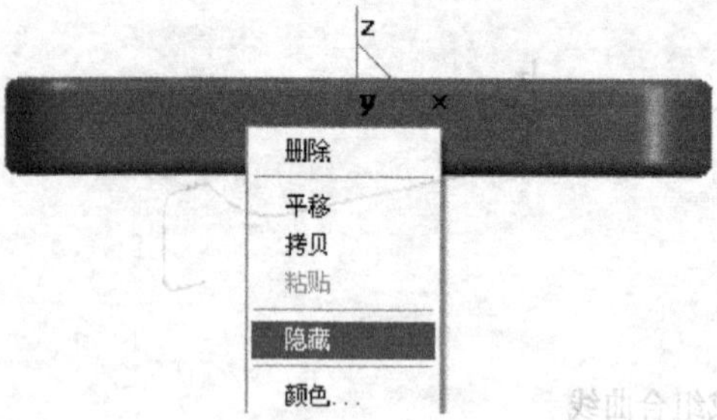
z
y
x
删除
平移
拷贝
粘贴
隐藏
颜色...

图 11-19　隐藏曲面

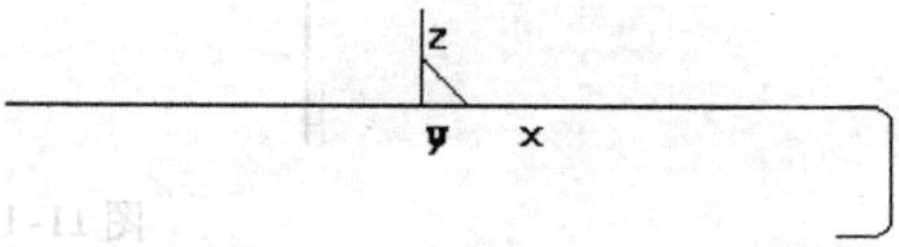
z
y
x

图 11-20　隐藏后的结果

3）单击椭圆按钮，输入“长半轴 =30”、“短半轴 =15”、“起始角 =0”、“旋转角 =0”、“终止角 =360”，并输入中心坐标（0，0，－165），得到图 11-21 所示的结果。

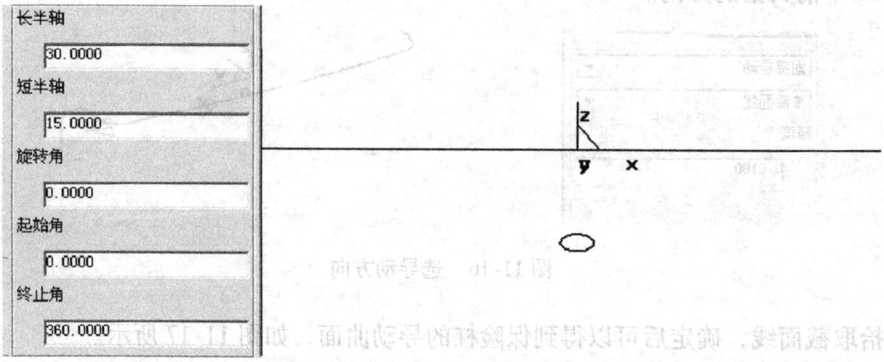
长半轴
30.0000
短半轴
15.0000
旋转角
0.0000
起始角
0.0000
终止角
360.0000
z
y
x

图 11-21　在 XOZ 平面生成椭圆

4）单击“编辑”命令，弹出菜单后选线面“可见”（见图11-22），原隐藏的曲面又重新出现。

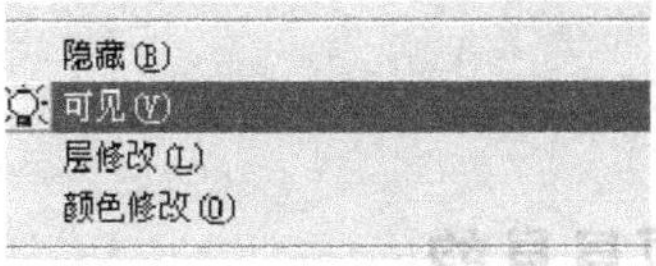
隐藏
可见
层修改
颜色修改

图11-22 显示原曲面

5）单击曲面裁剪按钮 ，选“投影线[1]裁剪”、“裁剪”，拾取被保留的曲面；输入投影方向时按空格键后弹出矢量工具菜单，选“Y轴负方向”（见图11-23），拾取剪刀线，如图11-24所示。

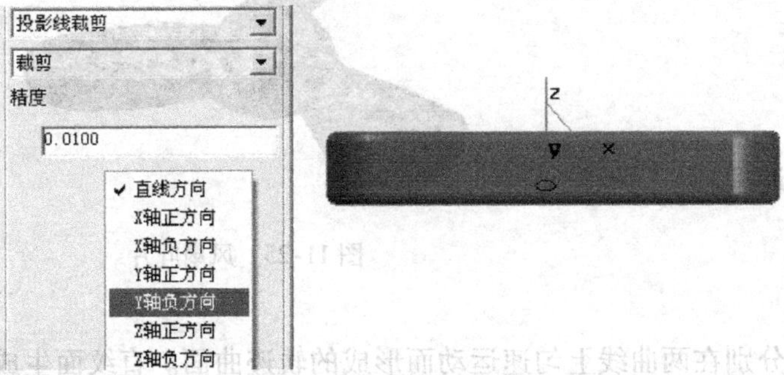
投影线裁剪
裁剪
精度
0.0100
直线方向
X轴正方向
X轴负方向
Y轴正方向
Y轴负方向
Z轴正方向
Z轴负方向
z
y
x

图11-23 确定投影方向

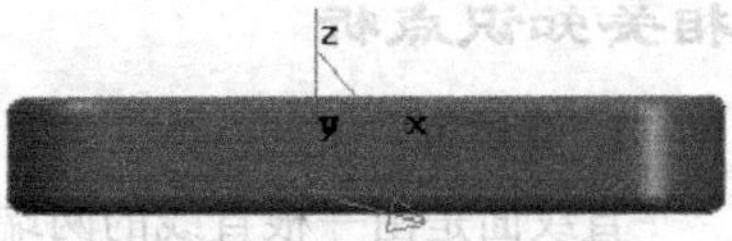
z
y
x

图11-24 拾取剪刀线

6）确定后得到最后的结果（见图11-1），按F8键可以看轴测图。

成绩评分标准（见表11-1）

表11-1 成绩评分标准

序号	考核内容	分值	得分
1	画导动线	10分	
2	画截面线	10分	
3	对截面线进行空间几何变换	15分	
4	将原来分段的导动线和截面线变成组合曲线	15分	
5	生成导动面	15分	
6	在曲面上打孔	15分	
7	对图形进行编辑	10分	
8	应用软件操作的熟练程度	10分	
备注		合计得分	
		教师签名	年 月 日

[1] 新的制图标准中应为投射线，但考虑到与软件对应，故书中仍采用投影线。

项目 11.2　风扇叶片

项目目的

建立曲面造型——风扇叶片，从而使操作者熟练掌握直纹面、旋转面的生成及曲面的裁剪等一些相关的曲线编辑命令。

项目内容

完成图 11-25 所示的风扇叶片造型。

图 11-25　风扇叶片

相关知识点析

1. 直纹面

直纹面是由一根直线的两端点分别在两曲线上匀速运动而形成的轨迹曲面。直纹面生成有三种方式：曲线 + 曲线、点 + 曲线和曲线 + 曲面。

（1）操作方法

1）单击主菜单中的“造型”，指向“曲面生成”，单击“直纹面”，或者单击  按钮。

2）在立即菜单中选择直纹面生成方式。

3）按状态栏的提示操作，生成直纹面。

（2）参数含义

1）曲线 + 曲线：曲线 + 曲线是指在两条自由曲线之间生成直纹面。

2）点 + 曲线：点 + 曲线是指在一个点和一条曲线之间生成直纹面。

3）曲线 + 曲面：曲线 + 曲面是指在一条曲线和一个曲面之间生成直纹面。

（3）注意事项

1）若生成方式为“曲线 + 曲线”，则在拾取曲线时应注意拾取点的位置，应拾取曲线的同侧对应位置；否则将使两曲线的方向相反，生成的直纹面发生扭曲。

2）若生成方式为“曲线 + 曲线”，如系统提示“拾取失败”，可能是由于拾取设置中没有这种类型的曲线。解决方法是选择“设置”菜单中的“拾取过滤设置”，在“拾取过滤”设置对话框的“图形元素的类型”中选择“选中所有类型”。

3）若生成方式为“曲线 + 曲面”，则输入方向时可利用矢量工具菜单。在需要这些工具菜单时，按空格键或鼠标中键即可弹出工具菜单。

4）若生成方式为“曲线 + 曲面”，当曲线沿指定方向，以一定的锥度向曲面投影作直纹面时，如曲线的投影不能全部落在曲面内，则直纹面将无法作出。

2. 旋转面

旋转面是按给定的起始角度、终止角度将曲线绕一旋转轴旋转而生成的轨迹曲面。

（1）操作方法

1）单击主菜单中的“造型”，指向“曲面生成”，单击“旋转面”，或者单击按钮。

2）输入起始角和终止角的角度值。

3）拾取空间直线为旋转轴，并选择方向。

4）拾取空间曲线为母线，拾取完毕即可生成旋转面。

（2）注意事项 选择方向时，箭头方向与曲面旋转方向两者遵循右手螺旋法则。

3. 曲面裁剪

曲面裁剪是对生成的曲面进行修剪，去掉不需要的部分。在曲面裁剪功能中，操作者可以选用各种元素（包括各种曲线和曲面）来修理和剪裁曲面，获得操作者所需要的曲面形态；也可以将被裁剪了的曲面恢复到原来的样子。

曲面裁剪有五种方式：投影线裁剪、等参数线裁剪、线裁剪、面裁剪和裁剪恢复。面裁剪的操作方法如下：

1）在立即菜单上选择“面裁剪”、“裁剪”或“分裂”、“相互裁剪”或“裁剪曲面1”。

2）拾取被裁剪的曲面（选取需保留的部分）。

3）拾取剪刀曲面，裁剪完成。

在各种曲面裁剪方式中时，操作者都可以通过切换立即菜单来采用裁剪或分裂的方式。在分裂方式中，系统用剪刀线将曲面分成多个部分，并保留裁剪生成的所有曲面部分；在裁剪方式中，系统只保留操作者所需要的曲面部分，其他部分都将被裁剪掉。系统根据拾取曲面时鼠标的位置来确定操作者所需要的部分，即剪刀线将曲面分成多个部分，操作者在拾取曲面时鼠标单击在哪一个曲面部分上就保留哪一部分。

操作步骤

1. 绘制空间直线

1）单击图标，在立即菜单中选择“两点线”方式。根据状态栏提示，输入直线端点坐标（-5，22，20）、(20，-18，0)，按回车键确定。

2）输入另一直线端点坐标（50，65，0）、（90，10，20），按回车键确定，结果如图11-26所示。

2. 生成曲面

单击图标，根据状态栏提示，拾取曲线生成直纹面。注意在拾取直线时，拾取位置应该尽量在两条曲线的同一侧。按F8键，生成图11-27所示的直纹面。

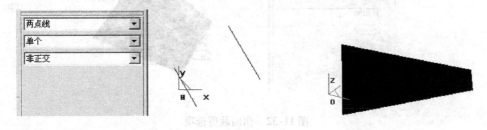

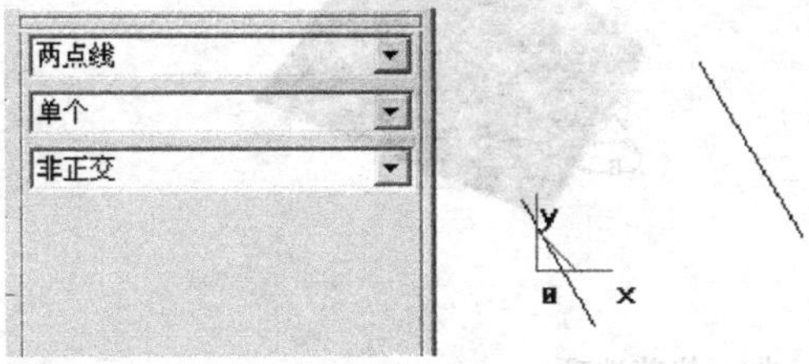
两点线
单个
非正交
y
x
图11-26 生成两条空间直线

z
0
图11-27 生成直纹面

3. 裁剪曲面

1）按 F5 键，把显示平面切换到 XY 平面。

2）单击图标，依次输入直线坐标点（－13，4，0）、(0，－20，0)、(80，17，0)、(57，58，0)、(－13，4，0)，按回车键确认，得到图 11-28 所示的结果。

3）单击图标，选“圆弧过渡”输入，“半径＝15”，其余参数按照图 11-29 所示标注。

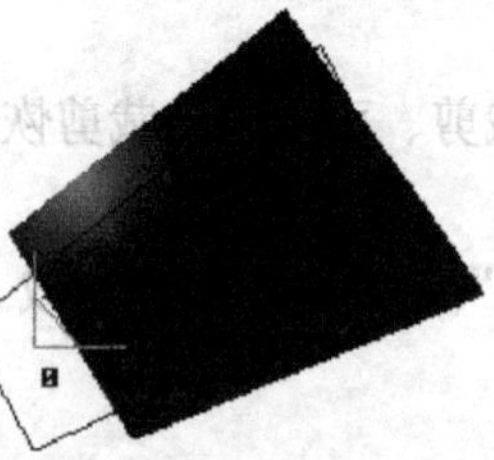

图 11-28　画出剪刀线的四边

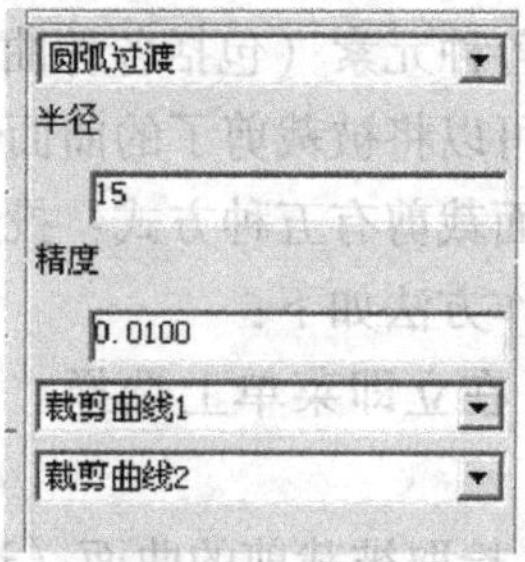
圆弧过渡
半径
15
精度
0.0100
裁剪曲线1
裁剪曲线2

图 11-29　圆弧过渡的选项

4）过渡结果如图 11-30 所示。

5）单击图标，根据状态栏提示，拾取需要组合的曲线，单击左指箭头，得到所示图形，如图 11-31 所示。

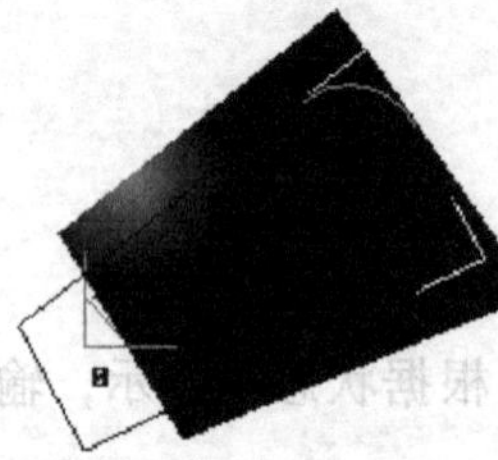

图 11-30　剪刀线的圆弧过渡

图 11-31　生成组合曲线

6）单击图标，裁剪方式选“投影线裁剪”、“裁剪”，如图 11-32 所示。

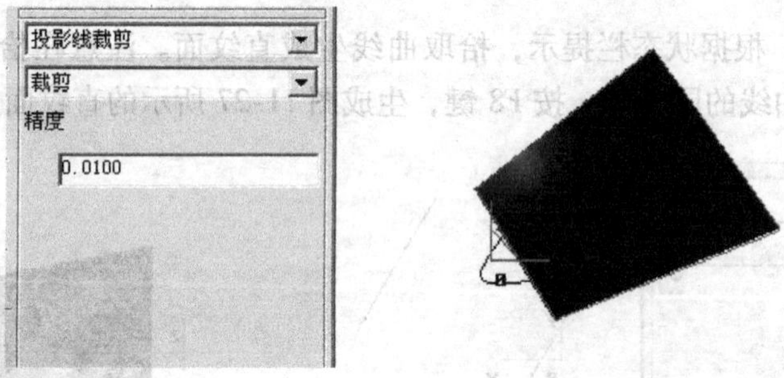
投影线裁剪
裁剪
精度
0.0100

图 11-32　曲面裁剪选项

7）按空格键，弹出矢量工具菜单，选取“Z 轴正方向”，如图 11-33 所示。

8）根据状态栏提示，拾取剪刀线，拾取轮廓曲线，得到一个风扇叶，如图 11-34 所示。

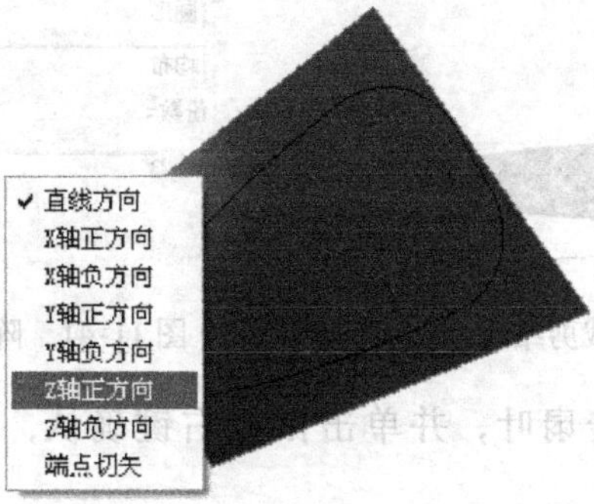
直线方向
X轴正方向
X轴负方向
Y轴正方向
Y轴负方向
Z轴正方向
Z轴负方向
端点切矢

图 11-33　选取投影方向

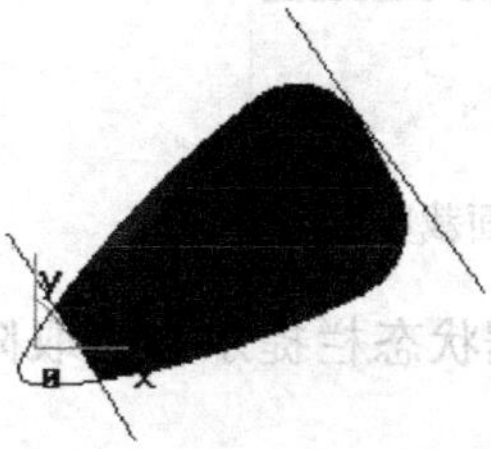

图 11-34　生成一个叶片

4. 生成旋转面

1）按 F7 键，把工作平面切换到 XZ 的平面。

2）单击图标，依次输入直线坐标点（0，0，0）、（0，0，27），按回车键确认，得到图 11-35 所示直线。

3）单击图标，样条线参数如图 11-36 所示。

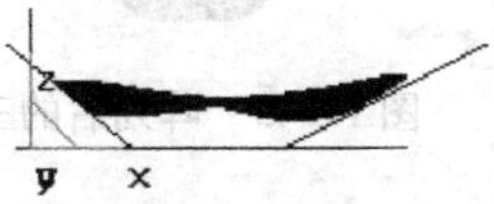

图 11-35　画出一根旋转用的轴线

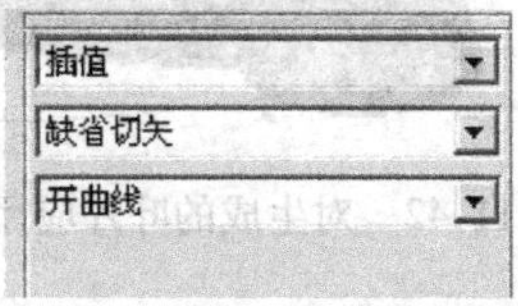
插值
缺省切矢
开曲线

图 11-36　样条线参数

4）依次输入样条线点坐标（0，0，27）、（8，0，23）、（22，0，2），按回车键确认，得到图 11-37 所示的截面线。

5）单击图标，根据状态栏提示，拾取旋转轴线，单击向上箭头，然后拾取母线，得到图 11-38 所示结果。

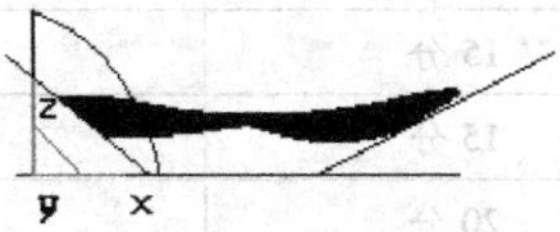

图 11-37　生成截面线

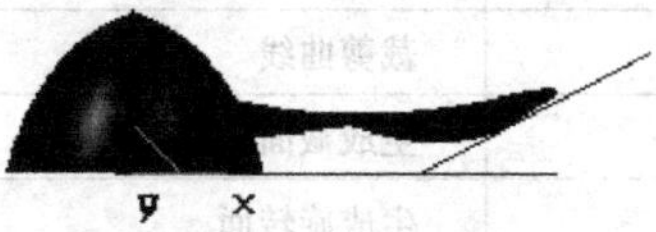

图 11-38　生成旋转面

6）单击图标，选择“面裁剪”方式，裁剪参数如图 11-39 所示。

7）根据状态栏提示，拾取被裁剪曲面，拾取剪刀曲面，多余的扇叶被裁掉，得到图 11-40 所示结果。

5. 阵列

1）单击图标，阵列参数选择如图 11-41 所示。

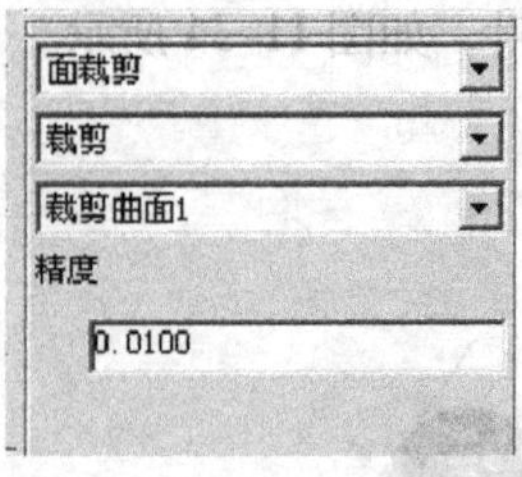
面裁剪
裁剪
裁剪曲面1
精度
0.0100

图 11-39 面裁剪参数

图 11-40 裁剪结果

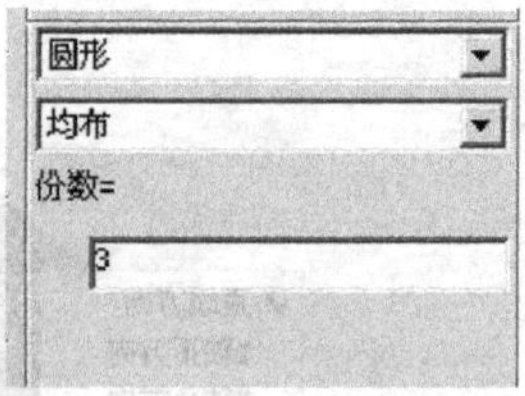
圆形
均布
份数=
3

图 11-41 阵列参数

2）根据状态栏提示，拾取阵列元素，单击扇叶，并单击鼠标右键确认，结果如图 11-42所示。

3）按 F5 键切换至 XY 平面，根据状态栏提示，输入阵列中心点；单击坐标原点，得到图 11-43 所示的实体曲面。

图 11-42 对生成的叶片应用阵列命令

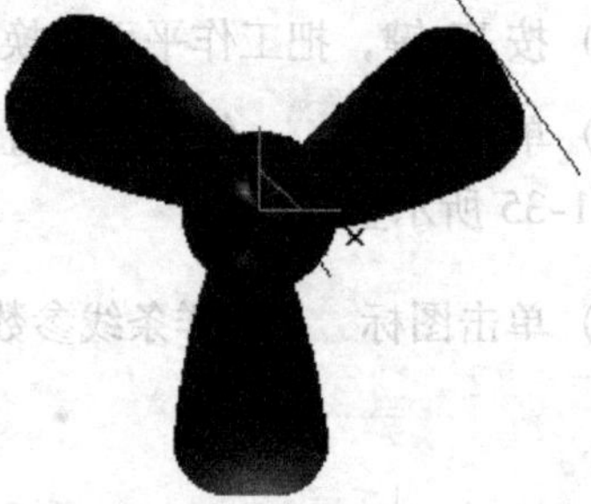

图 11-43 阵列后的三叶片

4）删除空间曲线，得到图 11-25 所示的风扇曲面造型。

成绩评分标准（见表 11-2）

表 11-2 成绩评分标准

序 号	考核内容	分 值	得 分
1	绘制空间曲线	10 分	
2	生成直纹面	10 分	
3	裁剪曲线	15 分	
4	生成截面线	15 分	
5	生成旋转面	20 分	
6	曲面编辑	10 分	
7	阵列图形	10 分	
8	应用软件操作的熟练程度	10 分	
备注		合计得分 教师签名	 年 月 日

项目11.3　五　角　星

项目目的

通过五角星的造型练习，使操作者进一步掌握直纹面的生成方法，并能够熟练应用曲面编辑工具。

项目内容

完成图11-44所示的五角星造型。

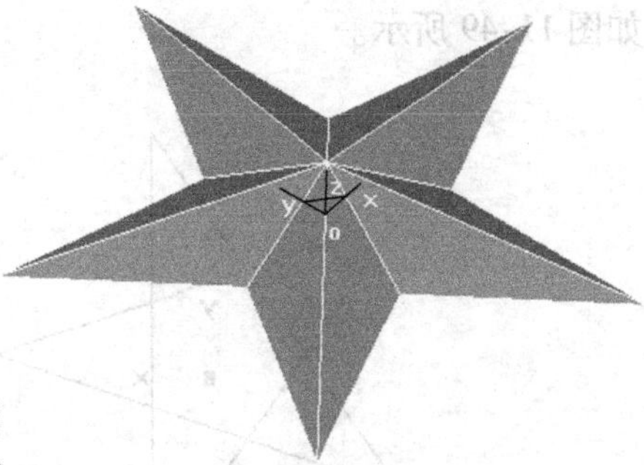

图11-44　五角星造型

相关知识点析

五角星的造型特点主要是由多个空间面组成，因此在构造实体时首先应使用空间曲线构造实体的空间线架，然后利用直纹面生成曲面，可以逐个生成也可以将生成的一个角的曲面进行圆形均步阵列，最终生成所有曲面。

操作步骤

1. 绘制五角星的框架

1）圆的绘制。单击图标，进入空间曲线绘制状态，在特征树下方的立即菜单中选择作圆方式“圆心点_半径”，然后按照提示用鼠标选取坐标系原点，输入半径R = 100并确认，再单击鼠标右键结束该圆的绘制，如图11-45所示。

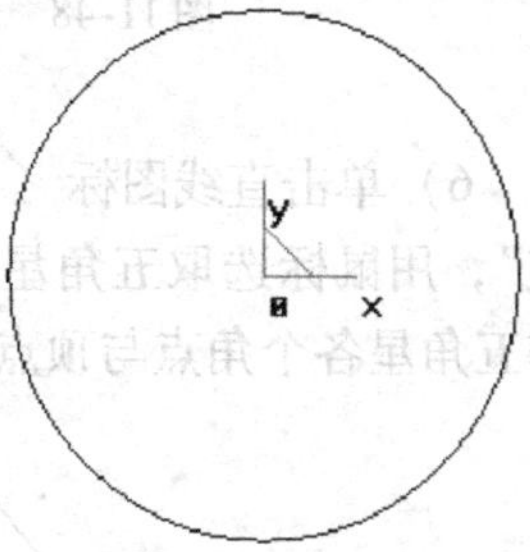
y
x

图11-45　半径为100的圆

2）五边形的绘制。单击图标，在特征树下方的立即菜单中选择“中心”定位，输入边数为5条，然后按回车键确认。按照系统提示点取中心点，内接半径为100（输入方法与圆的绘制相同），再单击鼠标右键结束该五边形的绘制。这样就得到了五角星的五个角点，如图11-46所示。

3）构造五角星的轮廓线。单击图标，在特征树下方的立即菜单中选择“两点线”、“连续”、“非正交”，将五角星的各个角点连接，如图11-47所示。

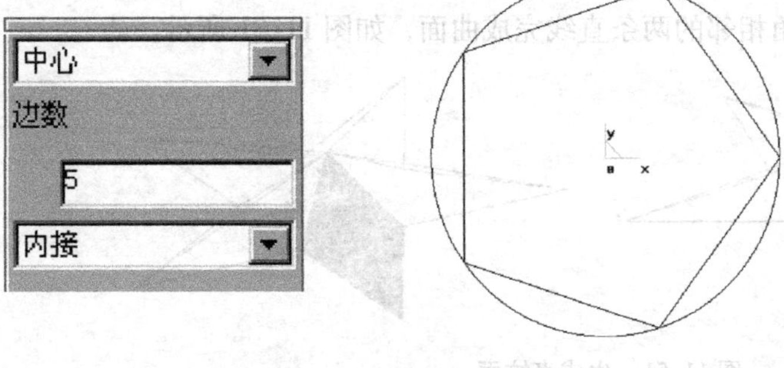
中心
边数
5
内接
y
x

图11-46　绘制五边形

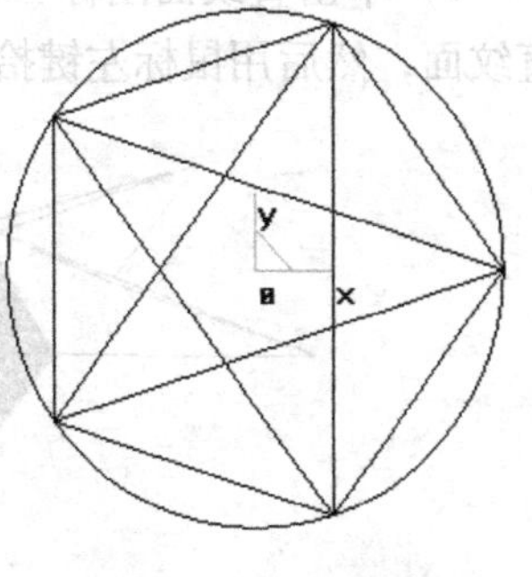
y
x

图11-47　连接各端点

4）单击图标，用鼠标直接选取多余的线段，拾取的线段会变成红色，单击鼠标右键确认，结果如图 11-48 所示。

5）单击曲线裁剪图标，在特征树下方的立即菜单中选择“快速裁剪”、“正常裁剪”方式，用鼠标选取剩余的线段就可以实现曲线裁剪。这样就得到了五角星的一个轮廓，如图 11-49 所示。

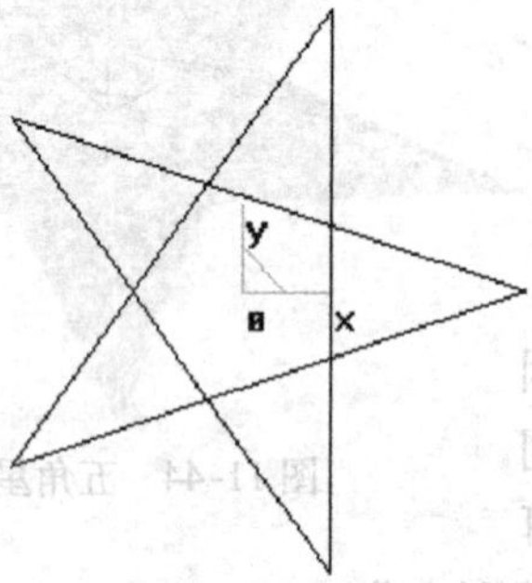

图 11-48 删除多余线段

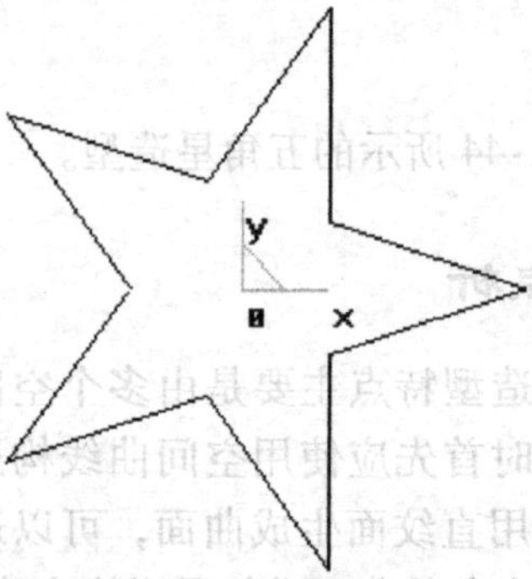

图 11-49 裁剪多余线段

6）单击直线图标，在特征树下方的立即菜单中选择“两点线”、“连续”、“非正交”，用鼠标选取五角星的一个角点，然后按回车键，输入顶点坐标（0，0，20）；同理，作五角星各个角点与顶点的连线，完成五角星的空间线架，如图 11-50 所示。

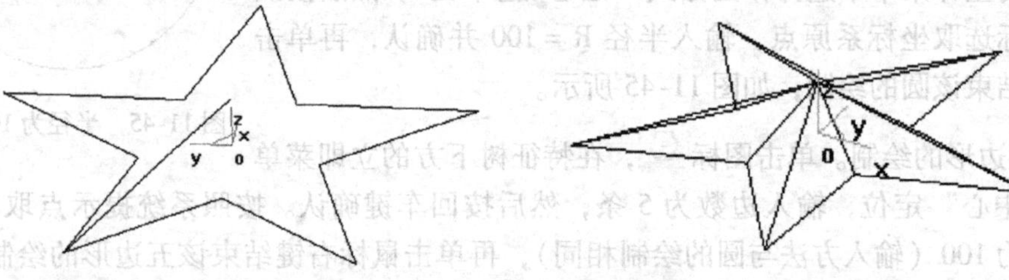

图 11-50 绘制五角星空间线架

2. 五角星曲面生成

1）单击直纹面图标，在特征树下方的立即菜单中选择“曲线＋曲线”的方式生成直纹面，然后用鼠标左键拾取该角相邻的两条直线完成曲面，如图 11-51 所示。

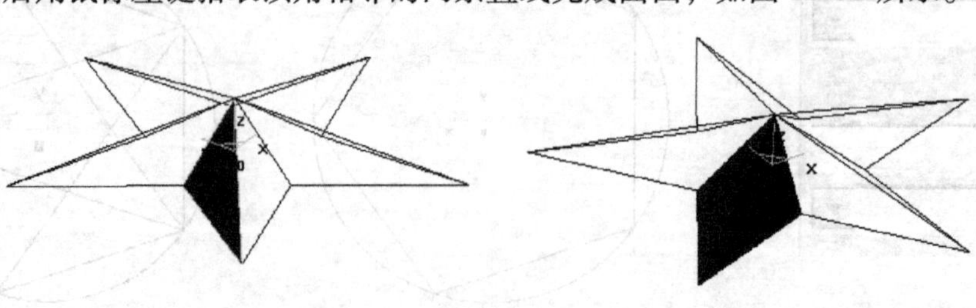

图 11-51 生成直纹面

2）单击几何变换工具栏中的图标，在特征树下方的立即菜单中选择“圆形”阵列方式、分布形式为“均布”、份数为“5”，用鼠标左键拾取一个角上的两个曲面，单击鼠标右键确认；然后根据提示输入中心点坐标（0，0，0），也可以直接用鼠标拾取坐标原点，系统会自动生成各角的曲面，如图 11-52 所示。

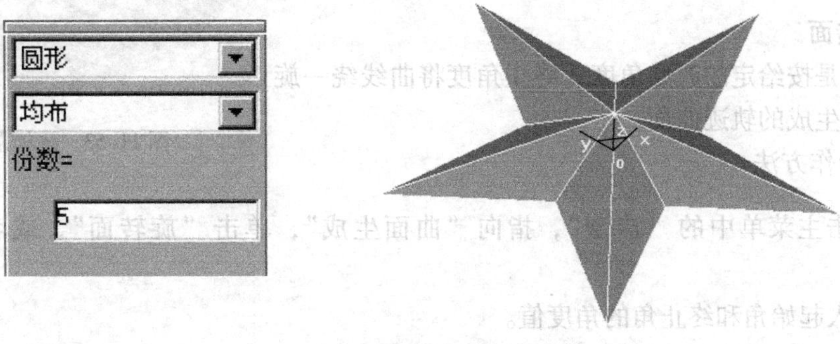
圆形
均布
份数=
5

图 11-52 圆形阵列

成绩评分标准（见表 11-3）

表 11-3 成绩评分标准

序 号	考核内容	分 值	得 分
1	圆的绘制	5 分	
2	五边形的绘制	10 分	
3	构造五角星的轮廓线	10 分	
4	曲线编辑	15 分	
5	绘制五角星空间线架	15 分	
6	正确生成一个直纹面	20 分	
7	阵列曲面	10 分	
8	应用软件操作的熟练程度	15 分	
备注		合计得分	
		教师签名	
			年 月 日

项目 11.4 水槽漏斗

项目目的

通过绘制水槽漏斗，使操作者熟练掌握旋转面、平面、投影裁减等命令的操作方法。

项目内容

完成图 11-53 所示的水槽漏斗造型。

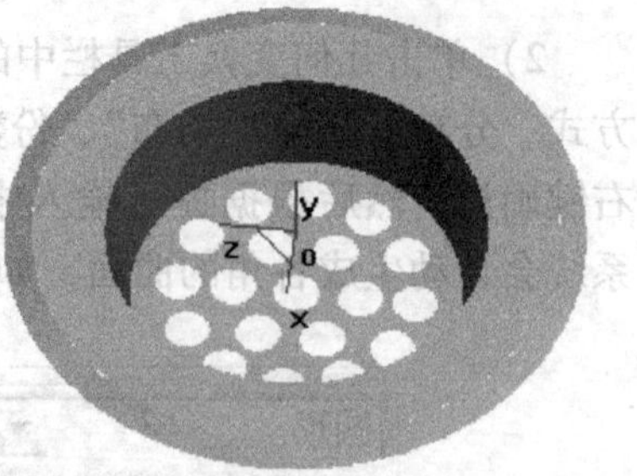
y
z
o
x

图 11-53　水槽漏斗

相关知识点析

1. 旋转面

旋转面是按给定的起始角度、终止角度将曲线绕一旋转轴旋转而生成的轨迹曲面。

（1）操作方法

1）单击主菜单中的“造型”，指向“曲面生成”，单击“旋转面”，或者单击  按钮。

2）输入起始角和终止角的角度值。

3）拾取空间直线为旋转轴，并选择方向。

4）拾取空间曲线为母线，拾取完毕即可生成旋转面。

（2）参数含义

1）起始角：起始角是指生成曲面的起始位置与母线和旋转轴构成平面的夹角。

2）终止角：终止角是指生成曲面的终止位置与母线和旋转轴构成平面的夹角。

（3）注意事项　选择方向时的箭头方向与曲面旋转方向两者遵循右手螺旋法则。

2. 平面

可以利用多种方式生成所需平面。平面与基准面的比较：基准面是在绘制草图时的参考面，而平面则是一个实际存在的面。

3. 裁剪平面

裁剪平面是由封闭内轮廓进行裁剪形成的有一个或者多个边界的平面。封闭内轮廓可以有多个。操作方法如下：

1）拾取平面外轮廓线，并确定链搜索方向，选择箭头方向即可。

2）拾取内轮廓线，并确定链搜索方向，每拾取一个内轮廓线确定一次链搜索方向。

3）拾取完毕，单击鼠标右键，完成操作。

4. 投影线裁剪

投影线裁剪是将空间曲线沿给定的固定方向投影到曲面上，形成剪刀线来裁剪曲面。

（1）操作方法

1）在立即菜单上选择“投影线裁剪”和“裁剪”方式。

2）拾取被裁剪的曲面（选取需保留的部分）。

3）输入投影方向。按空格键，弹出矢量工具菜单，选择投影方向。

4）拾取剪刀线。拾取曲线，曲线变红，裁剪完成。

（2）注意事项

1）裁剪时应保留拾取点所在的那部分曲面。

2）拾取的裁剪曲线沿指定投影方向向被裁剪曲面投影时必须有投影线，否则无法裁剪曲面。

3）在输入投影方向时可利用矢量工具菜单。

4）剪刀线与曲面边界线重合或部分重合以及相切时，可能得不到正确的裁剪结果。

操作步骤

1）单击直线图标，选取“两点线”、“连续”、“非正交”，按回车键输入（21，0）、（29，0）［@（3，－1）］，操作结果如图11-54所示。

2）单击直线图标，选取“两点线”、“单个”、“正交”，按回车键输入（0，0）、（0，－10）；再选取“两点线”、“单个”、“非正交”，按回车键输入（18，－10）、（21，0），操作结果如图11-55所示。

图11-54　作出直线段

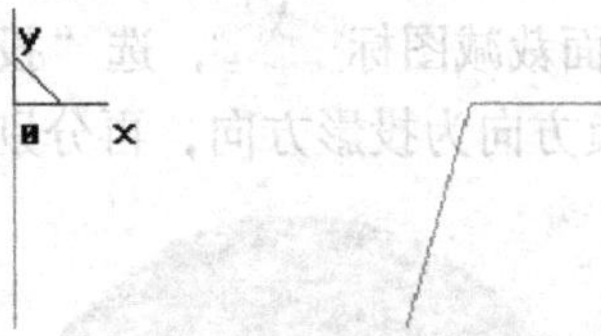
y
x

图11-55　作出旋转轴

3）单击旋转面图标，拾取垂直线段为旋转轴，作出侧面，操作结果如图11-56所示。

4）用同样的方法作出其他边的旋转面，操作结果如图11-57所示。

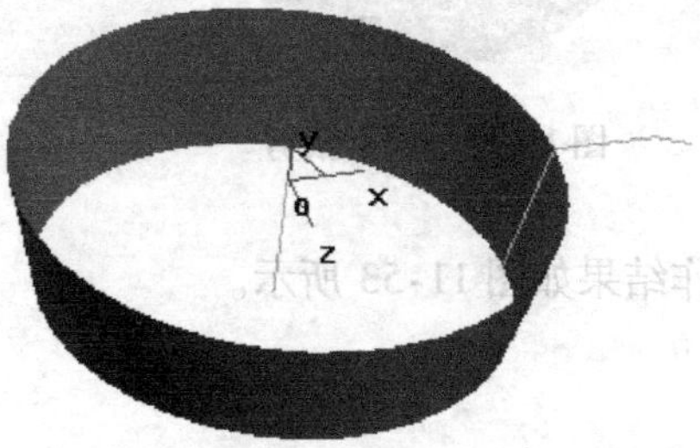
y
x
z

图11-56　作旋转面

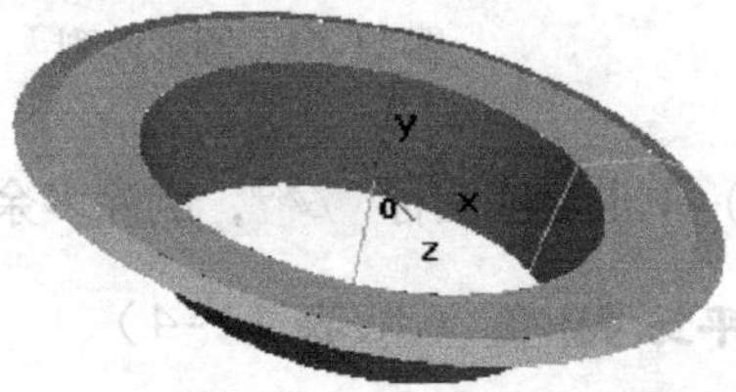
y
x
z

图11-57　作出其他边的旋转面

5）单击旋转图标使工件旋转；单击相关线图标，选“曲面界线”、“单根”，拾取侧面；单击平面图标，选“裁减平面”，根据提示拾取所需轮廓线，操作结果如图11-58所示。

6）按F7键，单击圆图标，拾取坐标原点为圆心，输入半径为2.5，操作结果如图11-59所示。

7）单击平移图标，选“偏移量”、“拷贝”，输入DX＝0、DY＝0，再分别输入DZ＝7和DZ＝13，操作结果如图11-60所示。

8）单击阵列图标，选取“圆形阵列”、“均布”，分别输入份数6、12，拾取平移的两个圆，操作结果如图11-61所示。

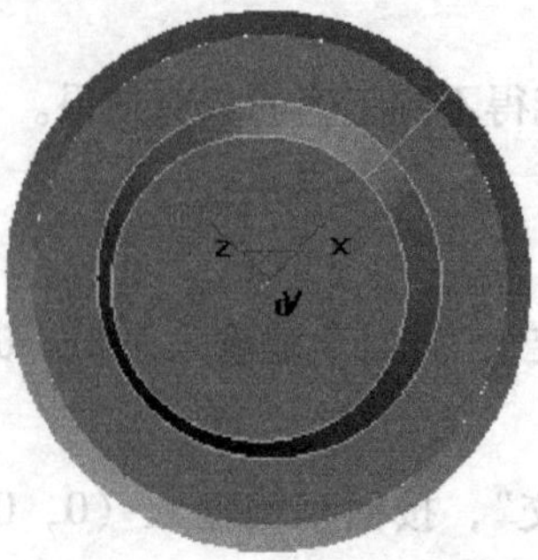

图 11-58　作出底平面

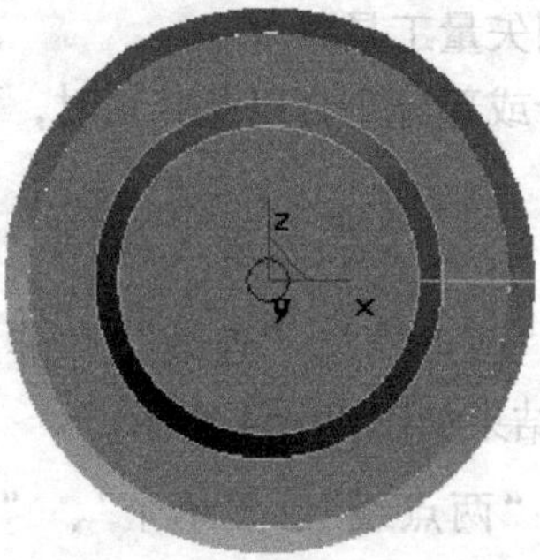

图 11-59　作半径为 2.5 的圆

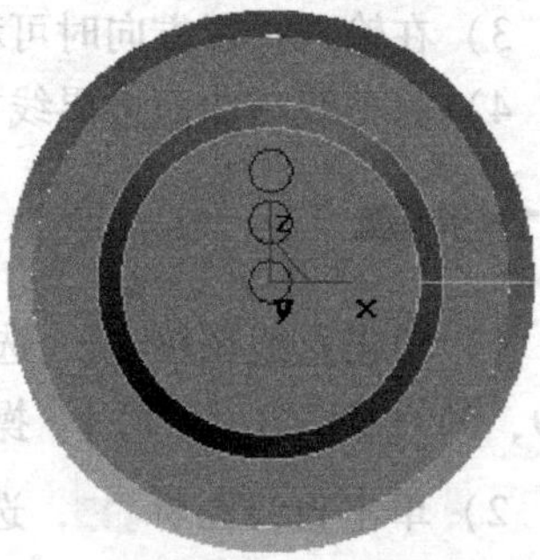

图 11-60　分别平移圆

9）单击曲面裁减图标，选“投影线裁减”、“裁减”，拾取底面为被裁减曲面，按空格键选 Y 轴负方向为投影方向，再分别拾取圆作为剪刀线，操作结果如图 11-62 所示。

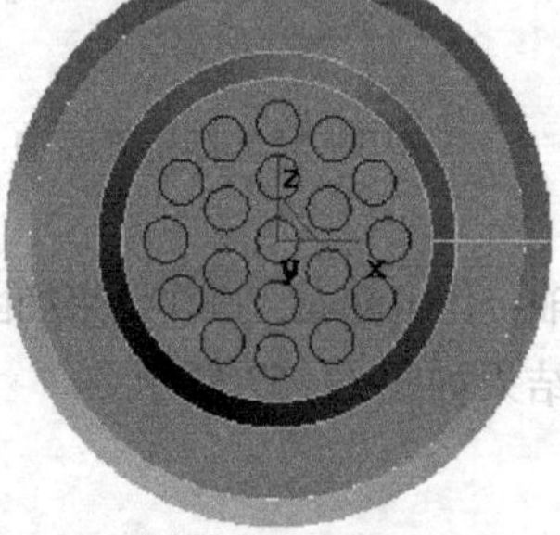

图 11-61　圆形阵列

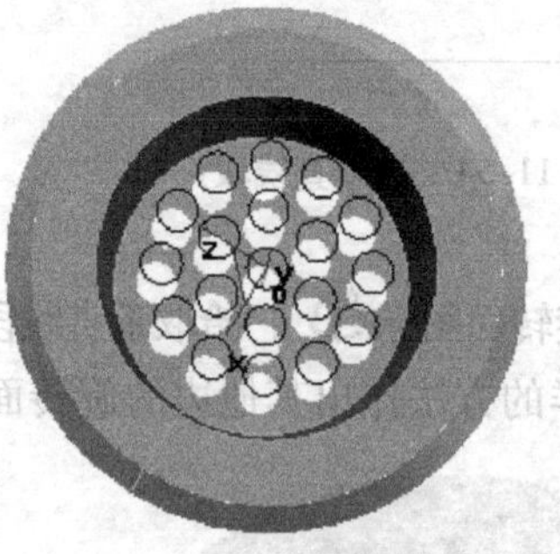

图 11-62　投影裁剪

10）单击删除图标，删除多余线段，操作结果如图 11-53 所示。

成绩评分标准（见表 11-4）

表 11-4　成绩评分标准

序　号	考核内容	分　值	得　分
1	绘制旋转曲线	15 分	
2	绘制旋转轴	5 分	
3	绘制旋转面	15 分	
4	绘制底平面	10 分	
5	绘制同心圆	20 分	
6	曲面裁剪	15 分	
7	线面编辑	10 分	
8	应用软件操作的熟练程度	10 分	
备注		合计得分	
		教师签名	年　月　日

模块十二　实 体 造 型

项目12.1　轴

项目目的

通过练习轴的绘制，使操作者熟练掌握拉伸增料、拉伸减料等命令的应用。

项目内容

完成图12-1所示的轴造型。

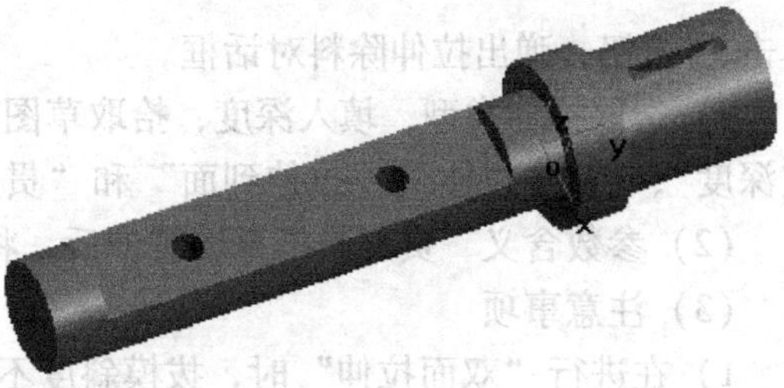

图12-1　轴

相关知识点析

1. 拉伸增料

拉伸增料是将一个轮廓曲线根据指定的距离做拉伸操作，用以生成一个增加材料的特征。

（1）操作方法

1）单击“应用”，指向“特征生成”，再指向“增料”，然后单击“拉伸”；或者直接单击  按钮，弹出“拉伸加料”对话框。

2）选取拉伸类型，填入深度，拾取草图，单击“确定”完成操作。拉伸类型包括“固定深度”、“双向拉伸”和“拉伸到面”。

（2）参数含义

1）固定深度：固定深度是指按照给定的深度数值进行单向的拉伸。

2）深度：深度是指拉伸的尺寸值，可以直接输入所需数值，也可以单击按钮来调节。

3）拉伸对象：拉伸对象是指对需要拉伸的草图的选取。

4）反向拉伸：反向拉伸是指与缺省方向相反的方向进行拉伸。

5）增加拔模斜度：增加拔模斜度是指使拉伸的实体带有锥度。

6）角度：角度是指拔模时母线与中心线的夹角。

7）向外拔模：向外拔模是指与缺省方向相反的方向进行操作。

8）双向拉伸：双向拉伸是指以草图为中心，向相反的两个方向进行拉伸，深度值以草图为中心平分，可以生成实体。

9）拉伸到面：拉伸到面是指拉伸位置以曲面为结束点进行拉伸，需要选择要拉伸的草图和拉伸到的曲面。

（3）注意事项

1）在进行“双面拉伸”时，拔模斜度不可用。

2）在进行“拉伸到面”时，要使草图能够完全投影到这个面上，如果面的范围比草图小，会产生操作失败。

3）在进行“拉伸到面”时，深度和反向拉伸不可用。

4）在进行“拉伸到面”时，可以给定拔模斜度。

5）草图中隐藏的线不能参与特征拉伸。

2. 拉伸除料

拉伸除料是将一个轮廓曲线根据指定的距离做拉伸操作，用以生成一个减去材料的特征。

（1）操作方法

1）单击“应用”，指向“特征生成”，再指向“除料”，然后单击“拉伸”；或者直接单击按钮，弹出拉伸除料对话框。

2）选取拉伸类型，填入深度，拾取草图，单击“确定”完成操作。拉伸类型包括“固定深度”、“双向拉伸”、“拉伸到面”和“贯穿”。

（2）参数含义　贯穿是指草图拉伸后，将基体整个穿透。

（3）注意事项

1）在进行“双面拉伸”时，拔模斜度不可用。

2）在进行“拉伸到面”时，要使草图能够完全投影到这个面上，如果面的范围比草图小，会产生操作失败。

3）在进行“拉伸到面”时，深度和反向拉伸不可用。

4）在进行“贯穿”时，深度、反向拉伸和拔模斜度都不可用。

操作步骤

1）按 F7 键，单击“平面 XZ”，按草图器开关进入草图状态；单击圆图标，选“圆心-半径”，拾取坐标原点为圆心点，输入半径为 15，按回车键，操作结果如图 12-2 所示。

2）单击拉伸增料图标，选择参数，单击“确定”，操作结果如图 12-3 所示。

3）单击“平面 XZ”，按草图器开关进入草图状态；单击圆图标，选“圆心-半径”，拾取坐标原点为圆心点，输入半径为 12.5，按回车键；单击拉伸增料图标，选取“固定深度”、“深度 40”，单击“确定”，按 F8 键观看操作结果，如图 12-4 所示。

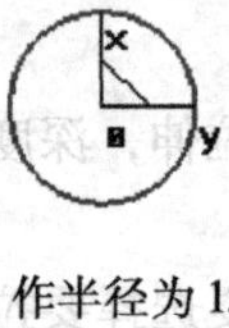

图 12-2　作半径为 15 的圆

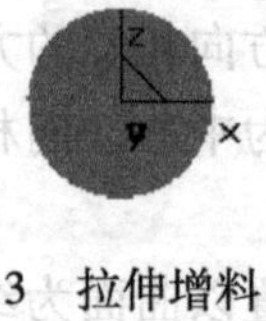

图 12-3　拉伸增料（一）

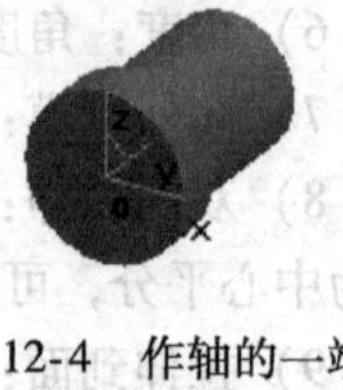

图 12-4　作轴的一端

4）按 F7 键，单击“平面 XZ”，按草图器开关进入草图状态；单击圆图标，选

“圆心-半径”，拾取坐标原点为圆心点，输入半径为 10，按回车键；单击拉伸增料图标，选择参数（见图 12-5），单击“确定”，按 F8 键观看操作结果。

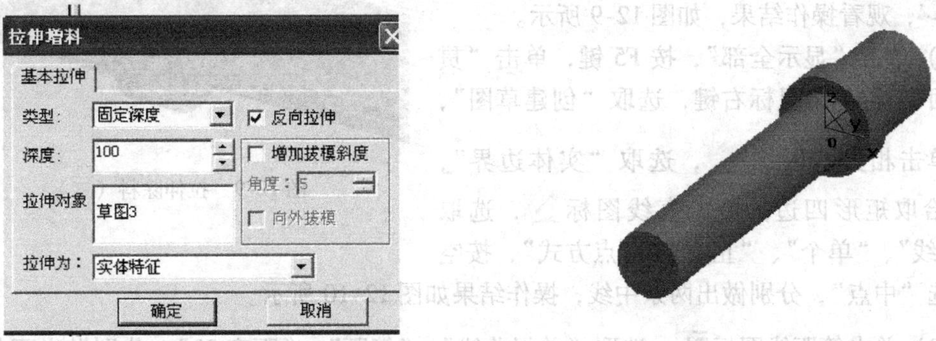
拉伸增料
基本拉伸
类型：
固定深度
反向拉伸
深度：
100
增加拔模斜度
角度：
5
向外拔模
拉伸对象
草图3
拉伸为：
实体特征
确定
取消
z
y
x

图 12-5　作轴的另一端

5）按 F6 键，单击“平面 YZ”，按草图器开关进入草图状态；单击矩形图标，选取“两点矩”，输入“－90，25，0”、“－10，5，0”，按回车键，操作结果如图 12-6 所示。

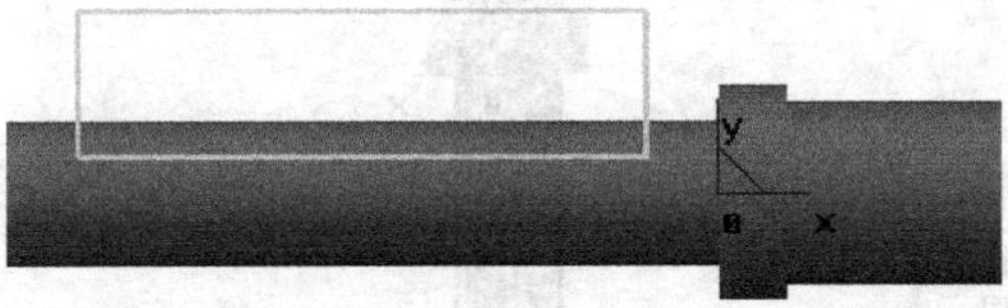
y
x

图 12-6　作一矩形

6）单击拉伸除料图标，选取“贯穿”，单击“确定”，操作结果如图 12-7 所示。

z
y

图 12-7　拉伸除料（一）

7）单击“平面 YZ”，按草图器开关进入草图状态；单击圆图标，选“圆心-半径”，按回车键，输入圆心坐标“25，20，0”，输入半径 12；单击相关线图标，选取“实体边界”；拾取边界后，单击直线图标，连接边界线，再单击裁减图标，对图形进行裁减，然后单击窗口放大，操作结果如图 12-8 所示。

z
y

图 12-8　作出草图

8）单击拉伸除料图标，选取“双向拉伸”、“深度3”，单击“确定”，再单击显示旋转图标，观看操作结果，如图12-9所示。

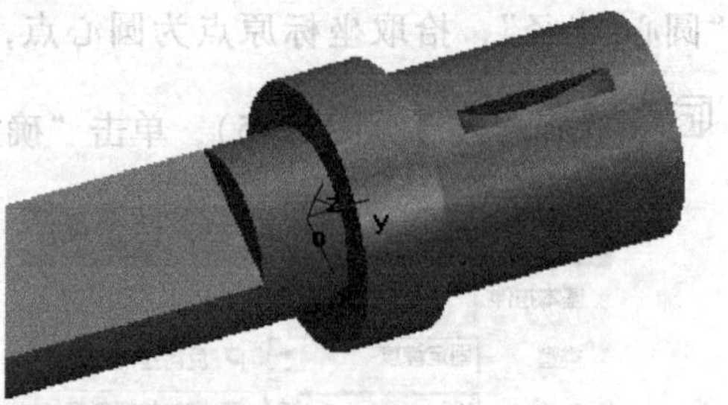

图12-9　拉伸除料（二）

9）单击“显示全部”，按F5键，单击“贯穿平面”，再单击鼠标右键，选取“创建草图”，然后单击相关线图标，选取“实体边界”，分别拾取矩形四边；单击直线图标，选取“两点线”、“单个”、“正交”、“点方式”，按空格键选“中点”，分别做出两条中线，操作结果如图12-10所示。

10）单击等距线图标，选取“单根曲线”、“等距”、“距离20”，分别做出两条等距线；单击圆图标，选取“圆心-半径”，输入半径为15，按回车键，操作结果如图12-11所示。

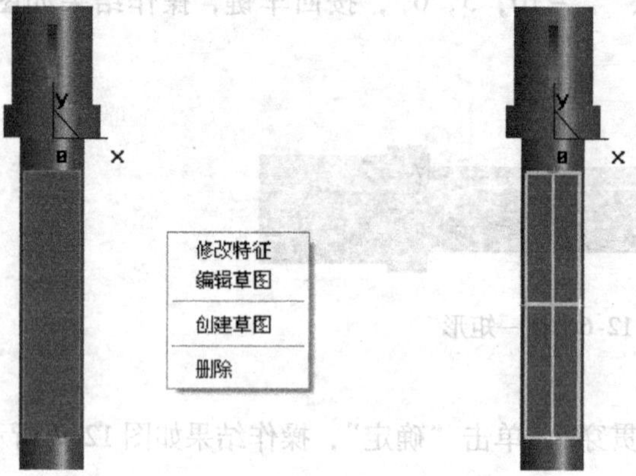
修改特征
编辑草图
创建草图
删除

图12-10　作矩形、画中线

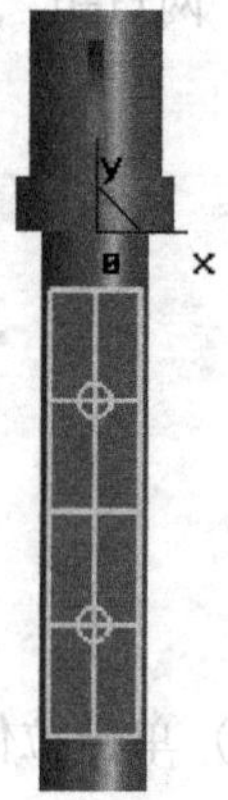

图12-11　作出两个圆

11）单击删除图标，删除多余线段，然后单击拉伸除料图标，选取“贯穿”，单击“确定”，再单击显示旋转图标，操作结果如图12-1所示。

成绩评分标准（见表12-1）

表12-1　成绩评分标准

序　号	考核内容	分　值	得　分
1	绘制直径为30的轴	10分	
2	绘制直径为25的轴	10分	
3	绘制直径为20的轴	10分	
4	拉伸除料（1）	15分	

（续）

序　号	考核内容	分　值	得　分
5	拉伸除料（2）	15分	
6	绘制两圆柱孔	20分	
7	线面编辑	10分	
8	应用软件操作的熟练程度	10分	
备注		合计得分	
		教师签名	年　月　日

项目12.2　澡　盆

项目目的

通过做澡盆的实体造型，使操作者熟练掌握抽壳、过渡等命令的使用。

项目内容

完成图12-12所示的澡盆造型。

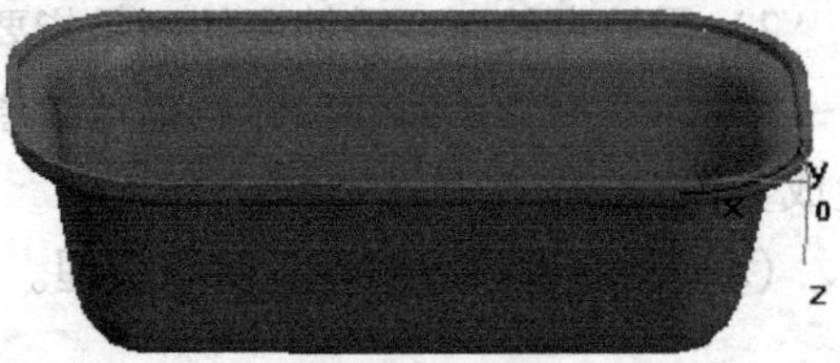
y
0
x
z

图12-12　澡盆

相关知识点析

1. 过渡

过渡是指以给定半径或半径规律在实体间作光滑过渡。

（1）操作方法

1）单击“应用”，指向“特征生成”，再单击“过渡”；或者直接单击按钮，弹出过渡对话框。

2）填入半径，确定过渡方式和结束方式，选择变化方式，拾取需要过渡的元素，单击“确定”完成操作。

（2）参数含义

1）半径：半径是指过渡圆角的尺寸值，可以直接输入所需数值，也可以单击按钮来调节。

2）过渡方式：过渡方式有两种，即等半径和变半径。

等半径：等半径是指整条边或面以固定的尺寸值进行过渡。

变半径：变半径是指在边或面以渐变的尺寸值进行过渡，需要分别指定各点的半径。

3）结束方式：结束方式有三种，即缺省方式、保边方式和保面方式。

缺省方式：缺省方式是指以系统默认的保边或保面方式进行过渡。

保边方式：保边方式是指线面过渡。

保面方式：保面方式是指面面过渡。

4）线性变化：线性变化是指在变半径过渡时，过渡边界为直线。

5）光滑变化：光滑变化是指在变半径过渡时，过渡边界为光滑的曲线。

6）需要过渡的元素：需要过渡的元素是指对需要过渡的实体上的边或者面的选取。

7）顶点：顶点是指在边半径过渡时，所拾取的边上的顶点。

8）沿切面顺延：沿切面顺延是指在相切的几个表面的边界上拾取一条边时，可以将边界全部过渡，先将竖的边过渡后，再用此功能选取一条横边。

（3）注意事项

1）在进行变半径过渡时，只能拾取边，不能拾取面。

2）变半径过渡时，注意控制点的顺序。

2. 抽壳

抽壳是根据指定壳体的厚度将实心物体抽成内空的薄壳体。

（1）操作方法

1）单击“应用”，指向“特征生成”，再单击“抽壳”；或者直接单击按钮，弹出抽壳对话框。

2）填入抽壳厚度，选取需抽去的面，单击“确定”完成操作。

（2）参数含义

1）厚度：厚度是指抽壳后实体的壁厚。

2）需抽去的面：需抽去的面是指要拾取、去除材料的实体表面。

3）向外抽壳：向外抽壳是指与缺省抽壳方向相反，在同一个实体上分别按照两个方向生成实体，结果是尺寸不同。

（3）注意事项　抽壳厚度要合理。

操作步骤

1）单击目录树中的“平面XY”，再单击“草图绘制”。

2）单击图标，选取“两点矩形”，拾取坐标原点，按回车键，输入（120，60），再按回车键，操作结果如图12-13所示。

3）单击图标，选取“圆弧过渡”，选取参数。分别拾取矩形几条边，操作结果如图12-14所示。

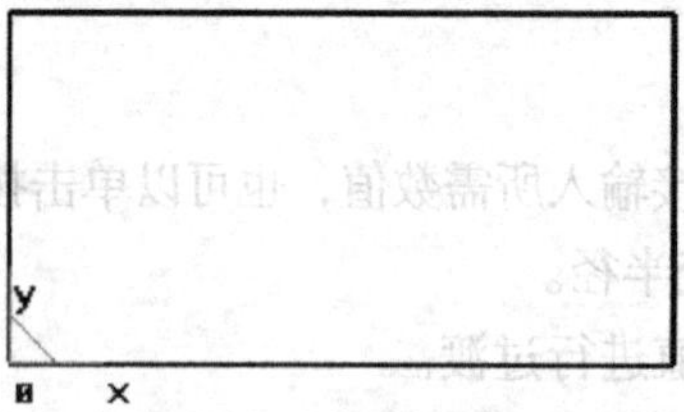

图12-13　绘制矩形

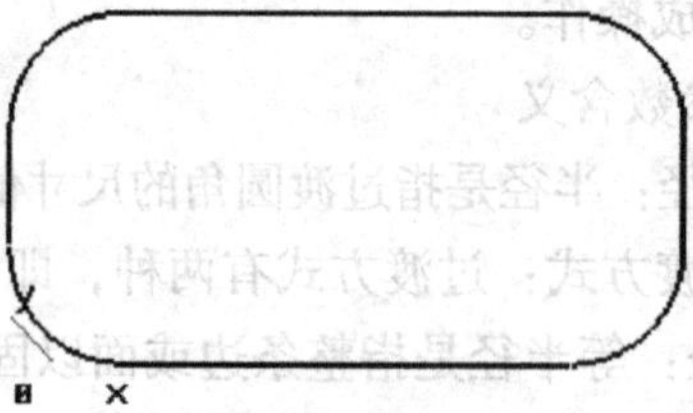

图12-14　圆弧过渡

4）单击图标，选取“固定深度”，输入深度为2，按“确定”键，然后按F8键观看操作结果，如图12-15所示。

5）单击图标，选取“实体边界”，拾取实体上表面的各条边界线，操作结果如图12-16所示。

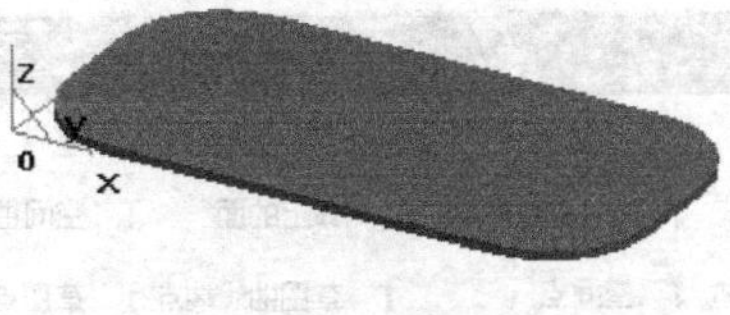

图 12-15　拉伸增料（二）

图 12-16　拾取边界线

6）单击图标，输入距离为 5，拾取实体边界线，选方向“向内”，操作结果如图 12-17所示。

7）单击实体上表面，按 F2 键激活“草图绘制”功能，再单击“投影”图标，依次拾取所有的上表面边界线，产生投影线，这时按 F2 键退出“草图绘制”功能，操作结果如图 12-18 所示。

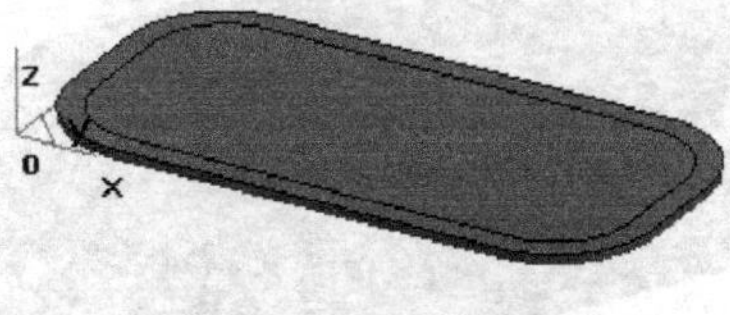

图 12-17　绘制等距线

图 12-18　曲线投影

8）单击拉伸增料图标，选取“固定深度”，输入深度为 32，选中“增加拔模斜度”，输入度数为 12，操作结果如图 12-19 所示。

9）单击过渡图标，选取“等半径过渡”，拾取要过渡的上表面，输入半径为 10，再选取“缺省方式”、“沿相切面沿顺”，操作结果如图 12-20 所示。

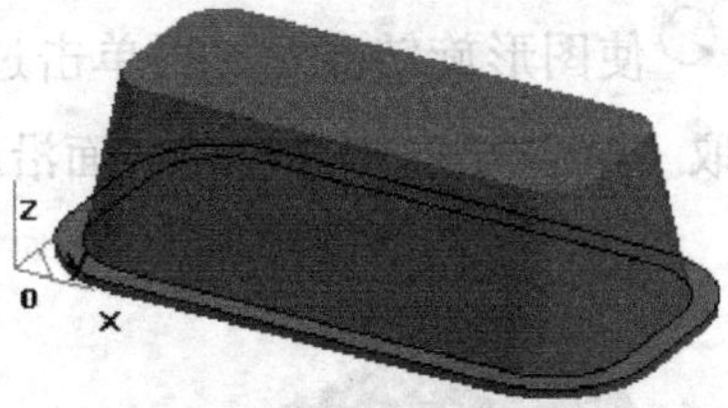

图 12-19　拉伸增料（三）

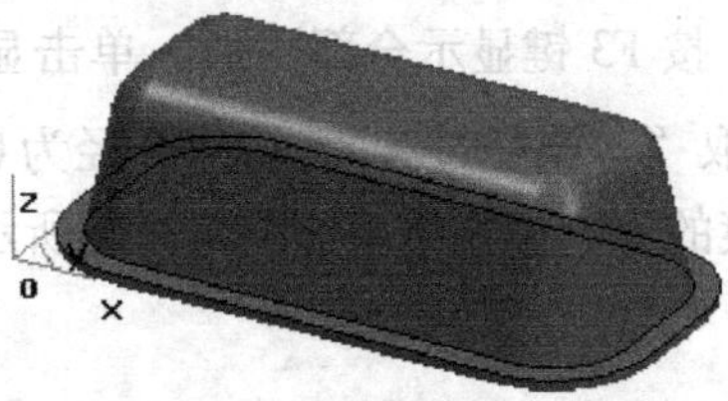

图 12-20　过渡（一）

10）单击显示旋转图标使图形旋转，再单击抽壳图标，输入厚度为 2，拾取需抽去的面，选中“向外抽壳”，操作结果如图 12-21 所示。

11）按 F5 键显示全部造型，单击主菜单中的“设置”，选取“拾取过滤设置”弹出对话框（见图 12-22）；单击“清除所有类型”按扭，选取“空间直线”、“空间圆（弧）”，再单击“确定”按扭；单击“删除”图标，框选实体，删除所有的线；单击主菜单中的“设置”，选取“拾取过滤设置”弹出对话框，再单击“选中所有类型”按扭，操作结果如图 12-23 所示。

12）按 F5 键，选 XY 平面显示，再按 F3 键显示全部图形；单击过渡图标，选取“等半径过渡”，输入半径为 10，再选取“缺省方式”、“沿相切面沿顺”，拾取要过渡的线，操作结果如图 12-24 所示。

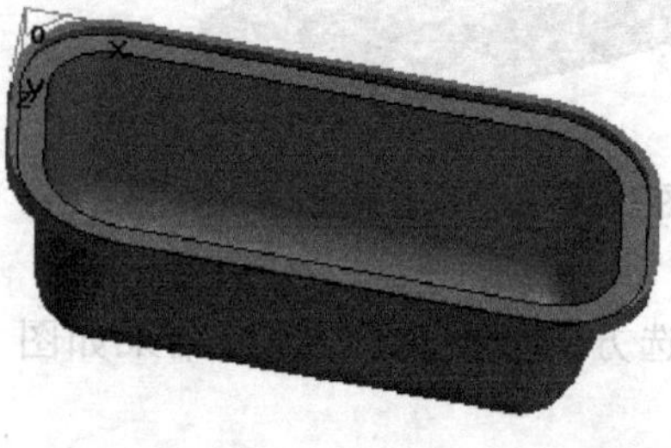

图 12-21　抽壳

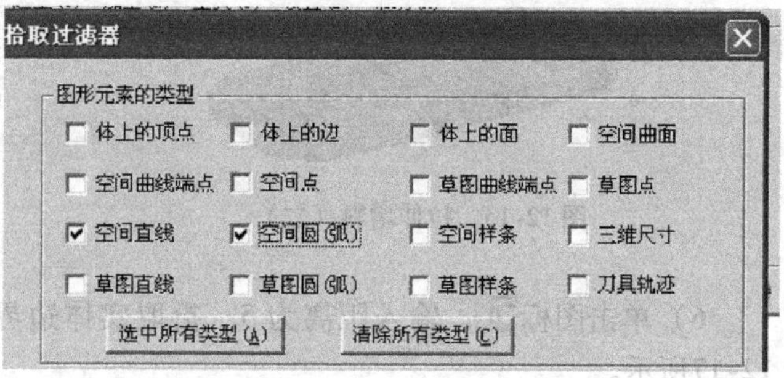
拾取过滤器
图形元素的类型
体上的顶点
体上的边
体上的面
空间曲面
空间曲线端点
空间点
草图曲线端点
草图点
空间直线
空间圆(弧)
空间样条
三维尺寸
草图直线
草图圆(弧)
草图样条
刀具轨迹
选中所有类型(A)
清除所有类型(C)

图 12-22　“拾取过滤器”对话框

图 12-23　删除多余线段

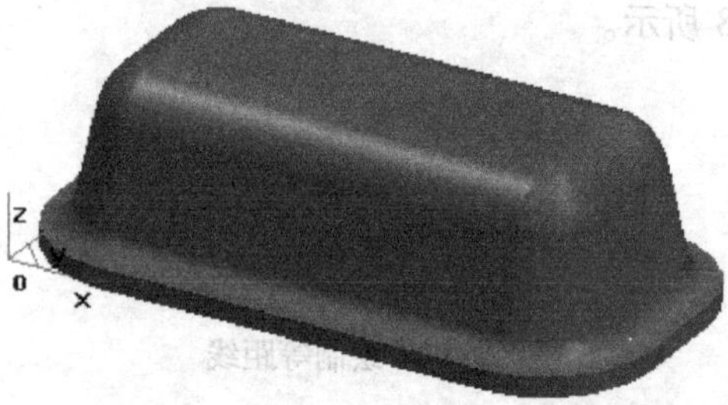

图 12-24　过渡（二）

13）单击显示旋转图标使图形旋转显示，再单击过渡图标，选取“等半径过渡”，输入半径为5，然后选取“缺省方式”、“沿相切面沿顺”，拾取要过渡的线，操作结果如图12-25所示。

14）按F3键显示全部图形。单击显示旋转图标使图形旋转显示，再单击过渡图标，选取“等半径过渡”，输入半径为0.5，然后选取“缺省方式”、“沿相切面沿顺”，拾取要过渡的面，操作结果如图12-26所示。

图 12-25　过渡（三）

图 12-26　过渡（四）

15）按F3键显示全部图形。单击显示窗口图标，框选局部，进行显示观察，操作结果如图12-27所示。

16）按F8键显示图形。单击显示窗口图标，框选局部，进行显示观察，操作结果

如图 12-28 所示。

17）单击显示旋转图标使图形旋转显示。单击过渡图标，选取“等半径过渡”，输入半径为 2，再选取“缺省方式”、“沿相切面沿顺”，拾取要过渡的面，操作结果如图 12-29 所示。

图 12-27 显示局部（一）

图 12-28 显示局部（二）

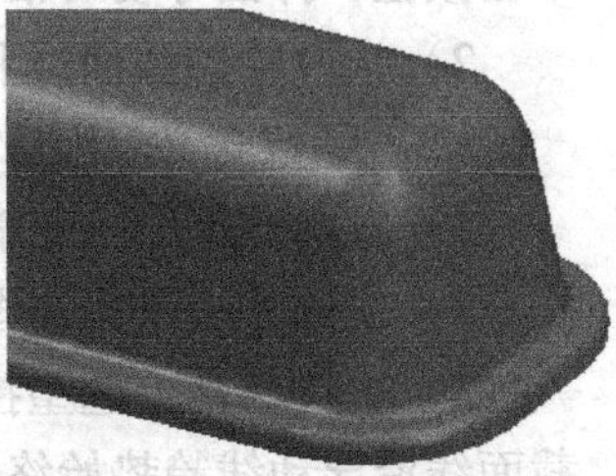

图 12-29 过渡（五）

18）按 F3 键显示全部图形。操作结果如图 12-12 所示。

成绩评分标准（见表 12-2）

表 12-2 成绩评分标准

序 号	考核内容	分 值	得 分
1	绘制矩形并圆弧过渡	10 分	
2	对已过渡矩形进行拉伸增料	10 分	
3	绘制盒体	20 分	
4	抽壳	10 分	
5	对相连各边进行过渡	40 分	
6	应用软件操作的熟练程度	10 分	
备注		合计得分	
		教师签名 年 月 日	

项目 12.3 螺 杆

项目目的

通过绘制螺杆，使操作者掌握导动除料的方法。

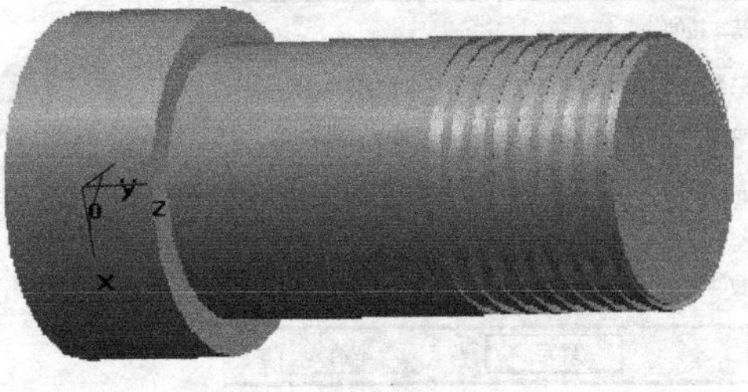

Y
Z
X

图 12-30 螺杆

项目内容

完成图 12-30 所示的螺杆造型。

相关知识点析

导动除料是将某一截面曲线或轮廓线沿着

另一条外轨迹线运动移出一个特征实体的操作。截面线应为封闭的草图轮廓，截面线的运动形成了导动曲面。

（1）操作方法

1）单击“应用”，指向“特征生成”，再指向“除料”，然后单击“导动”；或者直接单击按钮，弹出导动对话框。

2）选取轮廓截面线和轨迹线，确定导动方式，单击“确定”完成操作。

（2）参数含义

1）轮廓截面线：轮廓截面线是指需要导动的草图，截面线应为封闭的草图轮廓。

2）轨迹线：是指草图导动所沿的路径。

3）平行导动：选型控制中包括“平行导动”和“固接导动”两种方式。平行导动是指截面线沿导动线趋势始终平行它自身移动而生成的特征实体。

4）固接导动：固接导动是指在导动过程中，截面线和导动线保持固接关系，即让截面线平面于导动线的切矢方向并保持相对角度不变，而且截面线在自身相对坐标架中的位置关系保持不变，截面线沿导动线变化的趋势导动生成特征实体。

5）导动反向：是指沿与默认方向相反的方向进行导动。

（3）注意事项　导动方向选择要正确。

操作步骤

1）单击平面 XY，再单击草图器开关，进入草图状态；单击圆图标，拾取坐标原点为圆心，输入半径为 15，按“回车”键，操作结果如图 12-31 所示。

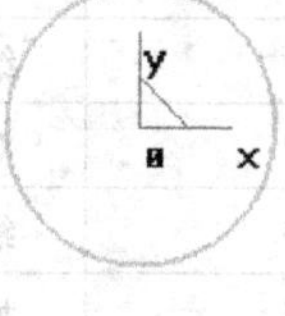
y
x

图 12-31　绘制半径为 15 的圆

2）单击拉伸增料图标，在弹出的对话框中选取参数，然后单击“确定”，操作结果如图 12-32 所示。

3）单击平面 XY，再单击草图器开关，进入草图状态；单击圆图标，拾取坐标原点为圆心，输入半径为 10，按“回车”键；单击拉伸增料图标，在弹出的对话框中选取参数，然后单击“确定”，按 F8 键观看操作结果，如图 12-33 所示。

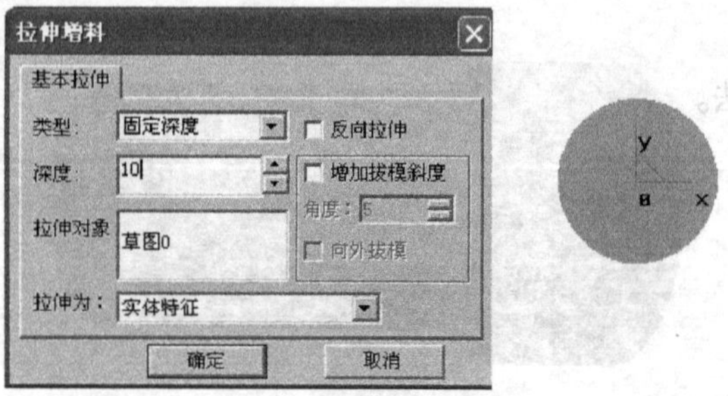
拉伸增料
基本拉伸
类型：固定深度
反向拉伸
深度：10
增加拔模斜度
角度：5
拉伸对象
草图0
向外拔模
拉伸为：实体特征
确定
取消
y
x

图 12-32　拉伸增料（四）

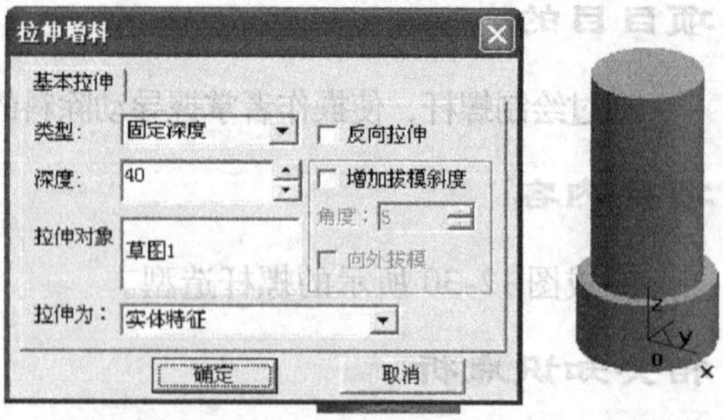
拉伸增料
基本拉伸
类型：固定深度
反向拉伸
深度：40
增加拔模斜度
角度：5
拉伸对象
草图1
向外拔模
拉伸为：实体特征
确定
取消
z
y
x

图 12-33　作出轴的另一端

4）单击直线图标，选取“两点线”、“单个”、“正交”、“点方式”，按“空格”键，选取圆心，拾取圆，画第一条直线，如图 12-34 所示。注意拾取第二点的时候，工具点要改为缺省点。

5）按 F9 键，切换到 YZ 平面，用上述方法，画第二条辅助直线；按 F9 键，切换到 XZ 平面，画第三条直线，操作结果如图 12-35 所示。

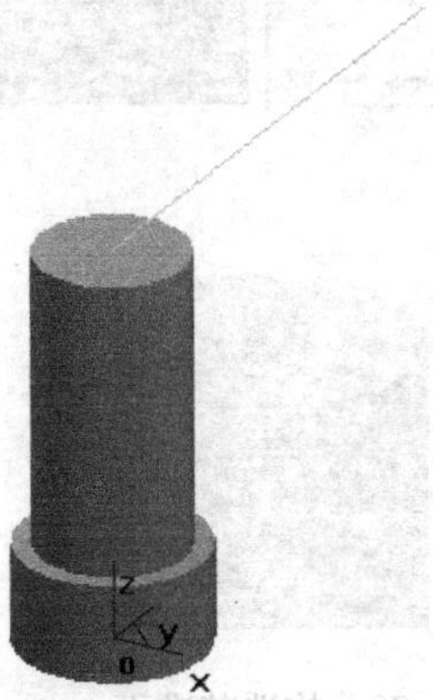
z
y
o
x
图 12-34　绘制一条辅助线

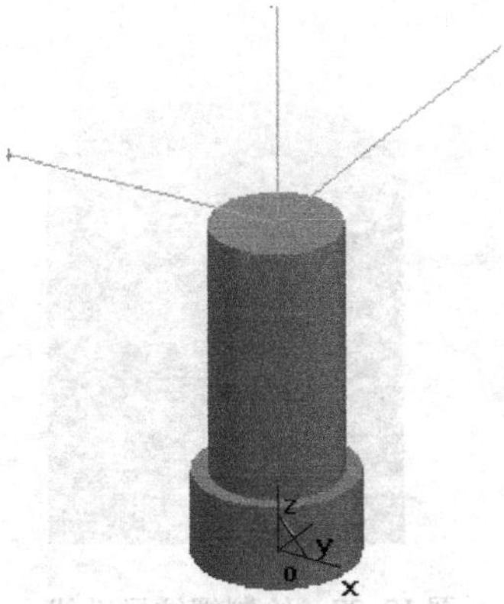
z
y
o
x
图 12-35　绘制另外两条辅助线

6）按 F9 键，切换到 XY 平面，再按 F5 键，单击公式曲线图标 f(x)，在弹出的对话框中填写参数，然后单击“确定”，拾取坐标原点为曲线定位点，操作结果如图 12-36 所示。

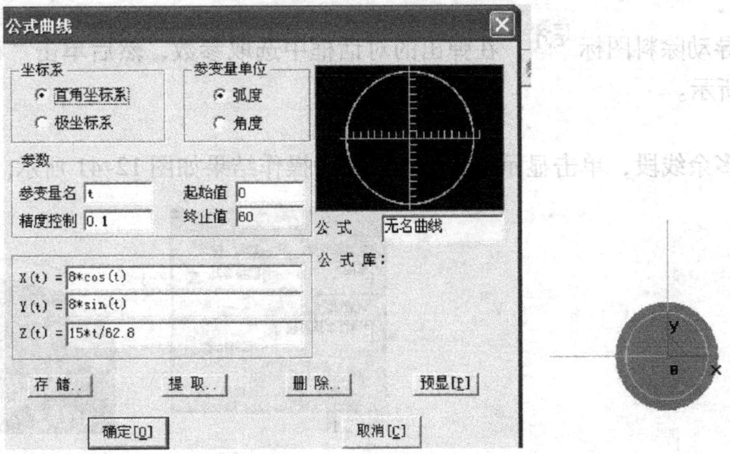
公式曲线
坐标系
直角坐标系
极坐标系
参变量单位
弧度
角度
参数
参变量名 t
起始值 0
精度控制 0.1
终止值 60
公式 无名曲线
公式库:
X(t) = 8*cos(t)
Y(t) = 8*sin(t)
Z(t) = 15*t/62.8
存储..
提取..
删除..
预显[P]
确定[O]
取消[C]
y
x
图 12-36　绘制公式曲线

7）按 F8 键，单击平移图标，选“偏移量”、“移动”，并输入 DX = 0、DY = 0、DZ = -13，然后拾取公式曲线，单击显示窗口图标观看操作结果，如图 12-37 所示。

8）单击构造基准面图标，拾取后，单击“确定”，操作结果如图 12-38 所示。

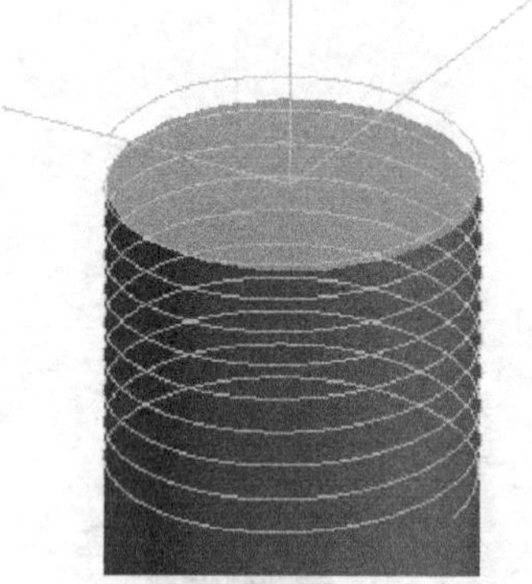

图 12-37　绘制螺纹导动线

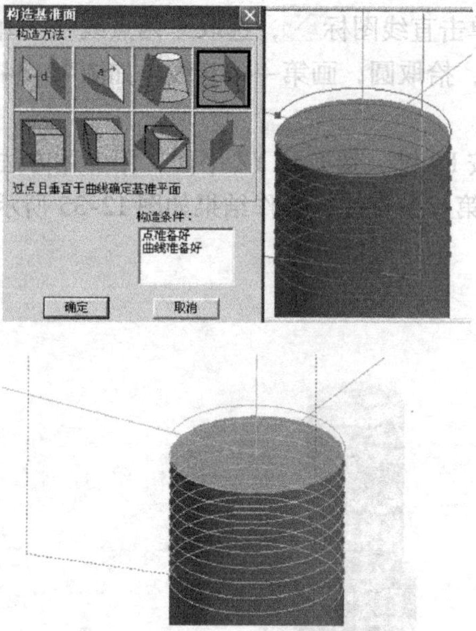
构造基准面
构造方法：
过点且垂直于曲线确定基准平面
构造条件：
点准备好
曲线准备好
确定
取消

图 12-38　构造基准面

9）单击草图器开关，进入草图状态；单击正多边形图标，选“中心”、“边数3”、“内接”，拾取曲线端点为中心点，画一正三角形，注意边不能太长，操作结果如图12-39所示。

10）单击导动除料图标，在弹出的对话框中选取参数，然后单击“确定”，操作结果如图 12-40 所示。

11）删除多余线段，单击显示旋转图标，操作结果如图 12-41 所示。

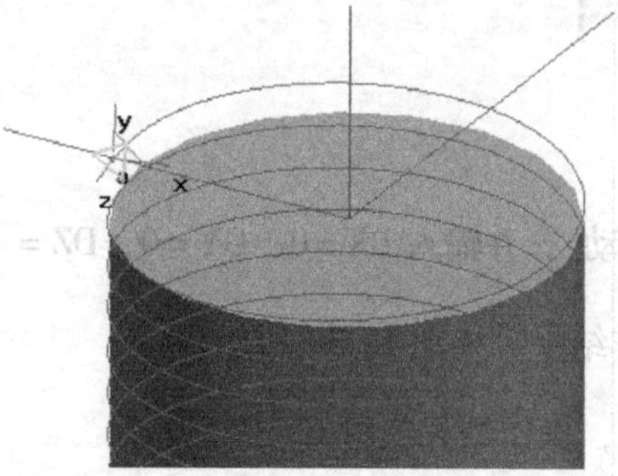
y
x
z

图 12-39　绘制截面线

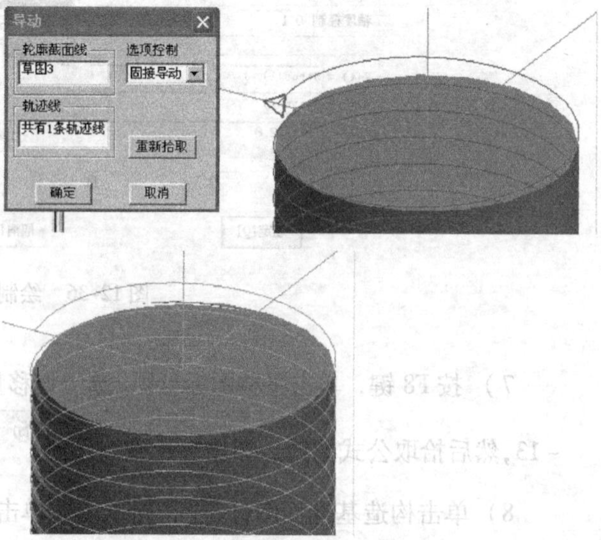
导动
轮廓截面线
草图3
选项控制
固接导动
轨迹线
共有1条轨迹线
重新拾取
确定
取消

图 12-40　导动除料

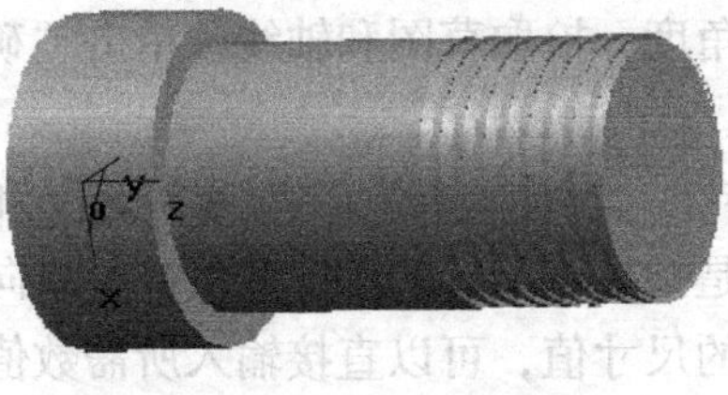

图 12-41　显示操作结果

成绩评分标准（见表 12-3）

表 12-3　成绩评分标准

序　号	考核内容	分　值	得　分
1	绘制轴的草图	5 分	
2	拉深增料	10 分	
3	绘制轴的另一端	15 分	
4	绘制辅助曲线	15 分	
5	绘制公式曲线	15 分	
6	绘制截面线	15 分	
7	导动除料	10 分	
8	线面编辑	5 分	
9	应用软件操作的熟练程度	10 分	
备注		合计得分 教师签名	 年　月　日

项目 12.4　连　　杆

项目目的

通过练习连杆的造型，使操作者熟练应用拉伸增料、旋转除料等命令。

项目内容

完成图 12-42 所示的连杆造型。

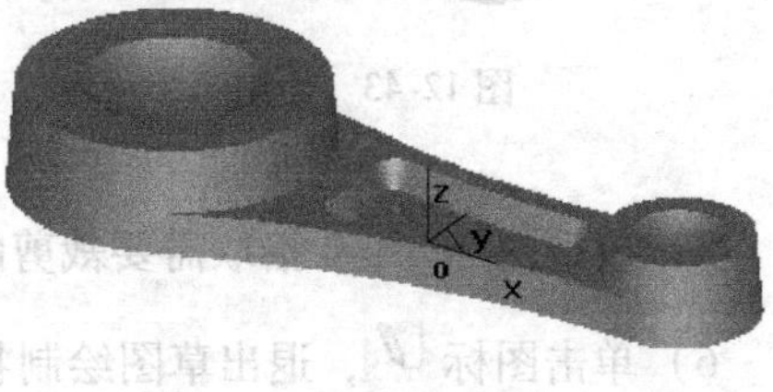

图 12-42　连杆

相关知识点析

旋转除料是通过围绕一条空间直线旋转一个或多个封闭轮廓，移除生成一个特征的操作。

（1）操作方法

1）单击“应用”，指向“特征生成”，再指向“除料”，然后单击“旋转”；或者直接单击按钮，弹出旋转除料对话框。

2）选取旋转类型，填入角度，拾取草图和轴线，单击“确定”完成操作。

（2）参数含义

旋转类型包括“单向旋转”、“反向旋转”、“对称旋转”和“双向旋转”。

1）单向旋转：单向旋转是指按照给定的角度数值进行单向的旋转。

2）角度：角度是指旋转的尺寸值，可以直接输入所需数值，也可以单击按钮来调节。

3）反向旋转：反向旋转是指按与默认方向相反的方向进行旋转。

4）拾取：拾取是指对需要旋转的草图和轴线的选取。

5）对称旋转：对称旋转是指以草图为中心，向相反的两个方向进行旋转，角度值以草图为中心平分。

6）双向旋转：双向旋转是指以草图为起点，向两个方向进行旋转，角度值分别输入。

（3）注意事项　轴线是空间曲线，需要退出草图状态后绘制。

操作步骤

1）单击零件特征结构树的“平面 XY”，选择 XOY 面为绘图基准面。

2）单击绘制草图按钮，进入草图绘制状态。

3）单击图标，在立即菜单中选择作圆方式为“圆心_半径”，按“回车”键，在弹出的对话框中先后输入圆心（70，0，0）、半径为 20 并按“确认”，然后单击鼠标右键结束该圆的绘制。用同样的方法输入圆心（－70，0，0）、半径为 40 绘制另一圆，并连续单击鼠标右键两次退出圆的绘制，结果如图 12-43 所示。

4）单击图标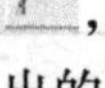，在特征树下的立即菜单中选择作圆弧方式为“两点_ 半径”，然后按“回车”键；在弹出的点工具菜单中选择“切点”命令，拾取两圆上方的任意位置，按“回车”键，输入半径为 250 并按“确认”完成第一条相切线。接着拾取两圆下方的任意位置，同样输入半径为 250，结果如图 12-44 所示。

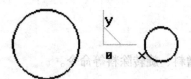

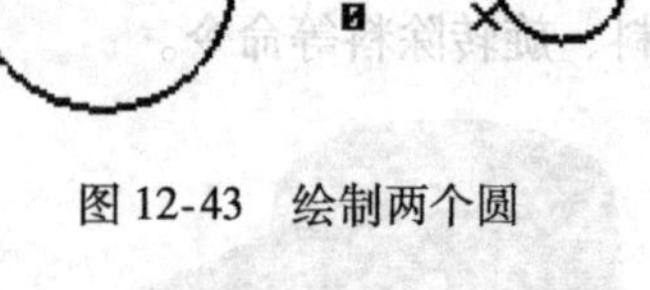
y
x

图 12-43　绘制两个圆

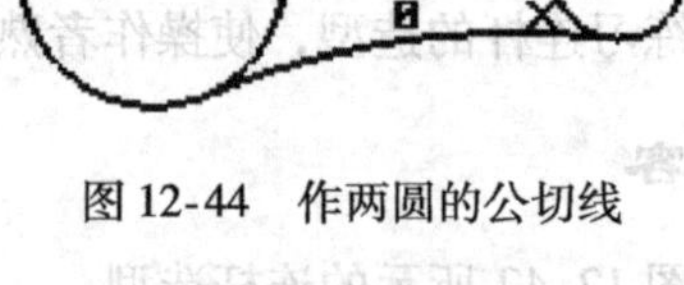
y
x

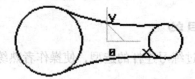

图 12-44　作两圆的公切线

5）单击图标，拾取需要裁剪的圆弧上的线段，结果如图 12-45 所示。

6）单击图标 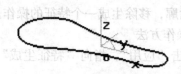，退出草图绘制状态，按 F8 观察草图轴侧图，如图 12-46 所示。

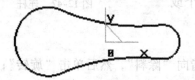

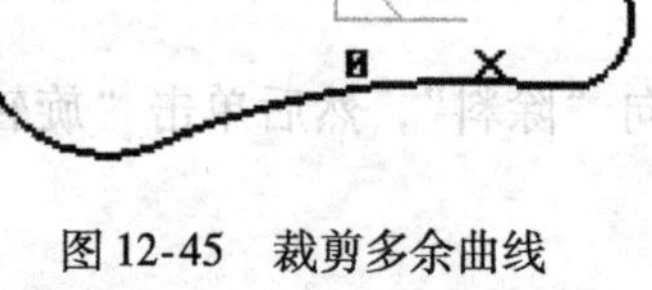
y
x

图 12-45　裁剪多余曲线

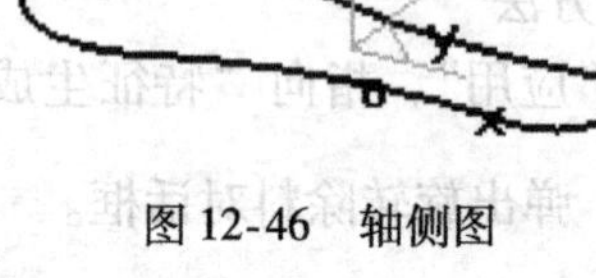
z
y
x

图 12-46　轴侧图

7）单击图标，在对话框中输入深度为10，选中“增加拔模斜度”复选框，输入拔模角度为5°，并按“确定”，结果如图12-47所示。

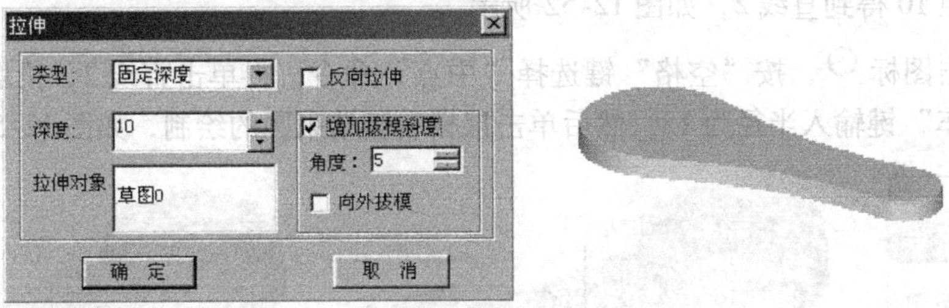
拉伸
类型: 固定深度
反向拉伸
深度: 10
增加拔模斜度
角度: 5
拉伸对象
草图0
向外拔模
确 定
取 消

图12-47　拉伸增料（五）

8）单击基本拉伸体的上表面，并选择该上表面为绘图基准面，然后单击图标，进入草图绘制状态。单击图标，按“空格”键选择“圆心”命令，单击上表面小圆的边，拾取到小圆的圆心；再次按“空格”键选择“端点”命令，单击上表面小圆的边，拾取到小圆的端点，单击右键完成草图的绘制，如图12-48所示。

9）单击图标，退出草图状态。然后单击图标，在对话框中输入深度为10，选中“增加拔模斜度”复选框，输入拔模角度为5°，并按“确定”，结果如图12-49所示。

图12-48　绘制小圆

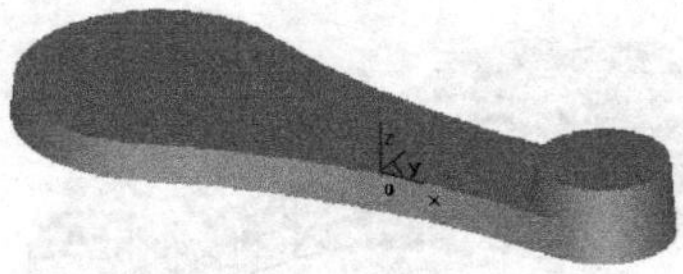

图12-49　拉伸增料（六）

10）绘制大凸台草图与绘制小凸台草图的步骤相同，拾取上表面大圆的圆心和端点，完成大凸台草图的绘制，如图12-50所示。

11）拉伸大凸台与拉伸小凸台的步骤相同，输入深度为15，拔模角度为5°，生成大凸台，结果如图12-51所示。

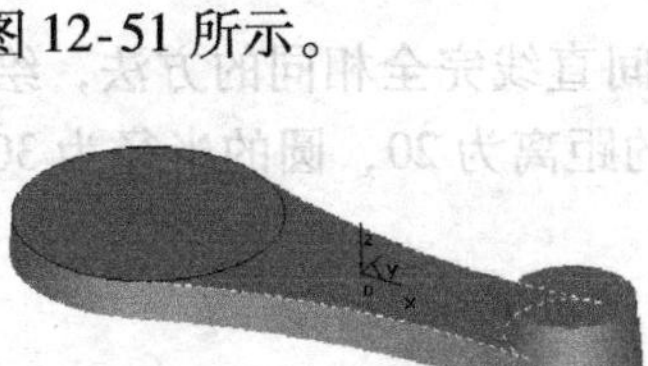

图12-50　绘制大圆

图12-51　拉伸增料（七）

12）单击零件特征树的“平面XZ”，选择平面XOZ为绘图基准面，然后单击图标，进入草图绘制状态。

13）作直线1。单击图标，按“空格”键选择“端点”命令，拾取小凸台上表面圆的端点为直线的第1点；按“空格”键选择“中点”命令，拾取小凸台上表面圆的中点为直线的第 2 点。

14）单击图标，在立即菜单中输入距离为 10，拾取直线 1，选择等距方向为向上，将其向上等距 10 得到直线 2，如图 12-52 所示。

15）单击图标，按“空格”键选择“中点”命令，再单击直线 2，拾取其中点为圆心，按“回车”键输入半径为 15，然后单击鼠标右键结束圆的绘制，如图 12-53 所示。

等距
距离
10
精度
0.1000
图 12-52 绘制等距线

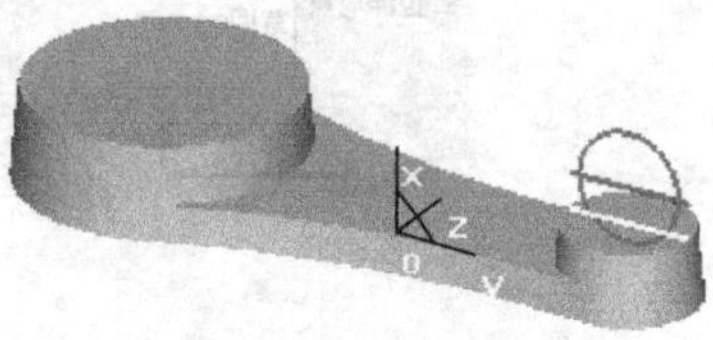
图 12-53 绘制半径为 15 的圆

16）删除和裁剪多余的线段。拾取直线 1，单击鼠标右键并在弹出的菜单中选择“删除”命令，将直线 1 删除。单击图标，裁剪掉直线 2 的两端和圆的上半部分，如图 12-54所示。

17）单击图标，退出草图状态。单击图标，按“空格”键选择“端点”命令，拾取半圆直径的两端，绘制与半圆直径完全重合的空间直线，如图 12-55 所示。

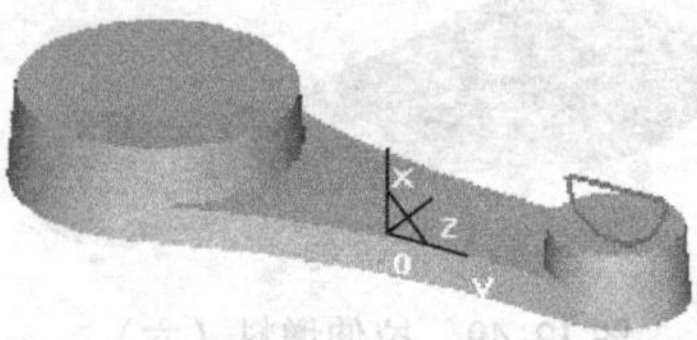
图 12-54 裁减后的效果

图 12-55 作空间旋转轴

18）单击图标，拾取半圆草图和作为旋转轴的空间直线，并按“确定”，然后删除空间直线，结果如图 12-56 所示。

19）与绘制小凸台上旋转除料草图和旋转轴空间直线完全相同的方法，绘制大凸台上的旋转除料半圆和空间直线。具体参数：直线等距的距离为 20，圆的半径为 30，结果如图 12-57所示。

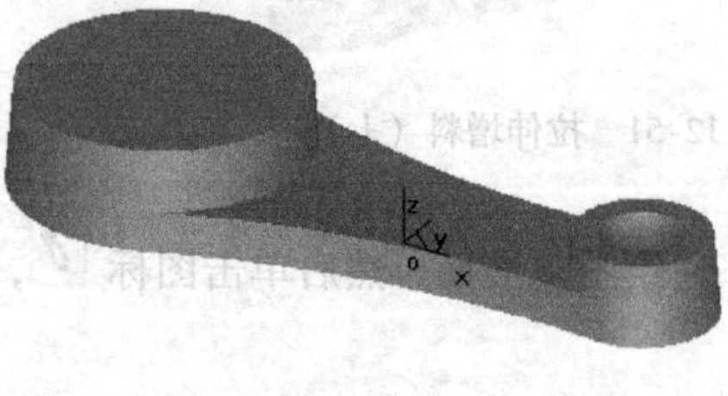
图 12-56 旋转除料（一）

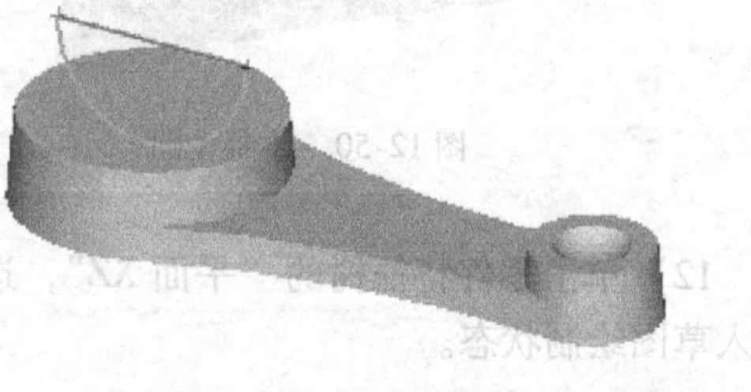
图 12-57 绘制大凸台上的旋转除料半圆与空间直线

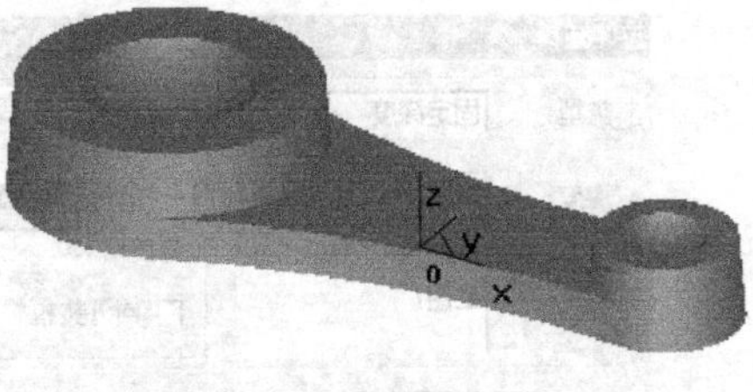

图 12-58 旋转除料（二）

20）单击图标，拾取大凸台上半圆草图和作为旋转轴的空间直线，并按“确定”，然后删除空间直线，结果如图 12-58 所示。

21）单击基本拉伸体的上表面，选择拉伸体上表面为绘图基准面，然后单击图标，进入草图状态。

22）单击图标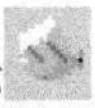，选择立即菜单中的“实体边界”，拾取图 12-59 所示的四条边界线。

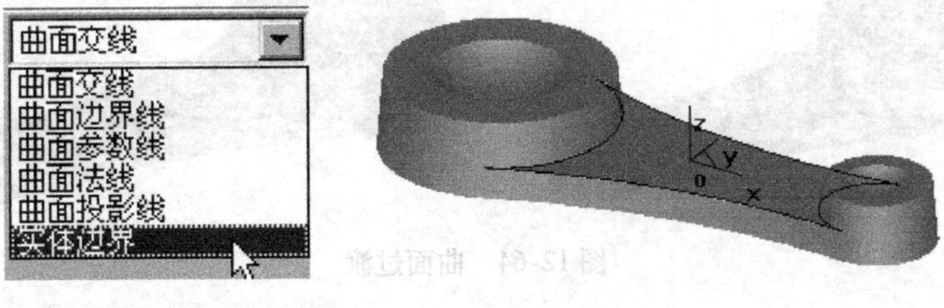
曲面交线
曲面交线
曲面边界线
曲面参数线
曲面法线
曲面投影线
实体边界

图 12-59 拾取实体边界

23）单击图标，以等距距离 10 和 6 分别作刚生成的边界线的等距线，如图 12-60 所示。

24）单击图标，在立即菜单处输入半径为 6，对等矩生成的曲线作过渡，结果如图 12-61 所示。

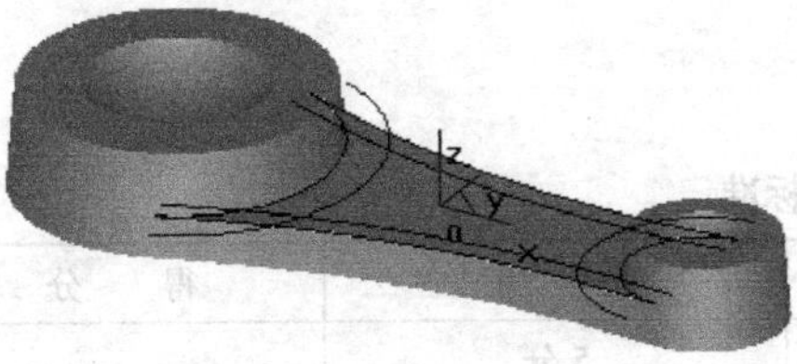

图 12-60 作等距线

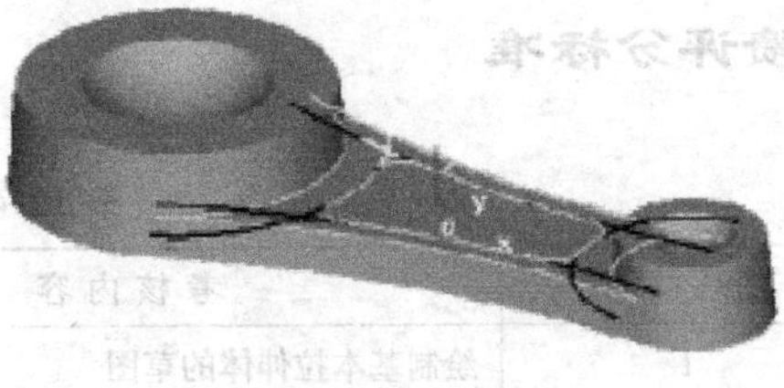

图 12-61 曲线过渡

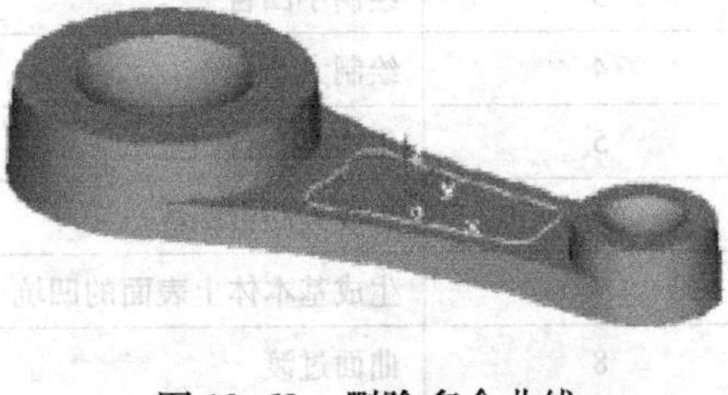

图 12-62 删除多余曲线

25）单击图标，拾取四条边界线，然后单击鼠标右键将各边界线删除，结果如图 12-62 所示。

26）单击图标，退出草图状态。单击图标，在对话框中设置深度为 6，角度为 30，结果如图 12-63 所示。

27）单击图标，在对话框中输入半径为 10，拾取大凸台和基本拉伸体的交线，并按“确定”，结果如图 12-64 所示。

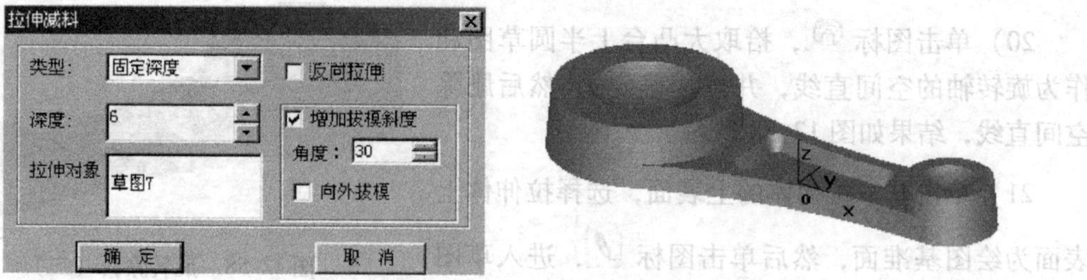
拉伸减料
类型:
固定深度
反向拉伸
深度:
6
增加拔模斜度
角度:
30
拉伸对象
草图7
向外拔模
确 定
取 消
z
y
0
x

图 12-63 拉伸减料

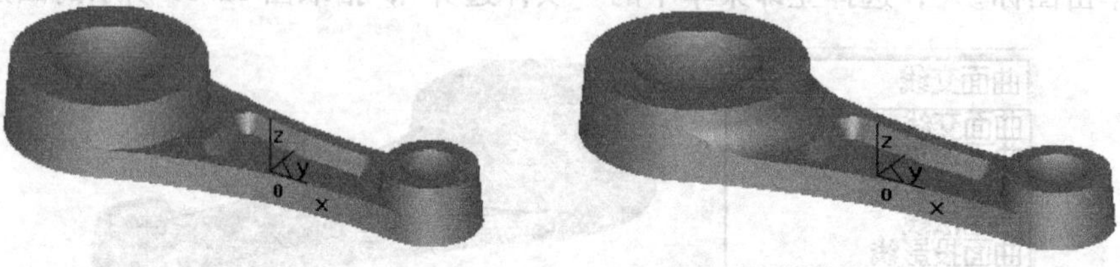

图 12-64 曲面过渡

28）单击图标，在对话框中输入半径为 5，拾取小凸台和基本拉伸体的交线，并按“确定”。

29）单击图标，在对话框中输入半径为 3，拾取上表面的所有棱边并按“确定”，结果如图 12-65所示。

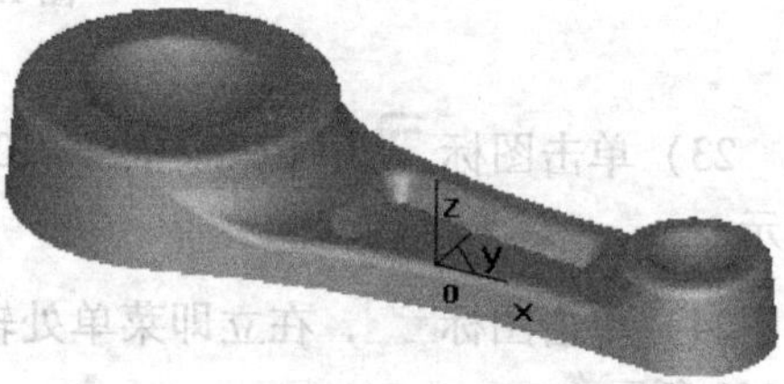

图 12-65 过渡后的结果

成绩评分标准

表 12-4 成绩评分标准

序 号	考核内容	分 值	得 分
1	绘制基本拉伸体的草图	5 分	
2	对草图进行拉伸增料	5 分	
3	绘制小凸台	15 分	
4	绘制大凸台	15 分	
5	生成小凸台凹坑	15 分	
6	生成大凸台凹坑	15 分	
7	生成基本体上表面的凹坑	10 分	
8	曲面过渡	10 分	
9	应用软件操作的熟练程度	10 分	
备注		合计得分 教师签名 年 月 日	

模块十三　零件的加工

项目 13.1　连杆的加工

项目目的

通过练习连杆的加工，使操作者熟悉加工的全过程。

项目内容

完成图 13-1 所示的连杆造型。

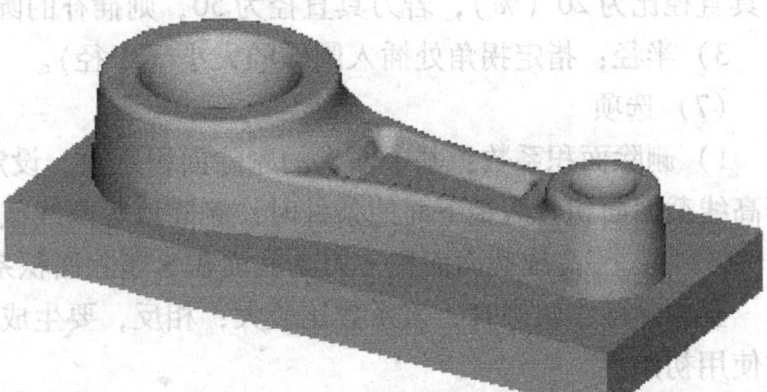

图 13-1　连杆造型

相关知识点析

(1) 加工方向　加工方向设定有以下两种选择：

顺铣：生成顺铣的轨迹。

逆铣：生成逆铣的轨迹。

(2) Z 切入

1) 层高：Z 向每个加工层的背吃刀量。

2) 残留高度：系统会根据输入的残留高度的大小计算 Z 向层高。

3) 最大层间距：输入最大 Z 向背吃刀量。根据残留高度值在求得 Z 向的层高时，为防止在加工较陡斜面时可能出现层高过大，限制层高在最大层间距的设定值之下。

4) 最小层间距：输入最小 Z 向背吃刀量。根据残留高度值在求得 Z 向的层高时，为防止在加工较平坦面时可能出现层高过小，限制层高在最小层间距的设定值之上。

(3) XY 切入

1) 行距：XY 方向的相邻扫描行的距离。

2) 残留高度：由球刀铣削时，输入铣削通过时的残余量（残留高度）。当指定残留高度时，会提示 XY 切削量。

3) 进行角度：当“XY 切削模式”为“环切”以外时进行该项设定。输入扫描线切削轨迹的进行角度，输入值范围是 0°~360°。输入 0°，生成与 X 轴平行的扫描线轨迹；输入 90°，生成与 Y 轴平行的扫描线轨迹。

(4) 切削模式　XY 切削模式设定有以下三种选择：

1) 环切：生成环切粗加工轨迹。

2) 平行（单向）：只生成单方向的加工轨迹。快速进刀后，进行一次切削方向加工。

3) 平行（往复）：即使到达加工边界也不进行快速进刀，继续往复的加工。

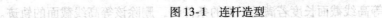

(5) 加工顺序

1）Z 优先：以被识别的山或谷为单位进行加工。自动区分出山和谷，逐个进行由高到低的加工（若加工开始是按 Z 向上的情况则是由低到高）。若断面为不封闭形状时，有时会变成 XY 方向优先。

2）XY 优先：按照 Z 进刀的高度顺序加工。即仅仅在 XY 方向上由系统自动区分的山或谷按顺序进行加工。

3）镶片刀的使用：在使用镶片刀具时生成最优化路径。因为考虑到镶片刀具的底部存在不能切割的部分，选中本选项可以生成最合适加工的路径。

（6）拐角半径　在拐角部分加上圆弧。

1）添加拐角半径：设定在拐角部插补圆角。高速切削时减速转向，防止拐角处的过切。

2）工具直径百分比：指定插补圆角的圆弧半径相对于刀具直径的比率（%）。例如，刀具直径比为 20（%），若刀具直径为 50，则插补的圆角半径为 10。

3）半径：指定拐角处插入圆弧的大小（半径）。

（7）选项

1）删除面积系数：基于输入的删除面积系数，设定是否生成微小轨迹。刀具截面积和等高线截面面积若满足下面的条件时，删除该等高线截面的轨迹。

等高线截面面积 < 刀具截面积 × 删除面积系数（刀具截面积系数）。

要删除微小轨迹时，该系数比较大；相反，要生成微小轨迹时，应设定小一点的值，通常使用初始值。

2）删除长度系数：基于输入的删除长度系数，设定是否生成微小轨迹。刀具截面积和等高线截面长度若满足下面的条件时，删除该等高线截面的轨迹。

等高线截面长度 < 刀具直径 × 删除长度系数（刀具直径系数）。

要删除微小轨迹时，该系数比较大；相反，要生成微小轨迹时，应设定小一点的值，通常使用初始值。

（8）行间连接方式　行间连接方式有以下三种类型。

1）直线：行间连接的路径为直线形状。

2）圆弧：行间连接的路径为半圆形状。

3）S 形：行间连接的路径为 S 形状。

加工精度　输入模型的加工精度。模型形状的误差应小于此值。加工精度越大，模型形状的误差也增大，模型表面越粗糙；加工精度越小，模型形状的误差也减小，模型表面越光滑，但是轨迹段的数目增多，轨迹数据量变大。

加工余量　相对模型表面的残留高度，可以为负值，但不要超过刀角半径。

（9）速度值　设定轨迹各位置的相关进给速度及主轴转速。

1）主轴转速：设定主轴转速的大小，单位为 r/min（转/分）。

2）慢速下刀速度（F0）：设定慢速下刀轨迹段的进给速度的大小，单位为 mm/min。

3）切入切出连接速度（F1）：设定切入轨迹段，切出轨迹段，连接轨迹段，接近轨迹段，返回轨迹段的进给速度的大小，单位为 mm/min。

4）切削速度（F2）：设定切削轨迹段的进给速度的大小，单位为 mm/min。

5）退刀速度（F3）：设定退刀轨迹段的进给速度的大小，单位为 mm/min。

操作步骤

1. 设定加工刀具

选择屏幕左侧的“加工管理”结构树，双击结构树中的刀具库，弹出“刀具库管理”对话框。单击“增加铣刀”按钮，在对话框中输入铣刀名称，并设定增加的铣刀参数，如图 13-2 所示。

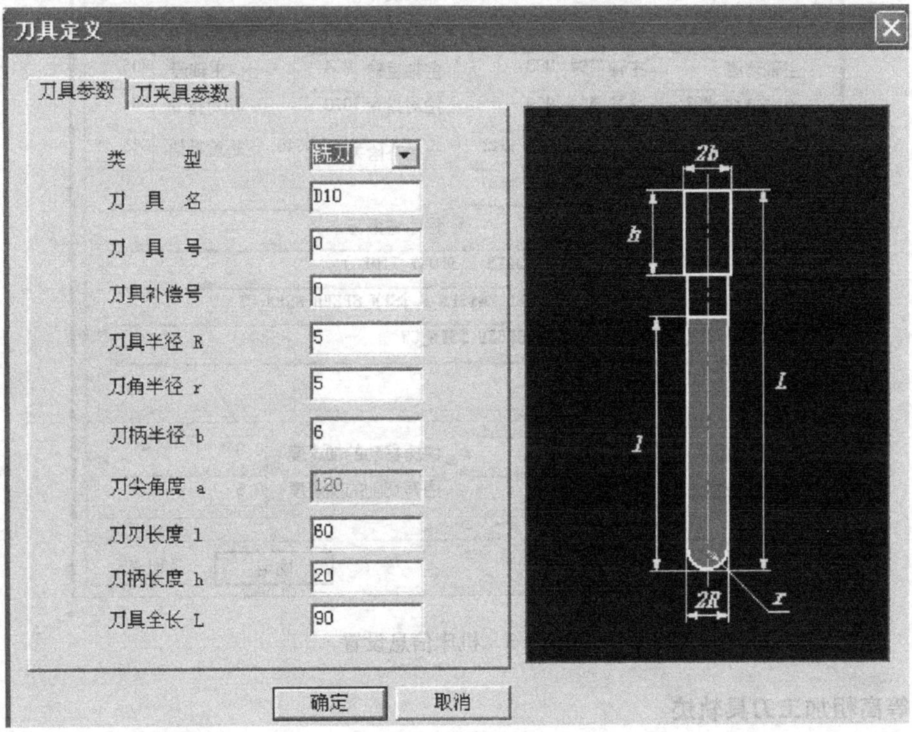
刀具定义
刀具参数
刀夹具参数
类　　型
铣刀
刀 具 名
D10
刀 具 号
0
刀具补偿号
0
刀具半径 R
5
刀角半径 r
5
刀柄半径 b
6
刀尖角度 a
120
刀刃长度 l
60
刀柄长度 h
20
刀具全长 L
90
确定
取消
2b
h
L
l
2R
r

图 13-2　设置刀具参数

2. 后置设置

1）选择屏幕左侧的“加工管理”结构树，双击结构树中的“机床后置”，弹出“机床后置”对话框。

2）增加机床设置。选择当前机床类型，如图 13-3 所示。

3）后置处理设置。选择“后置设置”标签，根据当前的机床设置各参数，如图 13-4 所示。

3. 定义毛坯

1）选择屏幕左侧的“加工管理”结构树，双击结构树中的“毛坯”，弹出“定义毛坯”对话框，如图 13-5 所示。

2）选择“两点方式”复选框，再单击“拾取两点”按钮，系统提示拾取第一点和拾取第二点。这时选中连杆底平面的两个对角点，单击右键确认返回到“定义毛坯”对话框。将高度值修改为 55，按“确定”键，则现有模型自动生成毛坯，如图 13-6 所示。

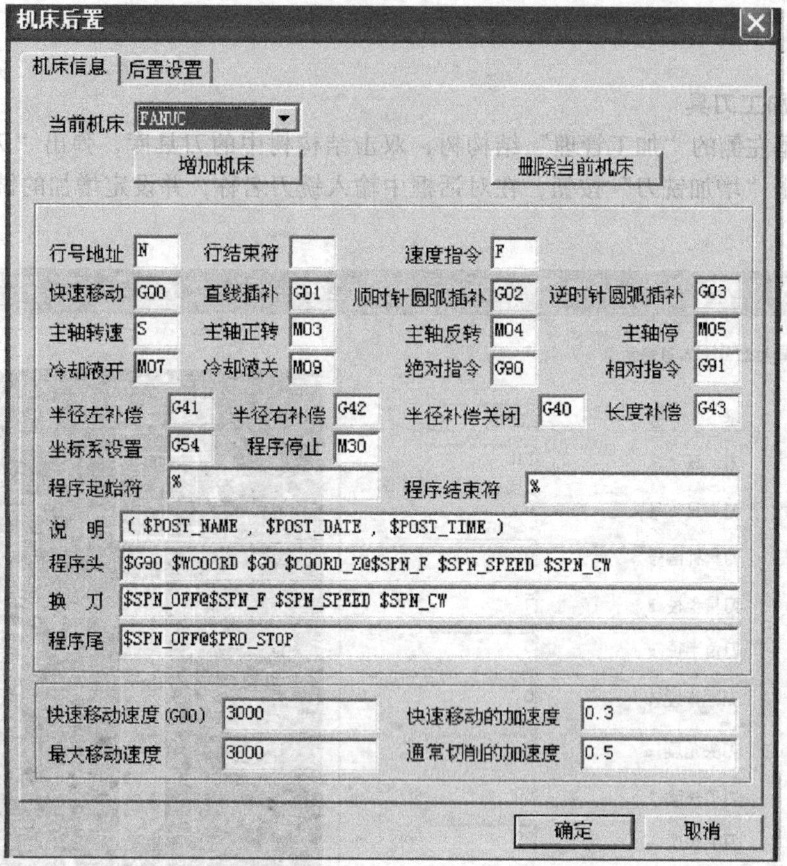
机床后置
机床信息
后置设置
当前机床
FANUC
增加机床
删除当前机床
行号地址 N
行结束符
速度指令 F
快速移动 G00
直线插补 G01
顺时针圆弧插补 G02
逆时针圆弧插补 G03
主轴转速 S
主轴正转 M03
主轴反转 M04
主轴停 M05
冷却液开 M07
冷却液关 M09
绝对指令 G90
相对指令 G91
半径左补偿 G41
半径右补偿 G42
半径补偿关闭 G40
长度补偿 G43
坐标系设置 G54
程序停止 M30
程序起始符 %
程序结束符 %
说 明 ($POST_NAME , $POST_DATE , $POST_TIME)
程序头 $G90 $WCOORD $G0 $COORD_Z@$SPN_F $SPN_SPEED $SPN_CW
换 刀 $SPN_OFF@$SPN_F $SPN_SPEED $SPN_CW
程序尾 $SPN_OFF@$PRO_STOP
快速移动速度(G00) 3000
快速移动的加速度 0.3
最大移动速度 3000
通常切削的加速度 0.5
确定
取消

图 13-3 机床信息设置

4. 等高粗加工刀具轨迹

1）设置粗加工参数。单击“加工”、“粗加工”、“等高线粗加工”，在弹出的“等高线粗加工”对话框中设置粗加工参数。设置粗加工铣刀参数如图 13-7 所示。

2）设置粗加工切削用量参数如图 13-8 所示。

3）确认“起始点”、“下刀方式”、“切入切出”为系统默认值，然后按“确定”退出参数设置。

4）按系统提示拾取加工对象和加工边界。选中整个实体表面作为加工对象，系统将拾取到的所有实体表面变红，然后按鼠标右键确认拾取；再按右键确认毛坯的边界就是需要加工的边界。

5）生成粗加工刀路轨迹。系统提示：“正在计算轨迹请稍候”，然后系统就会自动生成粗加工轨迹，结果如图 13-9 所示。

6）隐藏生成的粗加工轨迹。拾取轨迹，单击鼠标右键在弹出的菜单中选择“隐藏”命令，隐藏生成的粗加工轨迹，以便于下步操作。

5. 等高线精加工刀具轨迹

1）设置精加工的等高线加工参数。选择“加工”、“精加工”、“等高线精加工”命令，在弹出的加工参数表中设置精加工参数，如图 13-10 所示。

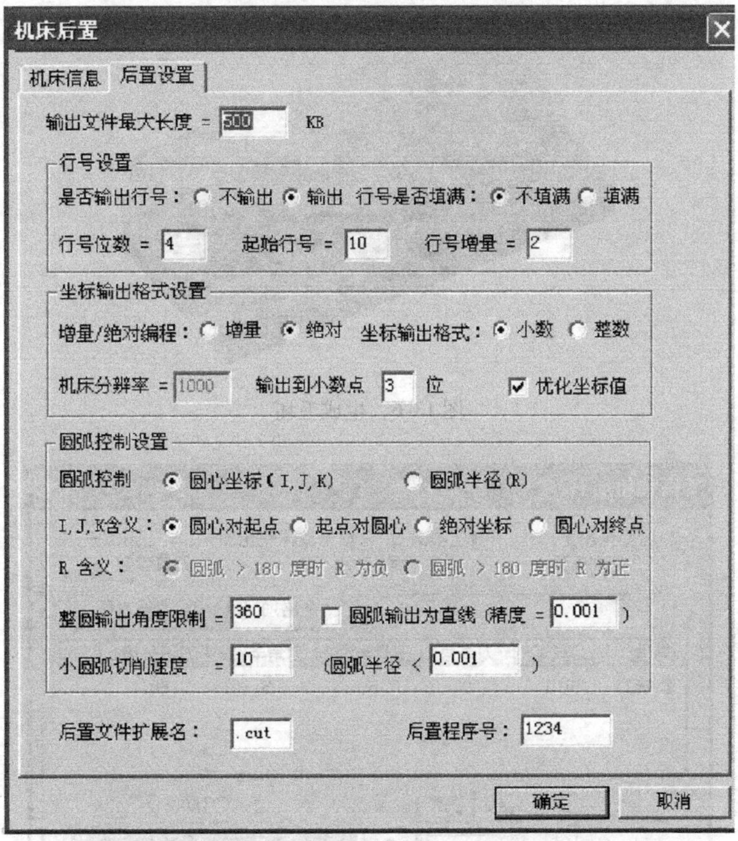
机床后置
机床信息
后置设置
输出文件最大长度 = 500 KB
行号设置
是否输出行号： 不输出 输出 行号是否填满： 不填满 填满
行号位数 = 4
起始行号 = 10
行号增量 = 2
坐标输出格式设置
增量/绝对编程： 增量 绝对 坐标输出格式： 小数 整数
机床分辨率 = 1000
输出到小数点 3 位
优化坐标值
圆弧控制设置
圆弧控制 圆心坐标(I,J,K) 圆弧半径(R)
I,J,K含义： 圆心对起点 起点对圆心 绝对坐标 圆心对终点
R 含义： 圆弧 > 180 度时 R 为负 圆弧 > 180 度时 R 为正
整圆输出角度限制 = 360
圆弧输出为直线 (精度 = 0.001)
小圆弧切削速度 = 10
(圆弧半径 < 0.001)
后置文件扩展名： .cut
后置程序号： 1234
确定
取消

图 13-4　后置设置

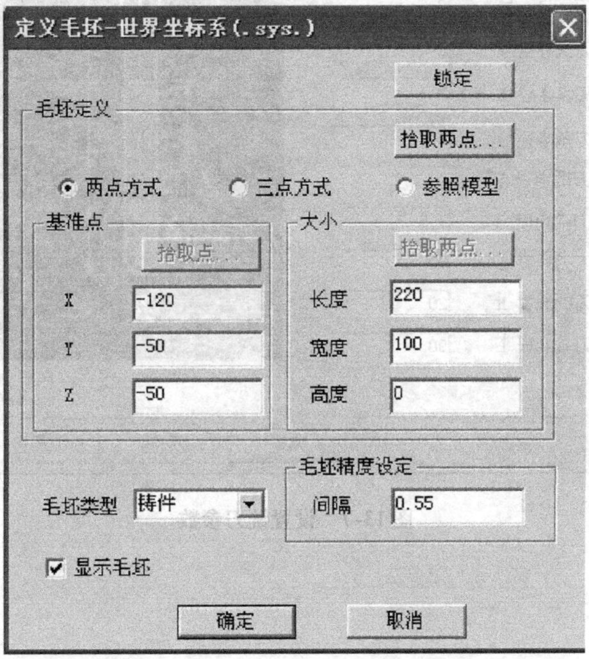
定义毛坯-世界坐标系(.sys.)
锁定
毛坯定义
拾取两点...
两点方式 三点方式 参照模型
基准点
拾取点...
X -120
Y -50
Z -50
大小
拾取两点...
长度 220
宽度 100
高度 0
毛坯精度设定
毛坯类型 铸件
间隔 0.55
显示毛坯
确定
取消

图 13-5　“定义毛坯”对话框

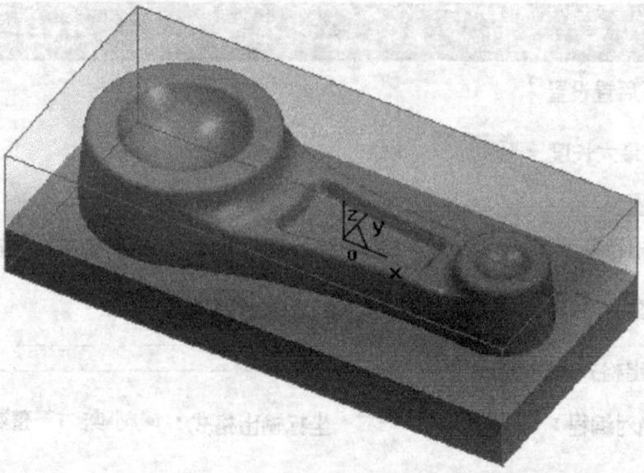

图 13-6　生成毛坯

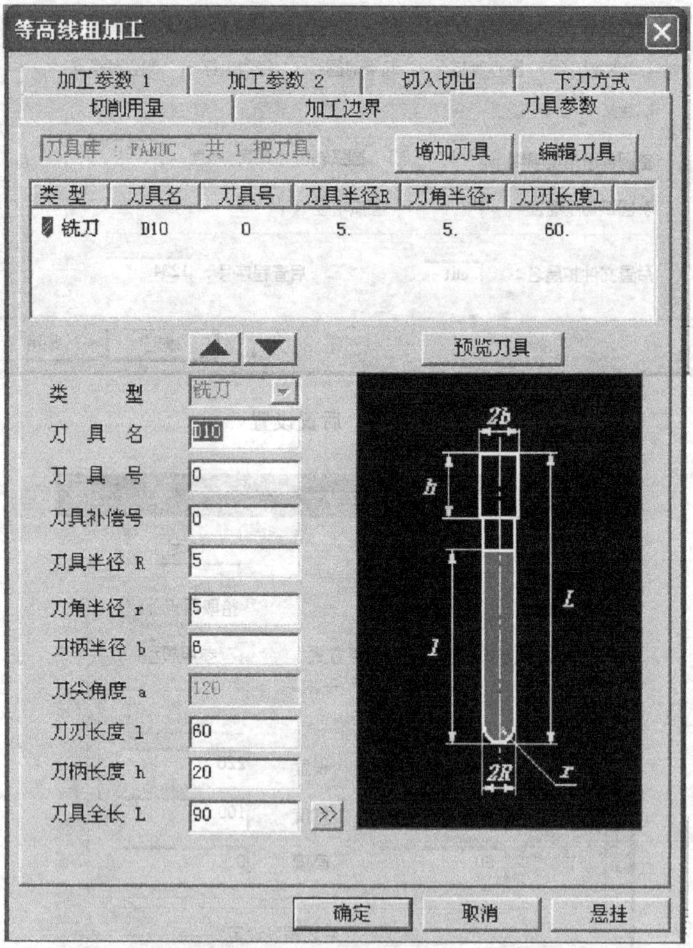
等高线粗加工
加工参数 1
加工参数 2
切入切出
下刀方式
切削用量
加工边界
刀具参数
刀具库：FANUC　共 1 把刀具
增加刀具
编辑刀具
类 型
刀具名
刀具号
刀具半径R
刀角半径r
刀刃长度l
铣刀
D10
0
5.
5.
60.
预览刀具
类　型
铣刀
刀 具 名
D10
刀 具 号
0
刀具补偿号
0
刀具半径 R
5
刀角半径 r
5
刀柄半径 b
6
刀尖角度 a
120
刀刃长度 l
60
刀柄长度 h
20
刀具全长 L
90
>>
2b
h
L
l
2R
r
确定
取消
悬挂

图 13-7　设置铣刀参数

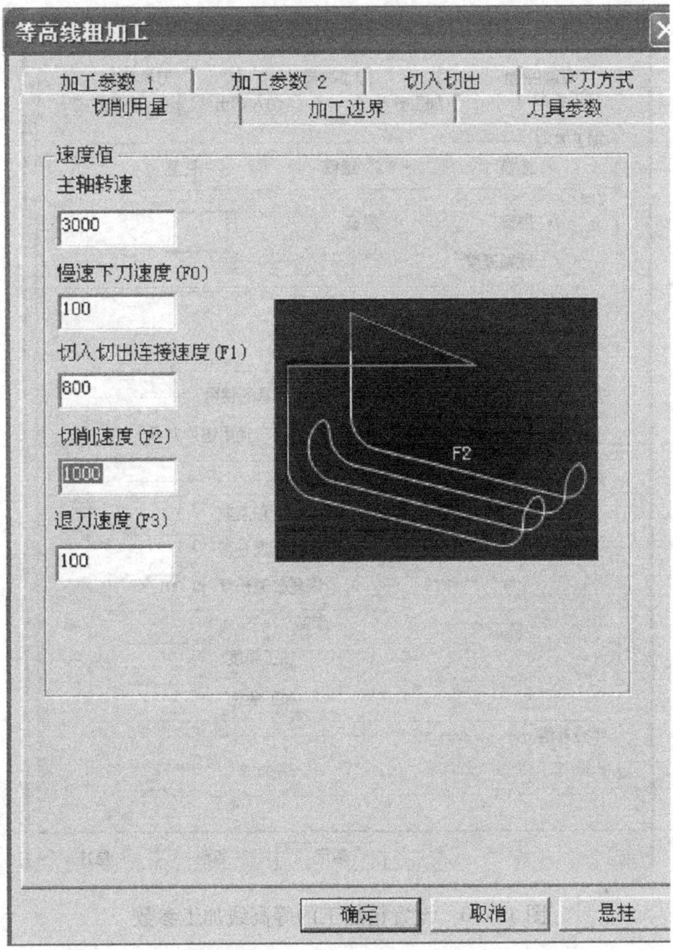
等高线粗加工
加工参数 1
加工参数 2
切入切出
下刀方式
切削用量
加工边界
刀具参数
速度值
主轴转速
3000
慢速下刀速度(F0)
100
切入切出连接速度(F1)
800
切削速度(F2)
1000
退刀速度(F3)
100
F2
确定
取消
悬挂

图 13-8 设置切削用量

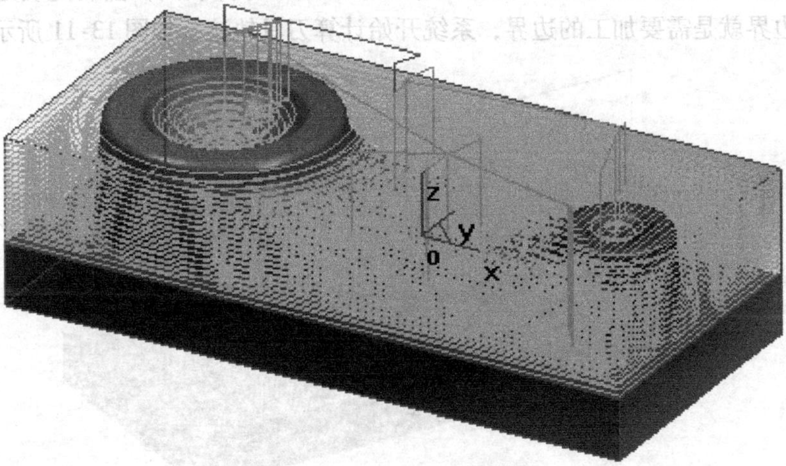
z
y
o
x

图 13-9 粗加工刀路轨迹

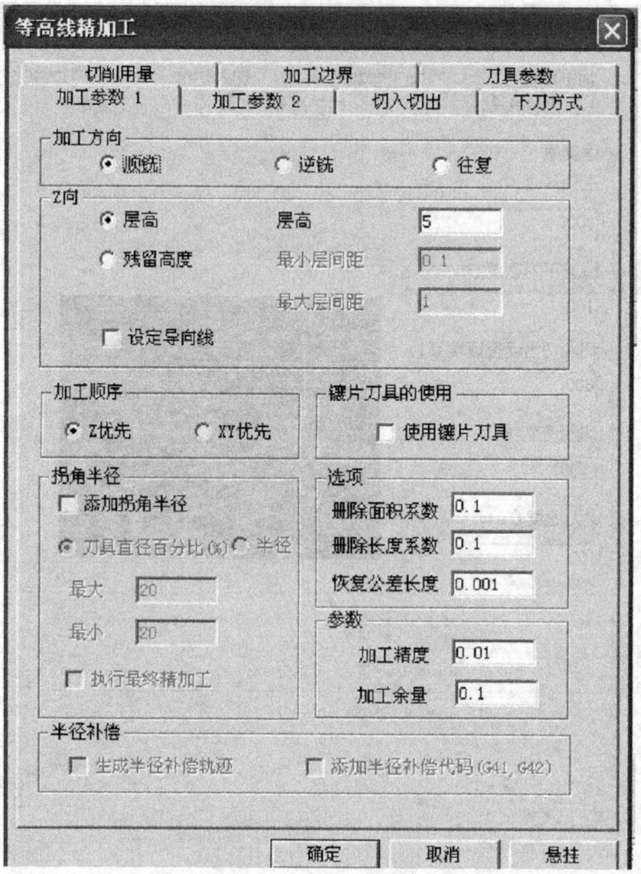
等高线精加工
切削用量
加工边界
刀具参数
加工参数 1
加工参数 2
切入切出
下刀方式
加工方向
顺铣
逆铣
往复
Z向
层高
层高
5
残留高度
最小层间距
0.1
最大层间距
1
设定导向线
加工顺序
Z优先
XY优先
镶片刀具的使用
使用镶片刀具
拐角半径
添加拐角半径
刀具直径百分比(%)
半径
最大
20
最小
20
执行最终精加工
选项
删除面积系数
0.1
删除长度系数
0.1
恢复公差长度
0.001
参数
加工精度
0.01
加工余量
0.1
半径补偿
生成半径补偿轨迹
添加半径补偿代码(G41,G42)
确定
取消
悬挂

图 13-10　设置精加工的等高线加工参数

2）“切入切出”、“下刀方式”、“加工边界” 和 “刀具参数” 的设置与粗加工的相同。

3）根据左下角状态栏提示拾取加工对象。拾取整个零件表面，按右键确定，再按右键确认毛坯的边界就是需要加工的边界，系统开始计算刀具轨迹，如图 13-11 所示。

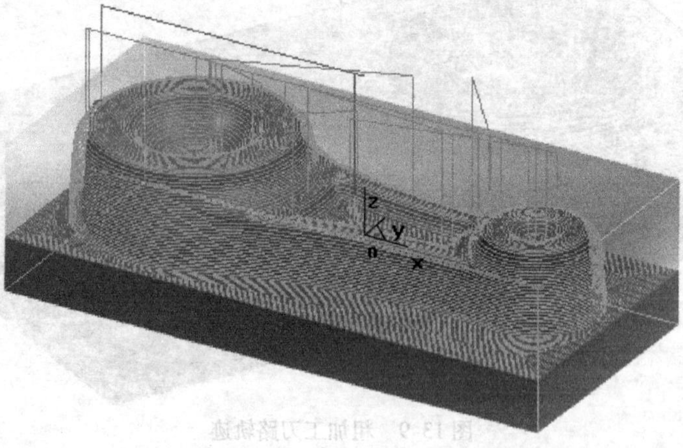
z
y
x

图 13-11　系统计算刀具轨迹

注意：
精加工的加工余量为0。

6. 轨迹仿真、检验与修改

1）按“可见”铵扭，显示所有已生成的粗/精加工轨迹并将它们选中。

2）单击“加工”、“轨迹仿真”，选择屏幕左侧的“加工管理”结构树，依次单击“等高线粗加工”和“扫描线精加工”，单击右键确认。系统自动启动CAXA轨迹仿真器，单击仿真图标，弹出“仿真加工”对话框，如图13-12所示；调整
10
下拉菜单中的值为10，按按钮来运行仿真。

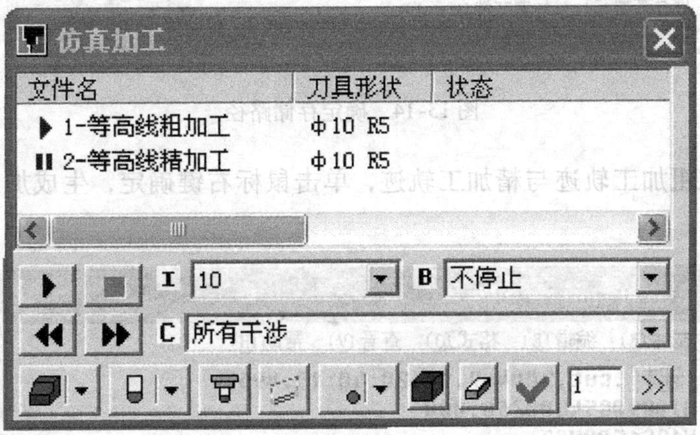
仿真加工
文件名
刀具形状
状态
1-等高线粗加工
ϕ10 R5
2-等高线精加工
ϕ10 R5
I
10
B
不停止
C
所有干涉
1

图13-12　“仿真加工”对话框

3）在仿真过程中，可以按住鼠标中键来拖动旋转被仿真件，可以滚动鼠标中键来缩放被仿真件，如图13-13。

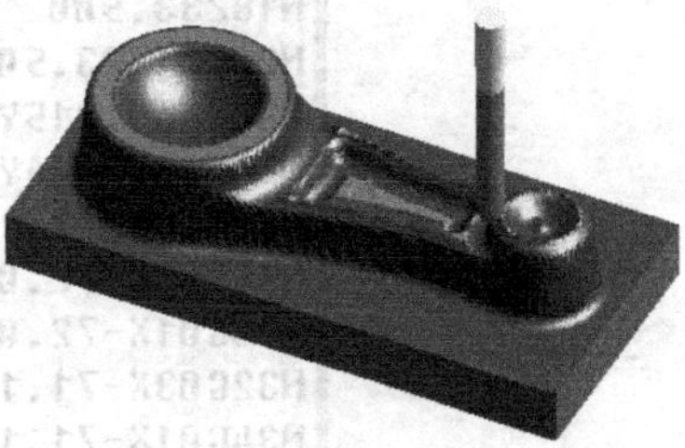

图13-13　加工仿真

4）调整
C
G00干涉+夹具干涉
下拉菜单中的值，可以帮助检查干涉情况，如有干涉会自动报警。

5）仿真完成后，单击按钮，可以将仿真后的模型与原有零件作对比。对比时，屏幕右下角会出现一个图标

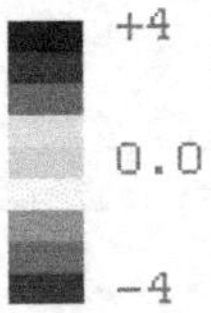
+4
0.0
-4

。其中，绿色表示和原有零件一致；颜色越蓝，表示余量越多；颜色越红，表示过切越厉害。

6）仿真检验无误后，可保存粗/精加工轨迹。

7. 生成 G 代码

1）单击“加工”、“后置处理”、“生成 G 代码”，在弹出的“选择后置文件”对话框中给定要生成的 NC 代码文件名（连杆 . cut）及其存储路径，按“确定”退出，如图 13-14。

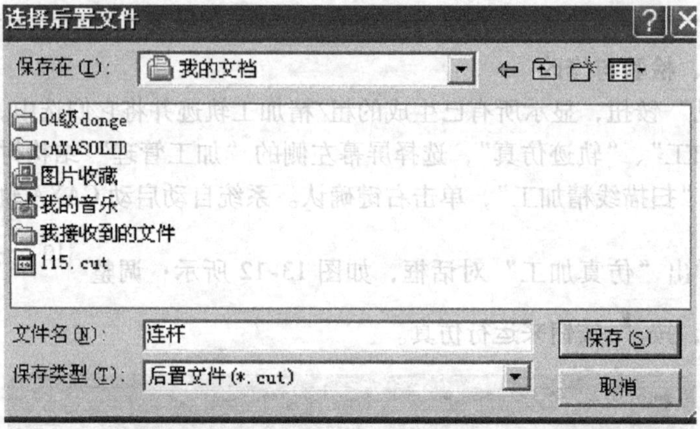
选择后置文件
保存在(I):
我的文档
04级donge
CAXASOLID
图片收藏
我的音乐
我接收到的文件
115.cut
文件名(N):
连杆
保存(S)
保存类型(T):
后置文件(*.cut)
取消

图 13-14　确定存储路径

2）分别拾取粗加工轨迹与精加工轨迹，单击鼠标右键确定，生成加工 G 代码，如图 13-15 所示。

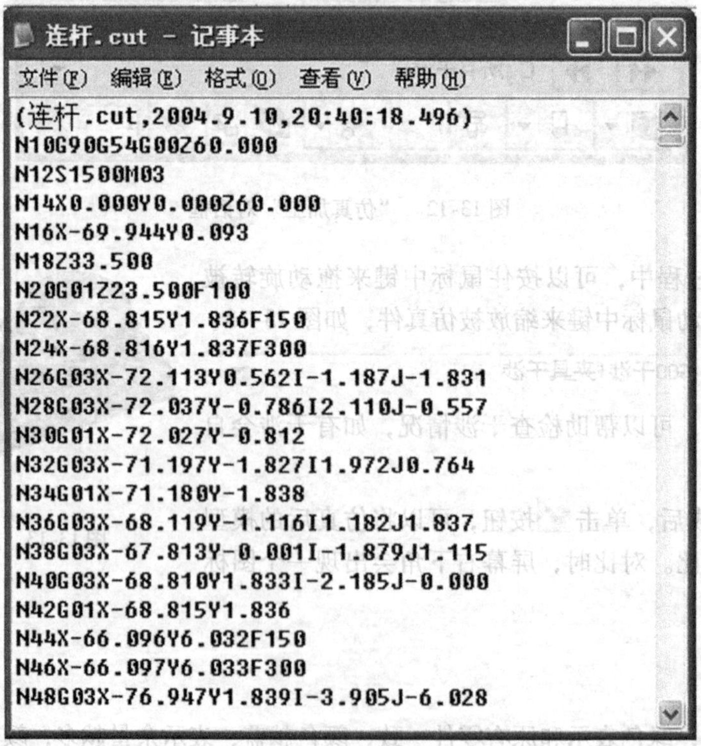
连杆.cut - 记事本
文件(F) 编辑(E) 格式(O) 查看(V) 帮助(H)
(连杆.cut,2004.9.10,20:40:18.496)
N10G90G54G00Z60.000
N12S1500M03
N14X0.000Y0.000Z60.000
N16X-69.944Y0.093
N18Z33.500
N20G01Z23.500F100
N22X-68.815Y1.836F150
N24X-68.816Y1.837F300
N26G03X-72.113Y0.562I-1.187J-1.831
N28G03X-72.037Y-0.786I2.110J-0.557
N30G01X-72.027Y-0.812
N32G03X-71.197Y-1.827I1.972J0.764
N34G01X-71.180Y-1.838
N36G03X-68.119Y-1.116I1.182J1.837
N38G03X-67.813Y-0.001I-1.879J1.115
N40G03X-68.810Y1.833I-2.185J-0.000
N42G01X-68.815Y1.836
N44X-66.096Y6.032F150
N46X-66.097Y6.033F300
N48G03X-76.947Y1.839I-3.905J-6.028

图 13-15　生成 G 代码

8. 生成加工工艺单

1）选择“加工”、“工艺清单”命令，弹出“工艺清单”对话框，如图13-16所示。输入零件名称等信息后，按“拾取轨迹”按钮，选择中粗加工和精加工轨迹，单击右键确认后，再按“生成清单”按钮生成工艺清单。

2）单击工艺清单输出结果中的各项，可以查看到毛坯、工艺参数、刀具等信息，如图13-17所示。

至此，连杆的造型、生成加工轨迹、加工轨迹仿真检查、生成G代码程序、生成加工工艺单的工作已经全部做完，可以把加工工艺单和G代码程序通过工厂的局域网送到车间去了。车间在加工之前还可以通过CAXA制造工程师2006中的校核G代码功能，再看一下加工代码的轨迹形状，做到加工之前心中有数。把工件打表找正，按加工工艺单的要求找好工件零点，再按工序单中的要求装好刀具找好刀具的Z轴零点，就可以开始加工了。

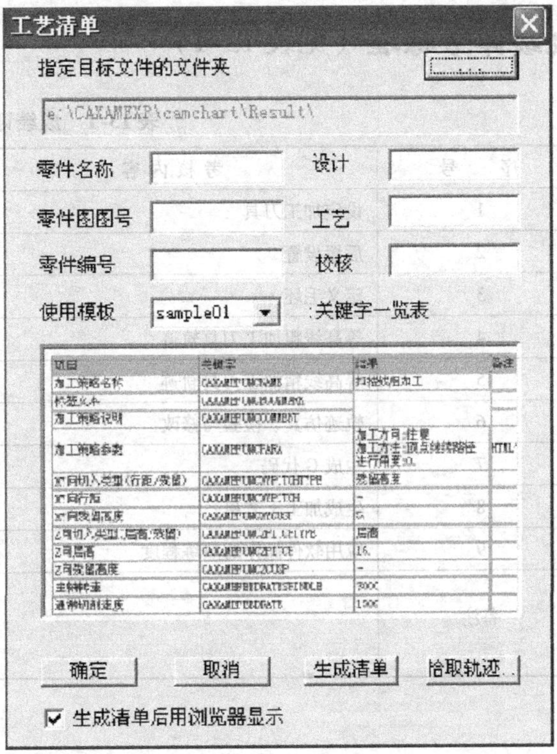
工艺清单
指定目标文件的文件夹
e:\CAXAMEXP\camchart\Result\
零件名称
设计
零件图图号
工艺
零件编号
校核
使用模板
sample01
关键字一览表
确定
取消
生成清单
拾取轨迹...
生成清单后用浏览器显示

图13-16　“工艺清单”对话框

项目	关键字	结果	备注
刀具顺序号	CAXAMETOOLNO	1	
刀具名	CAXAMETOOLNAME	r5	
刀具类型	CAXAMETOOLTYPE	铣刀	
刀具号	CAXAMETOOLID	1	
刀具补偿号	CAXAMETOOLSUPPLEID	1	
刀具直径	CAXAMETOOLDIA	10.	
刀角半径	CAXAMETOOLCORNERRAD	5.	
刀尖角度	CAXAMETOOLENDANGLE	120.	
刀刃长度	CAXAMETOOLCUTLEN	60.	
刀杆长度	CAXAMETOOLTOTALLEN	90.	
刀具示意图	CAXAMETOOLIMAGE	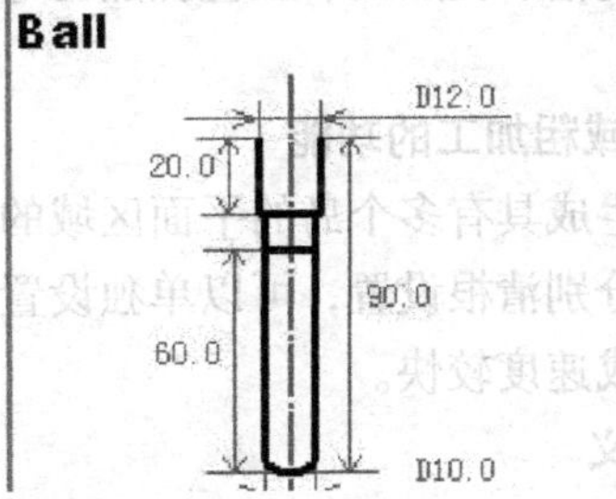	HTML代码

Ball
D12.0
20.0
90.0
60.0
D10.0

图13-17　工艺清单中的一些参数信息

成绩评分标准（见表 13-1）

表 13-1 成绩评分标准

序 号	考核内容	分 值	得 分
1	设定加工刀具	5 分	
2	后置设置	10 分	
3	定义毛坯	10 分	
4	等高线粗加工刀具轨迹	15 分	
5	等高线精加工刀具轨迹	15 分	
6	轨迹仿真、检验与修改	15 分	
7	生成 G 代码	10 分	
8	生成加工工艺单	10 分	
9	应用软件操作的熟练程度	10 分	
备注		合计得分	
		教师签名	年 月 日

项目 13.2 其他加工方式简介

项目目的

使操作者了解平面区域的加工过程。

相关知识点析

CAXA 制造工程师 2006 具有多种加工功能，粗加工有区域式粗加工、等高线粗加工、摆线式粗加工、扫描线粗加工、导动线粗加工等；精加工有参数线精加工、等高线精加工、扫描线精加工、三维偏置精加工、浅平面精加工、限制线精加工、导动线精加工、轮廓线精加工、深腔侧壁精加工、笔式清根加工、等高线补加工、区域式补加工等；另外还有扫描式铣槽、曲线式铣槽、孔加工、工艺孔加工等，因为篇幅问题，在这里给读者简单介绍一下平面区域粗加工。

1. 平面区域粗加工的功能

其功能是生成具有多个岛的平面区域的刀具轨迹。适合 2/2.5 轴的粗加工，该功能支持轮廓和岛屿的分别清根设置，可以单独设置各自的余量、补偿及上下刀信息。最明显的就是该功能轨迹生成速度较快。

2. 参数含义

（1）走刀方式

1）平行加工：刀具以平行走刀方式切削工件。可改变生成的刀位行与 X 轴的夹角。可选择单向还是往复方式。

单向：刀具以单一的顺铣或逆铣方式加工工件。

往复：刀具以顺逆混合的方式加工工件。

2）环切加工：刀具以环状走刀方式切削工件。可选择从里向外或从外向里的方式。

（2）拐角过渡方式　拐角过渡就是在切削过程遇到拐角时的处理方式，有以下两种情况：

1）尖角：刀具从轮廓的一边到另一边的过程中，以两条边延长后相交的方式连接。

2）圆弧：刀具从轮廓的一边到另一边的过程中，以圆弧的方式过渡。过渡半径等于刀具半径与余量之和。

（3）拔模基准　当加工的工件带有拔模斜度时，工件顶层轮廓与底层轮廓的大小不一样。

1）底层为基准：加工中所选的轮廓是工件底层的轮廓。

2）顶层为基准：加工中所选的轮廓是工件顶层的轮廓。

（4）区域内抬刀　在加工有岛的区域时，轨迹过岛时是否抬刀，若选“是”就抬刀，若选“否”就不抬刀。此项只对平行加工的单向有用。

（5）加工参数

1）顶层高度：零件加工时起始高度的高度值。一般来说，也就是零件的最高点，即Z最大值。

2）底层高度：零件加工时所要加工到的深度的Z坐标值，也就是Z最小值。

3）每层下降高度：刀具轨迹层与层之间的高度差，即层高。每层的高度从输入的顶层高度开始计算。

4）行距：加工轨迹相邻两行刀具轨迹之间的距离。

（6）轮廓参数

1）余量：给轮廓加工预留的切削量。

2）斜度：以多大的拔模斜度来加工。

3）补偿：有三种方式。ON为刀心线与轮廓重合。TO为刀心线未到轮廓一个刀具半径。PAST为刀心线超过轮廓一个刀具半径。

（7）岛参数

1）余量：给轮廓加工预留的切削量。

2）斜度：以多大的拔模斜度来加工。

3）补偿：有三种方式。ON为刀心线与岛线重合。TO为刀心线超过岛线一个刀具半径。PAST为刀心线未到岛线一个刀具半径。

（8）标识钻孔点　选择该项自动显示出下刀打孔的点。

（9）加工坐标系　生成轨迹所在的局部坐标系，单击加工坐标系按钮可以从工作区中拾取。

（10）起始点　刀具的初始位置和沿某轨迹进给结束后的停留位置，单击起始点按钮可以从工作区中拾取。

操作步骤

1）填写参数表。例如，填写加工参数，如图13-18所示。

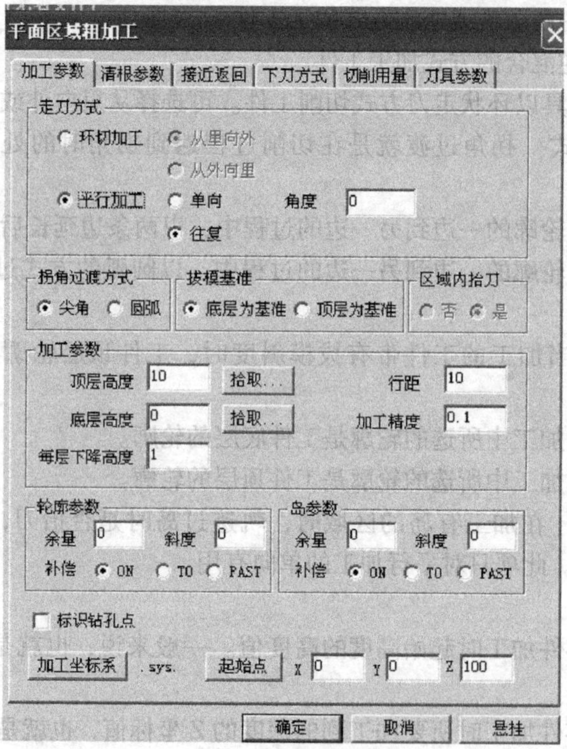
平面区域粗加工
加工参数
清根参数
接近返回
下刀方式
切削用量
刀具参数
走刀方式
环切加工
从里向外
从外向里
平行加工
单向
角度
0
往复
拐角过渡方式
尖角
圆弧
拔模基准
底层为基准
顶层为基准
区域内抬刀
否
是
加工参数
顶层高度
10
拾取...
行距
10
底层高度
0
拾取...
加工精度
0.1
每层下降高度
1
轮廓参数
余量
0
斜度
0
补偿
ON
TO
PAST
岛参数
余量
0
斜度
0
补偿
ON
TO
PAST
标识钻孔点
加工坐标系
.sys.
起始点
X
0
Y
0
Z
100
确定
取消
悬挂

图 13-18　填写参数

2）拾取轮廓线。

3）轮廓线走向拾取：拾取第一条轮廓线后，此轮廓线变为红色的虚线，系统给出提示：选择方向。这时要求操作者选择一个方向，此方向表示刀具的加工方向，同时也表示拾取轮廓线的方向。

4）岛的拾取。

5）生成刀具轨迹。

注意：

1）轮廓与岛应在同一平面内，为了便于检查刀具轨迹，最好应按它所在的实际高度来画。

2）不支持平面区域加工时岛中刀的加工。

参考文献

[1] 方沂. 数控机床编程与操作 [M]. 北京：国防工业出版社，1999.

[2] 陈吉红，杨克冲. 数控机床实验指南 [M]. 武汉：华中科技大学出版社，2003.

[3] 徐伟. 数控机床仿真实训 [M]. 北京：电子工业出版社，2004.

[4] 刘伟雄. 数控机床操作与编程培训教程 [M]. 北京：机械工业出版社，2001.

[5] 胡松林. CAXA 制造工程师 V2/XP 实例教程 [M]. 北京：北京航空航天大学出版社，2001.

[6] 杨伟群. CAXA 三维电子图版 V2 实例教程 [M]. 北京：北京航空航天大学出版社，2001.